PETIT COURS

D'AGRICULTURE

OU

ENCYCLOPÉDIE AGRICOLE.

TOME TROISIÈME.

LIVRE DU JARDINIER.

II.

CHEZ LE MÊME LIBRAIRE.

**COURS COMPLET D'AGRICULTURE DU XIXᵉ SIÈCLE (NOU-
VEAU)**, contenant la grande et la petite culture, l'économie rurale domestique, la médecine vétérinaire , etc. ; par les Membres de la section d'A-
griculture de l'Institut royal de France, etc. Nouvelle édition , revue ,
corrigée et augmentée. 16 vol. in-8 de près de 600 pages chacun , ornés
de planches en taille-douce.   56 fr.

ENCYCLOPÉDIE DU CULTIVATEUR , ou cours complet et simplifié
d'agriculture, d'économie rurale et domestique; par M. Louis DUBOIS.
2ᵉ *édition*. 8 vol. in-12 ornés de gravures.   18 fr.

*Cet ouvrage, très-simplifié, est indispensable aux personnes qui
ne voudraient pas acquérir le grand ouvrage intitulé : Cours d'a-
griculture du* XIXᵉ *siècle.*

COURS D'AGRICULTURE (PETIT), ou Encyclopédie agricole, par
M. MAUNY DE MORNAY, contenant les livres du Cultivateur , du Jardinier , du Forestier, du Vigneron , de l'Economie et administration rurales,
du Propriétaire et de l'Eleveur d'animaux domestiques. 7 vol. gr. in-18.
     15 fr. 50 c.

ASSOLEMENTS, JACHÈRE ET SUCCESSION DES CULTURES ,
par M. Victor YVART, de l'Institut, avec des notes par M. Victor
RENDU , Inspecteur de l'agriculture. 3 vol.   10 fr. 50 c.

Le même Ouvrage formant un gros vol. in-4º.   16 fr.

BAR-SUR-SEINE. — IMP. DE SAILLARD.

LIVRE
DU JARDINIER,

OU

GUIDE COMPLET

DE LA CULTURE DES JARDINS FRUITIERS, POTAGERS ET D'AGRÉMENT,

CONTENANT :

Un Précis historique et biographique ; un Traité complet de l'établissement, de la culture et de l'entretien des Jardins d'utilité, fruitiers et potagers, ainsi que des Jardins d'agrément, français et anglais ; une Description de toutes les espèces, variétés et sous-variétés d'arbres fruitiers, plantes potagères, arbres, arbustes et fleurs d'agrément ; enfin l'indication des meilleurs moyens de conserver les fruits.

Par M. MAUNY DE MORNAY,

Membre de plusieurs Sociétés savantes et agricoles.

TOME SECOND.

OUVRAGE ORNÉ DE FIGURES.

PARIS,

A LA LIBRAIRIE ENCYCLOPÉDIQUE DE RORET,

Rue Hautefeuille, 10 bis.

1842.

LIVRE

DU JARDINIER.

CHAPITRE III.

DES JARDINS D'AGRÉMENT.

Les jardins d'agrément sont ceux dont le but est de récréer les yeux et d'offrir un lieu de promenade et d'exercice ; pour remplir entièrement ces conditions, le jardin d'agrément doit présenter aux regards les couleurs brillantes de ses fleurs, la variété de ses feuillages, une disposition bien entendue et un agencement calculé des lieux ; on doit y trouver des allées ou des routes ombragées pour le temps des chaleurs, exposées au soleil pendant les premiers jours du printemps, les derniers jours de l'automne et tous les jours de l'hiver. Ces chemins seront suffisamment larges et secs en tout temps : des fabriques, des monuments des arts choisis dans le style et la couleur du genre, viendront achever le tableau et lui donner toute sa perfection.

Les jardins d'agrément doivent toujours être accompagnés de pépinières, de couches, et d'un lieu où les plantes et les arbustes recevront, si l'on peut s'exprimer ainsi, la vie et leur première éducation. Cette annexe du jardin sera placée dans un endroit reculé, cachée par des plantations, et l'on y trouvera, outre ce que nous venons d'indiquer, un hangar pour les outils, une chambre pour les graines, et quelques serres; de nombreux pieds de fleurs y parcourront tout le temps de leur croissance, à la fin de laquelle ils fourniront les graines nécessaires pour les reproduire; c'est aussi sur ces mêmes végétaux que l'on cueillera les fleurs qui serviront à la confection des bouquets et des jardinières.

Les prescriptions que l'on doit suivre pour les semis, les plantations, les greffes, les couches, ayant déjà reçu tout le développement nécessaire dans le premier volume de cet ouvrage, ne seront point répétées ici; le lecteur pourra, en consultant la table, trouver l'indication de ce qu'il désirera connaître.

Nous diviserons les divers jardins d'agrément en trois classes; la première renfermera les jardins réguliers; la seconde les jardins naturels, paysagers ou anglais; enfin la troisième comprendra les jardins mixtes, c'est-à-dire ceux qui sont la réunion des deux premiers genres.

§ I. — DU JARDIN RÉGULIER, ITALIEN ET FRANÇAIS.

L'homme, dans son engouement, n'agit jamais à demi; après avoir adopté pendant longtemps la forme régulière pour ses jardins, il vint tout-à-coup à s'apercevoir que la nature seule n'avait jamais produit ces belles lignes droites, symétriques et proportionnées, ces ombrages taillés et épais, ces bassins aux courbes gracieuses mais semblables les unes aux autres, ces groupes de plantes à fleurs si brillantes et si merveilleuses. On ne voulut plus dès-lors qu'imiter la nature; la France se plaçant à la suite de l'Angleterre, renversa les magnifiques ornements des châteaux et des palais, pour y substituer des gazons fleuris, des arbres exotiques malvenants et des constructions bizarres. D'abord de grands parcs furent établis dans les conditions les meilleures, et nous ne pouvons qu'approuver la création de ces vastes campagnes ornées ; si des travaux de ce genre avaient toujours été ainsi faits dans des circonstances semblables l'importation du nouveau mode eût été un service rendu à l'art horticole, mais il devait en être de cela comme de toute chose, les bornes furent dépassées, et l'on arriva promptement au ridicule ; chacun voulut avoir son jardin anglais, bien complet, dans 20 toises de terrain. Nous avons vu dans moins d'un demi-arpent, une chaumière, un pont sur une rivière sans eau, un temple sans dieu, des allées tourmentées, des jeux, des prairies, des fleurs et une forêt composée de quatre acacias et de six troènes. On ne peut nier que, réduit à ces proportions, le jardin qui n'est ni naturel, ni potager, ni anglais, ne soit quelque chose de bien ridicule.

Nous conviendrons, toutefois, que le jardin naturel ou paysager est convenable et peut être le seul convenable, dans certaines contrées, au milieu de sites particuliers, autour d'habitations sans caractère ou irrégulières. Nous accorderons même qu'il peut être beau et fort bien placé au milieu de terrains très-grands, lorsque toutefois la conformation du sol se prête à cette disposition ; mais nous dirons aussi que partout ailleurs le jardin régulier est seul admissible ; qu'il convient seul aux grands palais, aux constructions régulières et luxueuses ; aux terrains peu étendus, et par conséquent bornés ; ainsi, pour nous résumer, nous croyons que partout où des murs viennent s'opposer à des points de vue éloignés, partout où l'espace est insuffisant pour que l'on puisse se croire au milieu de la campagne, on doit adopter le jardin régulier; d'ailleurs croit-on que le jardin paysager soit toujours naturel, croit-on que la vue d'un châlet, dans le département de Seine-et-Marne nous transporte dans l'Oberland, un kiosque sur les rives du Bosphore? Eh non, certainement; alors puisque la nature nous échappe, prenez ce qui est convenable, c'est-à-dire des fleurs, beaucoup de fleurs, de larges allées au soleil pour la saison froide, et de fraîches charmilles pour l'été; jetez au milieu de tout cela quelques vases, des statues, si le sujet le comporte, une orangerie, une construction régulière, quelques bancs de bois, de pierre ou de marbre, de l'eau, toujours de l'eau, et vous aurez un jardin charmant, agréable l'hiver, délicieux pendant le reste de l'année. Alors comme le dit le bon Claude Mollet, « si le jardinier veut bien considérer tout ce que j'ai dit, il trouvera que Dieu lui a donné le moyen de faire choses émerveillables. »

L'ancien jardin régulier a eu l'Italie pour berceau; le cardinal d'Est, enrichi par d'immenses fouilles, décora sa villa et surtout ses jardins de magnifiques vases, de statues et de bas-reliefs admirables, dus au ciseau des sculpteurs habiles de la Grèce et de Rome. Des rapports fréquents unissaient alors la France à l'Italie, et nous profitions des acquisitions et des progrès faits par celle-ci dans la recherche des arts et des lettres de la vieille civilisation. Les jardins embellis et perfectionnés passèrent les Alpes et s'établirent chez nous, sous le protectorat de François Ier; depuis lors, sous Henri IV, Louis XIII, Louis XIV, leur établissement et leur culture reçurent de nombreux encouragements; partout on en vit tracer et planter; le palais du monarque, l'hôtel du grand seigneur, son manoir féodal, la maison du bourgeois eurent chacun leur jardin dans des proportions diverses, mais avec ses broderies, ses compartiments, ses charmilles et ses belles eaux.

Nous allons maintenant donner quelques règles à suivre dans l'établissement du jardin régulier; il lui faut trois choses: beaucoup de fleurs, des allées commodes et proportionnelles, des ombrages ; la vue ne doit point être gênée, et la partie ouverte et dégagée de plantations sera plus large que l'habitation de quelques pieds au moins; on aura des charmilles sur les côtés et derrière elle, si l'on veut des bosquets. Dans le cas où la perspective serait terminée par un mur, on le revêtirait d'une tonnelle, d'une charmille ou allée couverte; on pourrait aussi placer dans cet endroit l'orangerie, si toutefois l'exposition est au midi ; des jets d'eau et des fontaines de tout genre font un effet admirable et sont presque nécessaires dans cette espèce de jardin; on y placera aussi des vases et même des statues, si le style des constructions et la grandeur du jardin le permettent.

Nous ne donnerons point ici l'énumération des diverses sortes de parterres que nos pères connaissaient, et dont il existe de nombreux dessins; nous dirons seulement que la distribution qui nous semble la plus convenable, parce qu'elle peut renfermer beaucoup de fleurs, est celle dite *à pièces coupées*. Nous en donnons ici le dessin sous le n° 36, et nous le montrons dans la *fig.* 35, groupé avec une portion gazonnée, *fig.* 37, qui ressemble un peu aux parterres dits *à l'anglaise*. Pour être mieux compris, nous allons décrire l'établissement du jardin régulier, *fig.* 35.

I. TRACEMENT. L'espace sur lequel nous devons établir

notre jardin a 182 pieds de longueur sur 95 pieds de largeur en carré, négligeant quelques irrégularités de parallélisme des murs. Devant l'habitation nous plaçons une allée A, de 15 pieds de largeur, sur une longueur égale à l'écartement des murs de côté, moins 3 pieds à chaque bout; prenant ensuite une équerre, nous traçons cinq grandes allées perpendiculaires à la première et aussi longues que le jardin; celle du milieu B, a 13 pieds de largeur; les deux CC, 11 pieds; et celles marquées DD, 15 pieds; les deux dernières seront couvertes et bordées de charmilles. Des allées transversales seront établies entre les carrés du jardin, et entre le dernier de ceux-ci et l'allée de charmille plantée à l'extrémité contre le mur de clôture. Les carrés sont de deux sortes, l'un *à pièces coupées* figuré sur une plus grande échelle dans la *fig.* 36, et l'autre *à l'anglaise* figuré avec détails sous le n° 37.

II. DES TRAVAUX PRÉPARATOIRES ET D'ÉTABLISSEMENT. Les allées seront défoncées à 1 pied, remblayées de 8 pouces de pierrailles, sur lesquelles on placera 4 pouces de gravier ou de sable; on les bombera un peu au milieu. Chaque carré sera défoncé tout entier, au moins à 18 pouces; si le sous-sol était argileux on devrait donner une plus grande profondeur; s'il était au contraire trop perméable, on creuserait d'au moins 20 pouces et l'on rapporterait dans le fond 2 pouces d'argile ou de toute autre terre compacte; on aura bien soin d'enlever toutes les pierres quelque petites qu'elles soient, et si cela se peut, sans trop grande dépense, on passera tout à la claie. Le défoncement opéré et les terres replacées on donnera un fumage énergique et l'on abandonnera les terres à elles-mêmes pendant au moins six mois. Ce temps est nécessaire pour que le sol remué s'affaise et redevienne solide.

Il est temps alors de tracer le jardin; si l'on adopte la figure que nous avons donnée, on établira tous les petits sentiers et l'on plantera les bordures; celles-ci doivent être en plantes fort basses, touffues et vivaces: les plus propres à cet usage sont, parmi les arbustes, le buis nain, et, parmi les plantes herbacées vivaces, la paquerette, le gazon d'Espagne ou staticé, l'argentine, les primevères variées, les hépatiques, etc. On peut aussi, mais seulement à défaut de celles que nous venons d'indiquer, employer les bordures en plantes annuelles, telles que silène, crépis, anthemis d'Arabie, julienne de Mahon, etc.; chacune des plates-bandes doit être un peu bombée et se trouver élevée sur les bords d'un pouce au-dessus de l'allée. Les bordures plantées, on placera sur tous les petits sentiers 1 pouce de sable de couleur vive.

Les carrés à l'anglaise se sèment presque entièrement en gazon, et dans celui dont nous donnons la figure sous le n° 37, il ne se trouve de parties cultivées ou plantées en fleurs que les plate-bandes extérieures et la corbeille placée dans le milieu; les bordures de ces plate-bandes et de cette corbeille doivent être en gazon anglais ou en gazon d'Espagne. Si l'on emploie le premier ou *ray-grass,* on semera une bordure annuelle le long de son bord intérieur. Nous allons terminer ceci en indiquant la disposition que l'on peut adopter pour les plantations en fleurs on en arbustes des deux genres de carré dont nous donnons les figures, après avoir tracé la légende du plan général du jardin.

Fig. 35. Plan d'un jardin régulier; A, maison d'habitation et allée transversale placée devant elle; B, allée principale ; C C, allées latérales ; D D, allées de charmilles ; E E E, allées transversales intérieures ; F, allée transversale placée à l'extrémité du jardin ; G, temple, cabane, lieu de repos ; H, carrés à pièces coupées ; I, carrés à l'anglaise ; J, jet d'eau ou fontaine avec bassin ; K, vases, statues ou petits bassins.

Fig. 36. Parterre ou carré *à pièces coupées.* Les plates-bandes ou pièces entourées de 2 lignes seront bordées en gazon d'Espagne ou statice et cette bordure aura au moins 3 pouces de largeur ; les autres pièces seront entourées d'un filet de buis bien mince que l'on tiendra près de terre par une taille ausi fréquemment répétée qu'il sera nécessaire. Le grand ovale du milieu A sera entouré, au-dedans de la bordure, d'un treillage évasé d'en haut, fait en baguettes de coudrier recouvertes de leur écorce ou en bois écorcé et peint en vert, ou enfin en fer peint. Ce treillage n'aura pas plus de 18 pouces de hauteur. Dans l'intérieur, on disposera de beaux dahlias, établis suivant leur taille, les plus grands étant au milieu et les nains sur les bords. Les quatre pièces marquées B recevront les plantes de curieux, c'est-à-dire les tulipes, les jacinthes, renoncules, anémones, iris, etc.; on pourra mettre la même espèce de plante dans les quatre pièces du même carré ou en mettre quatre différentes. Toutes les autres pièces ou plates-bandes recevront les plus jolies fleurs annuelles et vivaces, entremêlant avec soin les couleurs, les formes et celles qui fleurissent à des époques différentes afin que le parterre ne soit jamais dégarni de fleurs. On observera dans les plates-bandes un peu larges, et où l'on mettra trois rangs de végétaux, de placer les plus grands au milieu ou du côté du bord intérieur: ceux d'une hauteur égale seront plantés les uns à côté des autres. Les végétaux les plus élevés se placeront dans les pièces voisines de la corbeille et les plus bas dans les plates-bandes de ceinture. Nous observerons ici que des végétaux trop grands sont disgracieux au milieu d'un parterre, et nous conseillerons de les reléguer sur des plates-bandes qui longent quelquefois les charmilles. Le parterre ne doit pas admettre des plantes ayant plus de 3 pieds, excepté dans la corbeille centrale.

Fig. 37, parterre ou carré *à l'anglaise*; A, corbeille ronde à treillage de 2 pieds et demi de hauteur, plantée en rosiers greffés; celui du milieu aura 4 pieds et demi et les autres rangs, tous circulaires, décroîtront de manière que le dernier, celui qui sera le plus près du treillage n'ait que 3 pieds de hauteur; on entremêlera les variétés de formes et de nuances; BB, gazons, séparés entre eux, ainsi que de la corbeille et des plates-bandes par de petits sentiers sablés; C C, plates-bandes, plantées de rosiers peu élevés, greffés ou non greffés ; entre les arbustes on peut mettre quelques plantes annuelles fort basses; les bordures des plates-bandes seront en gazon.

Nous donnons sous le n° 38 une disposition de jardin régulier qui conviendrait très-bien à un petit terrain. Aux quatre angles, au milieu du gazon et sur des dés en pierre on placerait des vases de fleurs.

Les dessins que nous offrons ici à nos lecteurs sont fort simples et d'une exécution facile ; on peut les varier à l'infini, suivant le caprice ou la volonté du propriétaire du jardin. Nos aïeux y ajoutaient des broderies ou tracés contournés et très-fins, ordinairement en buis et remplis de sable noir, rouge, jaune ou blanc. Ces broderies étaient aussi quelquefois en gazon.

III. Des végétaux a fleurs. Sous ce titre nous comprendrons tout ce que nous avons à dire des plantes herbacées à fleurs, dites vulgairement *fleurs* et des arbustes à fleurs. Il est assez difficile de bien les entremêler dans le parterre , et nous conseillerons de faire avec les arbustes des massifs séparés; ainsi disposés , il font un fort bon effet, si surtout on n'a planté que des végétaux très-remarquables et sortant tout-à-fait de ligne. On peut cependant, mais avec discrétion , mettre quelques arbustes bas au milieu des fleurs, aux angles des carrés, dans quelques-uns des petits ronds tracés sur le plan du parterre à pièces coupées : on pourra aussi en placer au milieu de la corbeille. A l'ombre et au nord on peut et on doit même établir une plate-bande de terre de bruyère, où l'on plantera les rosages, les azalées, les kalmies et une foule d'autres arbustes ou plantes charmantes qui ne réussissent que là.

Les fleurs annuelles s'élèvent en place ou sur couche. Celles qui se sèment en place demandent presque toutes à être éclaircies, surtout si elles sont le produit d'un semis naturel. Les autres, que l'on prend sur la couche ou en pépinière pour repiquer, ne devront l'être, au moins pour la plupart, que lorsque l'on pourra juger si la fleur sera double ou simple et quelle sera sa couleur. Les végétaux herbacés ou ligneux du parterre se traitent comme les plantes potagères ou les arbres fruitiers; nous ne dirons donc rien ici de leur culture; il est facile de se reporter pour les semis, les plantations, les greffes et les diverses autres opérations au premier volume de cet ouvrage : nous avons indiqué à chaque végétal ce que sa culture avait de particulier et de spécial.

Nous ajouterons ici quelques mots pour indiquer tout

l'effet que l'on peut tirer des végétaux de serre pour l'ornement du parterre. Là seulement ils trouveront pendant l'été une place rationnelle. On devra les mettre dans les angles des carrés, près de la maison d'habitation, sur le bord des bassins, le long des charmilles. On sait quel parti on peut tirer d'une ligne double ou simple de beaux orangers, grenadiers ou lauriers-roses. Des fleurs en vases peuvent encore être plantées dans les pièces coupées. Voici ce qui, dans ce cas, nous a le mieux réussi : nous creusions l'espace que nous voulions remplir de plantes de serre ou d'orangerie. Nous donnions à l'excavation 15 pouces de profondeur et nous remplissions de pierrailles, assez haut pour que les vases placés au-dessus aient leurs bords au niveau du sentier voisin ; les pots du milieu doivent être un peu plus élevés que les autres : tous les pots se touchaient et s'appuyaient réciproquement. Alors sur toute la surface du massif ou de la plate-bande, je faisais placer une couche de belle mousse verte, du milieu de laquelle sortaient les tiges. On arrosait fréquemment cette mousse et on la renouvelait lorsqu'elle était fanée.

IV. DES CHARMILLES ET PLANTATIONS DE GRANDS ARBRES. Nous ne parlerons ici que des charmilles qui, ordinairement accompagnent le parterre et de quelques arbustes que l'on taille en haies. La charmille s'entend ordinairement d'une ligne d'arbres, taillés sur un plan régulier et offrant, par leur feuillage serré, un obstacle impénétrable à la vue comme au soleil. Lorsque la plantation n'occupe qu'une seule ligne, son but est de cacher et de masquer une construction ou tout autre objet désagréable ; mais si l'on plante deux rangées d'arbres, espacées entre elles,

elles sont alors destinées à donner de l'ombre aux promeneurs, et se repliant au sommet, elles se rejoignent, recouvrant ainsi une allée.

Dans quelques-unes de ces charmilles, les branches et les feuillages descendent jusqu'au sol; dans d'autres, au contraire, elles ne viennent qu'à 6 ou 7 pieds du niveau de l'allée. Il en est enfin qui participent de l'une ou de l'autre, c'est-à-dire qu'elles sont comme les premières; mais percées d'un plus ou moins grand nombre d'arcades. Dans un lieu fermé les charmilles de la première espèce sont trop humides, mais dans un site ouvert et brûlant elles conservent une grande fraîcheur. Le propriétaire doit donc, suivant sa position et son goût, choisir l'un ou l'autre mode.

Les charmilles se font souvent en charme, qui croît partout, même à l'ombre, et pousse, sur toute la longueur du tronc, de jeunes rameaux qui se garnissent d'un feuillage épais; mais, si l'on veut des charmilles ne venant point jusqu'au sol, on doit planter le tilleul, le marronnier, le platane, etc.

La taille se fait au moyen du *croissant* et des *ciseaux* dits *de jardinier :* on se sert *d'échelles* doubles plus ou moins élevées. On taille ordinairement deux fois par an ; dans les premiers jours du printemps et à la fin d'août. La plantation des charmilles se fait en hiver, après avoir profondément défoncé le sol. Les charmes, destinés à fournir une ligne de verdure pleine et continue, se plantent très-près les uns des autres; les tilleuls, marronniers, etc., à une distance variable.

Les haies d'ornement se font en troène, en ajonc, en cornouillier, en aubépine. Elles se taillent comme les charmilles et à la même époque ; elles doivent être peu épaisses, bien planes sur les côtés et le dessus : lorsqu'elles sont basses, on peut laisser sortir au-dessus quelques arbustes que l'on taille en boule. Nous avons vu à Luxeuil (Haute-Saône), des haies charmantes, de 18 pouces de hauteur, plantées en genèvrier commun et surmontées de jolis rosiers remontants : elles étaient d'un délicieux effet. Les charmilles et les haies ne masqueront jamais la maison d'habitation, et la partie découverte du jardin aura toujours un peu plus de largeur que l'espace occupé par la construction principale. On ne plante pas ordinairement d'arbres isolés dans les jardins réguliers, nous n'en parlerons donc pas.

V. Des eaux. Dans les jardins, de quelque genre que ce soit, les eaux font un bel et merveilleux effet. Le jardin régulier n'admet que les fontaines régulières et ornées. Les jets d'eaux, les cascades, les vasques, les groupes d'animaux ou de figures humaines, sont les constructions hydrauliques ordinairement employées. L'eau, l'objet et le but de la fabrique, doit être abondante et limpide. Les jets d'eaux sont faciles à diversifier ; ils peuvent avoir un seul jet, une gerbe composée d'une douzaine de ceux-ci, des soleils de différentes formes, des cloches renversées ou des coupes ; les deux premiers sont les plus ordinaires et les plus beaux. On ajoute à l'agrément des bassins, qui doivent être proportionnés au jardin, en y plaçant un couple de cygnes, ou des poissons rouges si les eaux sont transparentes.

VI. Des statues, monuments et fabriques. Nous ne pouvons donner ici aucun détail, ni déterminer les choix à faire ; ces choses seront indiquées suffisamment par la grandeur du jardin, par le mode de construction de la maison d'habitation ; enfin, par le luxe habituel du propriétaire. On devra craindre de tomber dans un excès de grandiose en même temps que l'on cherchera à ne point être taxé de parcimonie. Près d'une habitation simple, de modestes vases en fonte, dans lesquels on placera pendant l'été des pots de fleurs, sont ce qu'il y a de plus convenable : on évitera avec soin les figurines en terre cuite, de mauvais goût et surtout d'exécution détestable. On ne doit avoir que du beau, et avant tout du convenable.

Toutes les constructions nécessaires dans un jardin seront en rapport avec la maison d'habitation, qui ne doit jamais cesser d'être l'objet principal : l'orangerie sera simple si la maison l'est. Les divers lieux de repos seront luxueux et monumentaux, s'ils appartiennent au jardin d'un palais, et modestes près d'une habitation simple et bourgeoise. Rien au monde de ridicule comme un temple grec, plein de volutes et de rinceaux en face et tout près d'une maison fort simple et sans ornement. Les *bancs* seront nombreux et bien placés, pour obtenir de la fraîcheur en été et de la chaleur en hiver.

VII. De l'entretien du jardin. Ceci n'a nul besoin d'explication. Nous avons déjà dit dans plusieurs endroits ce qu'il y avait à faire dans tous les cas possibles. On arrosera les végétaux et l'on couvrira la terre d'un paillis ou de terreau non consommé; on sarclera, on binétera, on retranchera les fleurs au fur et à mesure qu'elles se sécheront, les graines devant se récolter sur les plantes cultivées en pépinière; on fera de même pour les tiges: on relevera les oignons à fleurs lorsque les feuilles seront fanées; plus tard les *griffes* de renoncules et les *pois* d'anémones; l'hiver, on protégera contre le froid , par des abris, les plantes délicates; les allées seront souvent ratissées et les bassins curés: tous les autres travaux sont indiqués dans la section du jardin potager, du jardin fruitier et dans les articles spéciaux consacrés à chaque espèce ou variété de végétaux.

§ II. — DU JARDIN NATUREL, PAYSAGER OU ANGLAIS.

Le jardin naturel est celui qui est créé avec l'intention arrêtée d'imiter la nature, non pourtant telle qu'elle est bien exactement, mais embellie. Les règles pour cette espèce de jardin sont difficiles à poser , parce qu'elles sont variables , comme les accidents du sol qui change comme on sait à chaque pas. Là il est montagneux; ici il est plat ; dans cet endroit les eaux sont abondantes, dans cet autre des sables arides, sans autre humidité que celle du ciel, couvrent le terrain. Nous ne pourrons donner ici que quelques-unes des règles principales admissibles dans presque tous les cas.

Nous dirons d'abord que le jardin naturel convient pour les grands parcs, à la campagne et surtout dans les terrains très-accidentés et pittoresques. Partout ailleurs, il est ridicule. Il accompagne quelquefois et avec bonheur le jardin régulier, comme on le voit à Trianon. Il faut à un jardin paysager, d'abord de beaux points de vue, puis des prairies et des bois dans des proportions variables, de belles routes bien conduites et bien tracées, des eaux abondantes et enfin un petit nombre de fabriques.

I. DU TRACÉ DU JARDIN ET DES TRAVAUX D'ÉTABLISSEMENT. Un jardin naturel ne se trace bien que sur le terrain; car là seulement on peut juger des points de vue, de leur effet et des mouvements du sol: on peut à la vérité, pour se guider dans le massement, lever un plan sur lequel on devra par quelques lignes indiquer les accidents du sol. Nous allons après ce peu de mots poser les règles principales.

En face de l'habitation devra se trouver un espace vide, presque toujours en gazon et quelquefois rempli d'eau. On réservera aux fenêtres du salon un des principaux points de vue: les autres seront répartis sur les différents chemins, pour que tous en reçoivent de l'intérêt. Un point de vue peut changer et paraître nouveau suivant qu'il est aperçu de tel ou tel endroit, par une ouverture plus ou moins grande. L'appréciation de ces divers moyens d'intéresser ne peut se faire que sur place et après quelques études. Nous conseillerons donc de tracer un peu de temps à l'avance, de placer les piquets le long des chemins, des gazons, et de planter surtout des jalons un peu élevés autour des massifs d'arbres projetés. Alors on parcourera souvent son terrain, on corrigera les courbures, on diminuera ou on augmentera la largeur des massifs et des gazons, et lors de l'établissement définitif, on travaillera à coup sûr.

Une allée dite de *ceinture* doit envelopper tout le parc, non le long des clôtures, mais à quelques pieds ou à quelques toises en dedans: il est même certains angles qui forcent à tracer une courbe fort éloignée de leur sommet: cette allée de ceinture sera large, surtout dans les grands parcs où elle est souvent parcourue en voiture. Les allées secondaires seront, pour la longueur et pour la largeur, proportionnées à la grandeur du jardin: elles ne seront point trop nombreuses et conduiront toutes à un but:

leurs sinuosités seront naturelles, motivées et non tourmentées. Rien n'est absurde comme une route que l'on est tenté de laisser pour prendre un chemin plus court et qu'on tracerait soi-même.

Si l'on construit l'habitation en même temps que l'on établit le jardin, elle devra être placée sur un monticule pour dominer la campagne.

Les clôtures ne devront paraître nulle part, et le grand art est de tellement disposer ses plantations et ses mouvements de terrain, que toute la campagne environnante semble faire partie de la propriété. Il faut souvent dans ce but remplacer les murs par des fossés profonds et larges, revêtus de murs et que l'on nomme *ha! ha!* ou *sauts de loup*. Les haies feraient très-bien, si elles présentaient un meilleur moyen de défense et si leur entretien n'exigeait pas tant de soins et de peines.

Le jardin clos, il ne reste plus qu'à tracer: pour cela on se fait accompagner d'un homme chargé de piquets de deux pieds et d'un autre qui porte un pic et une masse. Avec le pic il trace la raie que vous lui indiquez et enfonce un piquet de distance en distance. Souvent vous vous éloignez pour juger de l'effet et vous faites vos corrections. Lorsque la première ligne du chemin est indiquée, on trace la seconde qui doit être parallèle à la première; puis on marque les masses de plantations par des piquets plus élevés que ceux des chemins et proportionnés aux arbres à planter; par exemple on donnera à ceux de première grandeur des piquets de six pieds hors terre; à ceux de seconde grandeur, des piquets de quatre pieds, et deux pieds aux arbustes. Les gazons seront aussi indiqués par des piquets presque enterrés dans le sol, tandis que ceux des chemins déborderont de six pouces.

On ne doit point arriver à l'habitation par une avenue perpendiculaire, mais par un chemin d'une courbure facile, entourant ordinairement le gazon. Lorsque les chemins, les plantations et les gazons seront tracés, que toutes les rectifications seront faites et que le moment des plantations ou des semis sera arrivé, on donnera au sol les travaux préparatoires. Ainsi l'on exécutera les mouvements de terre qui ne doivent jamais avoir rien de heurté : on creusera les allées à six pouces de profondeur ; on remplira de pierrailles, sur lesquelles on placera un pouce ou deux de sable ou de gravier ; le milieu du chemin sera bombé ; dans le cas où des voitures le parcoureraient fréquemment, on le *macadamiserait*, c'est-à-dire que l'on établirait huit pouces de pierres, par lit de grosseur différente et allant toujours en diminuant jusqu'à la surface, qui doit aussi au reste être bombée comme celle des allées ordinaires. On doit y réparer de suite les moindres ornières.

On défoncera ensuite les parties du terrain à planter sur une profondeur de dix-huit pouces pour les arbres à racines pivotantes, de quinze pouces pour ceux à racines traçantes et à un pied pour les arbustes. Les gazons ne le seront qu'à huit pouces.

Aussitôt l'automne arrivé et les feuilles commençant à jaunir, on doit commencer les plantations. On ne fait de semis que dans les parcs immenses et alors au jardinier se substitue le *forestier*. On pourrait dans ce cas consulter avec fruit le *Livre du forestier* de notre collection. Nous allons consacrer des articles spéciaux aux autres travaux du jardin naturel ou paysager.

II. DES GAZONS. Ceux-ci jouent un grand rôle dans les

jardins paysagers: on les distingue suivant leur grandeur par des noms différents: aussi on appelle *prairie* ceux d'une très-grande dimension, donnant une récolte utile que l'on peut et doit faucher. Pour les établir on laboure le terrain et on le sème avec ce que l'on appelle *semence de foin*, mélange de toutes sortes de graines: celles-ci doivent être récoltées sur des sols semblables à ceux que l'on veut semer, c'est-à-dire secs ou humides, profonds ou peu épais. La prairie ne reçoit que peu de façons d'entretien.

La *pelouse* est une prairie, située ordinairement dans un terrain sec et que l'on ne fauche pas: on la livre au pâturage, des groupes ou des arbres isolés y font très-bien et y sont utiles.

Les *gazons*, que l'on emploie dans les jardins paysagers ou réguliers, sont d'un effet charmant. Dans le genre de jardin qui nous occupe, ils adoptent toutes sortes de formes; ici ovales, là ronds, plus loin réguliers; partout ils font bien; on doit dire plus, ils sont nécessaires. Aussi nous traiterons longuement de leur mode d'établissement. Nous empruntons ce que nous allons dire au *Traité de la composition et de l'ornement des jardins.*

« Les gazons exigent du soin et de la propreté dans leur entretien; il faut les peigner souvent, les purger exactement des mauvaises herbes et les arroser toutes les fois que la sécheresse de la terre annonce qu'ils en ont besoin. La mousse leur est quelquefois funeste si on la laisse s'y multiplier beaucoup: le meilleur moyen qu'on ait à leur opposer est l'extirpation. On se sert pour cela d'un râteau à dents de fer et serrées, et aussitôt qu'elles paraissent, on le passe dessus à différentes reprises jusqu'à ce qu'on les

ait entièrement arrachées; on jette ensuite sur le gazon de
la poussière de chaux, du plâtre ou des cendres noires,
engrais qui sont tous très-bons, non-seulement pour préserver de la mousse, mais encore, dit-on, pour la détruire
lorsqu'elle n'existe que depuis peu de temps. Les autres
soins à prendre d'un gazon se bornent à le faucher au
moins quatre fois par an, et toujours un peu avant l'époque où les fleurs entrent en fructuation; à le fumer de
temps en temps avec du terreau bien consommé, enfin à
resemer les places dégarnies. Cette opération exige quelque attention. Il faut d'abord s'assurer de la cause qui a
fait périr les plantes formant le gazon. Si c'est par l'effet
de l'ombre projetée par un arbre voisin ou un autre objet,
on se contentera de donner un léger labour et de semer
de nouveau; mais on choisira des graines de graminées
appropriées aux terrains humides. L'expérience a prouvé
que dans ces circonstances elles résistaient mieux que les
autres. D'autres fois un gazon se dégarnit dans certaines
places parce que la terre y est de mauvaise qualité; il faut
alors l'amender avec les engrais qui conviendront le mieux
à sa nature et recommencer le semis. Mais lorsque cet inconvénient résulte d'une veine stérile, soit parce qu'elle
contient des matières ferrugineuses ou tourbeuses, soit
pour d'autres causes, on doit enlever toute la surface à la
profondeur d'un bon fer de bêche et la remplacer par une
autre terre plus propre à la culture. On agit ensuite
comme dans les circonstances précédentes.

« Pour rendre la verdure d'un gazon plus riante, on
s'est avisé, depuis quelques années, d'y entremêler des
safrans, des *colchiques*, des *orchis*, etc., dont les fleurs
brillantes ou bigarrées produisent le plus charmant effet;
depuis très-longtemps on recommandait déjà d'y mêler le

trèfle fraise, le *blanc* et l'*incarnat* ainsi que le *lotier cor-niculé*.

« Les plantes graminées, les meilleures pour établir le fond d'un gazon, sont le *lolium perenne* ou *ray-grass*, vulgairement connu sous le nom de *gazon anglais*, les *fétuques ovines et glauques*, et généralement toutes les espèces de cette famille dont le feuillage est épais, fin, d'un vert brillant. L'essentiel est de placer chaque plante dans le terrain qui lui convient le mieux, et ceci est encore plus de rigueur ici que dans la prairie, parce que, dans cette dernière, si un végétal réussit mal, un autre le remplace, au lieu que le gazon, dont l'uniformité de nuance fait le principal mérite, ne se composant que d'une seule espèce, il faut qu'elle atteigne tout le développement dont elle est susceptible. On semera donc le *ray-grass* dans les terres fortes et un peu humides; dans les terrains secs et sabloneux, on donnera la préférence à la fétuque ovine ou *coquiole* et à la fétuque glauque.

« Avant de semer un gazon, le terrain doit être parfaitement préparé pour recevoir les graines, c'est-à-dire qu'après avoir reçu un bon labour, on enlève toutes les pierres, racines et autres corps étrangers ; on égalise parfaitement la surface, et s'il en est besoin, on l'amende avec du terreau consommé qu'on a soin de ne pas enterrer. Le semis se fait par un temps couvert et pluvieux, à la volée, dans la proportion de cent livres par demi-hectare pour le ray-grass, et de cinquante livres pour les fétuques. On recouvre les graines au râteau ou à la herse et on passe le rouleau. Cette dernière opération se répète le plus souvent possible, afin de faire taller les plantes et de fournir par conséquent une verdure épaisse et uniforme.

« Il arrive parfois que l'on a des talus, des bancs, des

bordures, etc., à faire en gazon ; alors on plante en pla-
cage, c'est-à-dire que l'on enlève dans une prairie, ou sur
le bord d'un chemin, des plaques de gazon de deux pouces d'épaisseur, et on les rapporte et ajuste comme des
dalles, de manière à les faire parfaitement coïncider pour
qu'il ne reste plus aucun interstice entre elles ; on les fixe,
s'il est nécessaire, avec des chevilles de bois enfoncées au
marteau ; on aplanit le tout au rouleau ou à la batte pour
unir le gazon avec le sol, et l'on donne de bons arrosements si le temps n'est pas à la pluie.

« Quelquefois on veut couvrir de verdure une pente rapide et l'on manque de ces lames de gazon ; alors on emploie un autre procédé : dans un grand vase, un tonneau,
par exemple, on délaie un mélange d'argile (celle-ci en
petite quantité), de terre végétale et de terreau, avec une
quantité d'eau sulfisante pour donner au tout la consistance d'un mortier. On y ajoute alors les graines de gazon
dans les proportions nécessaires, et on mélange de nouveau le tout. Cette préparation faite, on bat les surfaces
des pentes que l'on veut semer, et on leur donne de la solidité sans cependant les rendre trop compactes ; on arrose
légèrement, seulement pour les mouiller un peu, afin
qu'elles puissent se lier parfaitement avec le mortier mêlé
de semence, qu'on y applique au moyen d'une truelle de
maçon ou d'une palette en bois ; cette couche doit avoir
d'un à deux pouces d'épaisseur ; on l'unit, on la garantit
pendant les premiers temps des pluies violentes qui pourraient l'entraîner, et l'herbe ne tarde pas à paraître ; lorsque ses racines ont assez de force pour pénétrer à une
profondeur plus grande que l'épaisseur de la couche, l'ouvrage acquiert de la solidité et ne demande plus d'autres
soins que d'être arrosé de temps à autre. »

III. Des fleurs. Les fleurs sont moins employées dans les jardins paysagers que dans les parterres réguliers ; elles ne peuvent y trouver aussi bien leur place. En effet, elles se mélangent fort mal aux plantations d'arbres ou d'arbustes, et l'on doit éviter cet emploi des plantes herbacées, qu'elles soient vivaces ou annuelles. Quelques plates-bandes peuvent seules leur être destinées ; on les établit sur le bord des gazons, près des eaux, à la lisière des plantations ; quelquefois, mais rarement, on dispose une corbeille sur une pelouse. Le meilleur emploi des fleurs, au moins de celles qui sont basses, est de les planter dans le gazon même, ne laissant que 3 ou 4 pouces de libre autour du pied. On peut tirer de fort jolis effets de ce mode d'établissement, pourvu que l'on n'en abuse pas et que les plantes ainsi disposées ne soient point trop multipliées. Les fleurs placées ainsi sur la lisière des bois et sur le bord des bassins, rivières et ruisseaux, font très-bien.

Les plates-bandes que l'on trace sur le bord des gazons sont fort variables de formes et de grandeur ; elles suivent le contour extérieur et sont ordinairement plus larges au milieu de la longueur et se terminent en pointe aux deux extrémités. On ne doit pas les séparer du gazon par de petits sentiers. Les fabriques sont souvent, et avec raison, entourées de plates-bandes et de massifs de fleurs. On trouve dans ces plantations un motif de plus de s'arrêter ou de se reposer. Nous voudrions aussi que des fleurs accompagnassent les bancs en conservant à la scène générale son caractère ; ainsi, près d'un banc rustique formé d'un tronc d'arbre couché, des fleurs des bois, placées au milieu des gazons et, près d'un banc de marbre ou de pierre taillée, un massif avoué des plus belles fleurs. Les plantes de curieux ou de collection ne conviennent nullement aux jardins paysagers, à moins qu'elles n'y soient éparpillées et non rapprochées comme on le fait dans les parterres d'amateurs.

Les règles qui président à l'établissement des diverses parties du jardin paysager sont tellement variables que l'on ne peut les établir que sur le lieu même, parce que ce qui convient à telle scène, à telle disposition, est complétement déplacé dans d'autres circonstances. Nous n'en donnerons qu'un exemple. Nous avons dit, et tous les hommes de l'art avec nous, que les plantes herbacées ne devaient point être mêlées aux arbres ni aux arbustes, et cependant la pervenche, la violette, les primevères et beaucoup d'autres fleurs, font un effet charmant dans les bosquets et les bois. Ainsi, point de règles certaines et exclusives; le sentiment du beau et du convenable doit seul guider. Nous terminerons en disant que les fleurs ne sont bien que dans les parties très-habitées du jardin et dans le voisinage d'une fabrique avec laquelle elles s'harmoniseront, ou sur le bord des eaux. Nous laisserons donc ici une grande latitude aux dessinateurs des jardins, nous bornant à conseiller d'éviter l'excès, si souvent voisin de l'abus.

IV. Des arbres et arbustes. Ces grands végétaux sont au jardin paysager ce que les fleurs sont au parterre régulier; ils peuvent y développer toute leur grandeur, la beauté de leurs formes, l'éclat de leurs fleurs et de leur feuillage. On les dispose de mille façons différentes. Nous allons traiter de chaque disposition en nous conformant à la distribution établie par nos prédécesseurs. Ainsi nous dirons ce que c'est que l'arbre isolé, le groupe, le bosquet, le bocage, le massif, le bois, la forêt.

L'arbre isolé est presque toujours d'un charmant effet ; il peut être d'une espèce commune ou rare, remarquable par la disposition de ses branches, de son feuillage ou par la beauté de ses fleurs. Son choix et sa place ne peuvent ici être indiqués. Il est des espèces ou des variétés d'arbres qui ne signifient rien s'ils ne sont placés dans certaines circonstances particulières. Des arbres de haute taille et même des arbustes peuvent être employés seuls et isolés.

Le *groupe* est une réunion isolée d'arbres, au nombre de six à douze, et rarement au-dessus ; tous les arbres qui le composent doivent être de la même taille, et si faire se peut, de la même espèce ; on le place sur les pelouses, les gazons, pour limiter un point de vue ou pour le diviser ; il sert aussi à motiver une fabrique, une sinuosité du chemin, à masquer quelque objet désagréable. L'air et la lumière doivent pénétrer facilement au-dessous des cimes et il ne faut admettre dans le groupe ni arbustes ni broussailles. Le groupe convient surtout dans les plaines et sur le bord des eaux.

Le *bosquet* est un bois en miniature, placé près de la maison dans des jardins peu étendus. Tous les arbres et tous les arbustes peuvent y être placés, et le choix du jardinier doit, dans ce cas, se porter sur les espèces et les variétés les plus belles et les plus curieuses ; quelques fleurs peuvent même être plantées dans les clairières, pourvu qu'elles semblent être venues naturellement à cette place ; des allées bien tracées, légèrement sinueuses, y seront établies ; on y trouvera aussi quelques lieux de repos et des fabriques motivées, en rapport avec le site et le style général du jardin. Le bosquet sert quelquefois à masquer les limites de la propriété ; il doit alors être harmonisé avec la campagne environnante, et la laisser voir de temps en temps pour entretenir cette illusion que tout ce que l'on voit est compris dans le parc où l'on se promène.

Le *bocage* est une réunion de groupes ; nous allons citer ce que Whateley dit à cet égard : « quoiqu'un bocage soit beau en tant qu'objet de perspective, il est encore délicieux comme lieu de promenade et de repos ; le choix et la disposition des arbres pour les effets intérieurs doivent donc entrer en considération. Les arbres seront rassemblés en groupes ou plantés sur des lignes variées et irrégulières, qui décriront diverses figures, leurs intervalles seront contrastés tant dans les formes que dans les dimensions ; il y aura dans quelques endroits de grands espaces entièrement découverts ; dans d'autres, les arbres seront si rapprochés qu'à peine laisseront-ils un passage entre eux, et dans d'autres encore ils seront aussi éloignés qu'ils peuvent l'être en formant un même groupe. C'est dans les formes et la variété de ces groupes, de ces lignes et de ces espaces vides, que consiste principalement la beauté du bocage. »

Le *massif* n'est autre chose qu'un taillis composé d'arbres conservés bas, d'arbustes et d'arbrisseaux ; il est fort en usage et n'est qu'un diminutif du bosquet ; placé au bord du gazon, sur la lisière d'un chemin, au milieu d'une pelouse, il a pour but, comme le groupe, de masquer les limites, de prolonger une perspective, de conduire la vue sur un point de vue et de l'encadrer. Si le massif est rapproché de la maison principale, on peut le former d'arbustes à fleurs, et choisir parmi les plus remarquables. Ailleurs il doit prendre le style de la partie

du parc où il est placé, et celui de la fabrique qu'il ac-
compagr.

Le *bois* est un vaste espace planté de futaies ou de
taillis; rarement on le plante exprès pour l'ornement du
jardin; mais on ne doit pas manquer de l'y rattacher,
toutes les fois que son voisinage le permettra; il ne lui
faut rien d'apprêté et son caractère sauvage et d'utilité
doit lui rester; de larges allées et quelques sentiers y sont
cependant tracés pour la promenade à pied et en voiture:
on y construira aussi quelques fabriques d'un caractère
sévère et champêtre; des troncs y serviront de bancs et
de ponts; les lignes extérieures ne seront point droites
mais sinueuses; son entrée sera bien calculée et des
clairières seront ménagées dans l'intérieur.

La *forêt* n'est qu'un bois immense et ne se trouve guère
que dans les grands parcs; on ne la plante jamais, et
tout ce que nous avons dit du bois est bon pour la forêt.

Les arbres se plantent aussi en lignes pour border des
avenues ou des *cours d'eau*. Il faut alors employer des
arbres tous de grande taille et de la même espèce. Il est
une chose que le planteur de jardin doit bien savoir, pour
tirer tout le parti possible des plantations; c'est la connaissance exacte de tous les arbres, de quelque taille
qu'ils soient. Ainsi on peut agrandir une perspective en
plaçant près du point de départ les végétaux aux feuilles
larges et de couleur foncée; agir ensuite par dégradation,
c'est-à-dire disposer les arbres en diminuant le volume
des feuilles et des branches ainsi que leur teinte, à mesure
qu'ils s'éloignent du spectateur, et finir par les feuillages
déliés et de couleur grisâtre et presque bleuâtre. Sur les
devants se placeront les arbres à belles fleurs, à tronc
jaspé, à feuilles panachées, à fruits beaux ou bizarres.

Nous n'avons parlé jusqu'ici que des arbres d'agrément ou forestiers ; on peut cependant , et sans nuire à l'effet, se servir d'arbres fruitiers. Il en est de fort pittoresques , et tous sont très-utiles. Le cerisier pyramidal , le pommier à tête élargie, peuvent, isolés, faire un très-bel effet. Ce que nous disons est surtout vrai pour les grands parcs, où les gazons doivent être des prés ou des pâturages , les clairières des champs cultivés et les bosquets de véritables forêts. Là , le jardin utile peut se montrer sans défaveur, pourvu qu'il ne soit pas trop près de l'habitation. Près de la jolie ville d'Avallon , nous avons vu un bois d'arbres fruitiers, magnifique à la floraison, beau en tout temps, et très-prisé lors des récoltes. Puisque le nom de cette charmante ville se trouve sous notre plume, nous conseillerons aux gens qui vont bien loin chercher du pittoresque, de s'arrêter là et de demander le Cousin ; ils verront des sites enchanteurs, s'ils le suivent depuis les Panats jusqu'au-dessous de la ville ; ils y trouveront de belles eaux bien rapides, des roches admirables de ton et de couleur, des pentes abruptes et des constructions du plus bel effet.

V. Des eaux. Les eaux sont d'un intérêt immense dans le jardin naturel, et rien ne peut les remplacer ; on peut avoir un jardin agréable, mais il sera toujours imparfait s'il est privé d'eau. Nous conseillons, dans un site semblable, de renoncer à la nature et d'adopter le parterre symétrique, qui reçoit à la vérité de l'eau un nouvel agrément, mais qui peut plutôt s'en passer que le jardin paysager. Nous ne connaissons qu'un moyen , non de remplacer, mais de pallier le défaut, c'est de couvrir de bois et de plantes tout ce qu'il est possible du sol, sans trop nuire au point de vue et à l'aération.

Les eaux sont naturelles ou artificielles ; les premières sont les plus belles et leur forme convient seule aux jardins naturels. En effet, peut-on y placer autre chose que la source modeste, la fontaine au bassin élargi, le lac, petite mer intérieure avec ses contours sinueux, l'étang, lac en miniature, aux bords plantés de joncs et de nénuphar, le ruisseau dont le cours est caché sous le saule et les longues herbes, qui coule sur des cailloux et murmure doucement, la rivière quelquefois limpide, plus souvent boueuse, remplissant son canal, sillonnée de bateaux ou animée par une fabrique utile ; enfin, le torrent lui-même au milieu des flancs déchirés d'un ravin, avec son lit embarrassé de roches et de troncs d'arbres. Mais le choix de ces divers moyens ne peut pas se faire indifféremment ; chacun d'eux demande un site particulier et le plus souvent on ne peut les établir comme on le voudrait ; le meilleur moyen est d'imiter et de placer dans des circonstances semblables.

Près d'une maisonnette, une source, un frais ruisseau ; sur le bord d'un lac ou d'un vaste étang, l'habitation du prince ou du grand seigneur ; suspendez un manoir gothique aux flancs de la montagne aride, parsemée de roches pointues au-dessus du torrent dévastateur. Les grandes rivières veulent des îles, et celles qui se rapprochent du ruisseau demandent une cascade, le moulin ou le foulon.

Les *îles* sont d'un effet charmant par leur disposition, leur forme allongée, leurs fraîches plantations si bien venantes, et surtout la nécessité où l'on est de traverser un pont toujours riche en points de vue, ou même de risquer une traversée sans péril, mais pleine de charmes.

L'eau produit partout des effets merveilleux, qu'elle tombe en gouttelettes au fond d'une grotte humide ou qu'elle se nomme Océan. Je ne dirai rien de ce spectacle merveilleux par sa mobilité perpétuelle, par son immensité et par son aspect toujours changeant. Tantôt ce sont des vagues monstrueuses, hautes comme des montagnes, couvertes comme elles de neige, mais de neige d'écume et s'écrasant semblables à des avalanches gigantesques; pour encadrement un ciel noir, des nuages rapides comme l'oiseau des tempêtes, et par-dessus tout l'éclair brillant et le tonnerre majestueux : quelques instants se passent et chaque chose reprend son aspect accoutumé, la mer son calme habituel, le ciel sa sérénité et les débris du naufrage le chemin de la côte. Nous n'avons nul besoin de dire que ce point de vue admirable est de tous le plus beau, mais qu'il ne peut être créé, et que l'homme ne peut que le mettre dans son domaine par des dispositions habiles, surtout s'il veut, en conservant le merveilleux aspect, se mettre à l'abri des vents furieux.

Il n'est qu'un mode artificiel de disposition de l'eau que nous puissions ici conseiller. Nous voulons parler de la *rivière anglaise*. Celle-ci n'est qu'un étang de forme particulière. Ainsi après avoir pris le nivellement du terrain, on creuse un canal presque de niveau et peu profond, d'une largeur calculée sur le volume d'eau dont on peut disposer et sur la grandeur de la scène dans laquelle on veut le placer. Ce que l'on doit imiter avec soin est le lit d'une rivière ou d'un ruisseau naturel : le faible filet d'eau qui l'alimente doit être conservé et entretenu avec soin pour empêcher la formation sur l'eau des conferves et des plantes marécageuses. Le lit, s'il n'est creusé dans l'argile, en sera revêtu. Si l'on ne pouvait s'en pro-

curer, on se servirait de béton ou d'enduits hydrauliques. Le commencement et la fin de cette rivière doivent
être cachés sous quelques roches, par un pont, une construction, et toujours masqués par des massifs épais. On
aura atteint la perfection dans ce genre si l'on imite
parfaitement la nature, de manière à causer une complète
illusion.

VI. DES ROCHERS. Ces productions naturelles jouent
un grand rôle dans les jardins naturels, et on les emploie
fréquemment, nous devrions dire trop fréquemment; en
effet, l'on en place partout et sans aucun motif. Autant
un rocher naturel, couvert de lichens ou de mousse, aux
formes abruptes et aux surfaces de tons et de couleurs
vives et tranchées, fait bien dans les parties en pente et
montagneuses d'un parc, autant est ridicule un petit
amas de pierres trouées, décoré du titre de rocher et
sortant en plaine au milieu d'un tapis bien peigné et
bien plat. Les rochers, sur lesquels nous parlerons peu,
doivent être naturels, élevés, de belle forme et richement
colorés. La main de l'homme et le travail ne doivent nullement s'y faire sentir; je ne veux pas dire par-là qu'elle
ne peut y toucher, il ne faut pas s'y tromper; ainsi on
peut dégager les parties enterrées ou couvertes de lianes
et en planter quelques-uns de végétaux saxatiles; mais
dans tous ces travaux, il faut apporter la plus grande
discrétion : chacun sait combien le rocher qui sert, à St-
Pétersbourg, de piédestal à la statue de Pierre-le-Grand,
a perdu de grâce et de beauté par le travail des hommes.
   La *grotte* doit ici trouver sa place, puisqu'elle n'est
que la dépendance du rocher : elle peut être creusée par
la main de l'homme, et celle-ci peut y paraître sans in-

convénient; mais ce qu'il faut observer, c'est que le travail soit peú achevé, que rien n'y soit limé, ni perfectionné. Ainsi les pierres seront éclatées, les bancs seront des troncs d'arbre ou des morceaux de roche, tout y sera rustique. Les *cavernes* et les *antres* ne diffèrent de la grotte que par leur immensité, et ne peuvent être établies par l'homme à cause de leur grande étendue.

VII. DES FABRIQUES. L'abus des fabriques a été porté bien loin, et cependant, il faut l'avouer, on ne peut s'en passer. « Nous croyons, dit M. Noisette, que des fabriques bien motivées, parfaitement en convenance avec le site, ne peuvent produire qu'un charmant effet lorsqu'elles ne sont pas trop prodiguées. En règle générale, elles doivent être placées de manière à n'être aperçues que l'une après l'autre, afin de piquer continuellement la curiosité du promeneur et d'exciter sans cesse son étonnement. Il est cependant des cas où, pour caractériser davantage, on peut en rapprocher deux autres du même genre; par exemple une chapelle et un tombeau; enfin toutes les fois que l'on pourra utiliser une fabrique, en lui donnant la destination indiquée par sa forme, on aura atteint le but le plus favorable pour qu'elle plaise, parce qu'elle aura nécessairement toutes ses convenances. »

Nous empruntons encore au *Jardiniste moderne* de M. Viart un moyen fort commode pour juger de l'effet que l'on peut attendre d'une fabrique que l'on se propose de construire : « C'est de dessiner, dans une proportion suffisante pour y bien exprimer les détails, l'édifice que l'on a le projet de construire, présenté sous l'aspect que l'on croit le plus avantageux. On colorera ce dessin des teintes et des ombres convenables, et après l'avoir

appliqué solidement sur un carton, on le découpera suivant toutes ses formes extérieures. Ensuite on ira placer
au lieu où on devra construire deux jalons bien appa-
rents à une distance l'un de l'autre égale à l'étendue
que l'on se propose de donner au plan de l'édifice. Puis
on viendra se poser, avec le dessin à la main, qu'on aura
adapté à un autre jalon, au point de vue principal pour
lequel le bâtiment aura été conçu, et le disposant dans la
direction des deux jalons situés sur l'emplacement où
l'on a l'intention de bâtir, et l'éloignant insensiblement
de l'œil, jusqu'à ce que l'extrémité de sa base paraisse
toucher les pieds des deux jalons. Alors on l'enfoncera en
terre, ce qui donnera la facilité d'observer avec réflexion
et de juger complètement de l'effet que l'édifice pourra
produire après son exécution, si le dessin surtout a été
ombré d'après le jour moyen attaché à la situation de l'é-
difice.»

Tout ce que l'on construit pour l'ornement des jardins
se nomme *fabriques*. Nous ne pouvons ici les décrire toutes et nous nous contenterons de les énumérer. Nous suivrons l'ordre ordinairement adopté. *Les kiosques* sont des
lieux de repos importés du Levant dans nos jardins; *les
belvédères*, de petits pavillons fort élevés et dont la vue
est étendue; *les rotondes* ont la forme indiquée par
leur nom; *les châlets*, que l'on trouve dans les hautes
montagnes de l'Europe, avec son toit et ses murs de planches; *la chaumière*, bâtiment peu élevé, couvert en paille
et construit en pierres non revêtues d'enduit, en troncs d'arbres couchés et assemblés; *la cabane*, plus petite encore et
moins soignée que la chaumière; *la pêcherie* et *le moulin*,
sur le bord des eaux; *l'hermitage*, au fond d'une antique
forêt, au milieu des rochers de la montagne; une source

limpide, un réduit simple et rustique, quelques meubles du même genre, un sentier étroit, constituent cette fabrique souvent employée, mais rarement avec goût et convenance; *les chapelles, les ex voto,* seront toujours déplacés dans l'ornement d'un jardin paysager; en effet, comment accorder les idées élevées qui doivent présider à leur établissement avec ce petit désir d'orner une habitation humaine; je dirai la même chose *des tombeaux; les temples grecs* peuvent, dans de petites ou de grandes proportions, contribuer à la décoration d'un parc; *les temples égyptiens* sont toujours ridicules parce que l'on ne peut leur donner leurs proportions vraies et gigantesques : *la tente turque,* espèce de parasol en tôle ou en bois, est fort jolie et d'un effet agréable; *la tour, la pyramide* et *l'obélisque* font très-bien; *les ruines,* belles lorsqu'on les rencontre naturellement, sont presque toujours absurdes quand on les construit; *les volières* sont des constructions charmantes : elles peuvent adopter mille formes diverses; on doit les placer près de l'habitation ou dans le voisinage d'un lieu de repos et les masquer par un massif peu épais : le chant des oiseaux qu'elles renferment doit les faire découvrir; *les statues et les vases* se placent moins fréquemment dans les jardins paysagers que dans ceux qui sont réguliers; mais ils peuvent y faire un bon effet, si le style du parc le permet : *les ponts* sont de toutes les fabriques les plus multipliées; on en voit de tous côtés, mais souvent sans motifs : partout où l'on peut raisonnablement les employer, on doit le faire; leurs formes peuvent être variées aussi souvent que le site et les alentours l'exigent; ici un pont de pierres à plein cintre, là en ogive avec des ornements gothiques et moresques; plus loin des chênes jetés de l'une à l'autre rive, encore revêtus de leur écorce, chargés de rondins de même nature et bordés par les branches du chêne auxquelles on a attaché des perches pour garde-fous; enfin des ponts suspendus; d'autres ornés de balustrades et de sculptures, et quelques-uns fort simples en bois peints : leur longueur doit être au moins le double de leur largeur, et vus de biais ils produisent plus d'effet; *les bateaux* doivent être solides et peu faciles à couler; ils seront en rapport avec la scène au milieu de laquelle ils seront placés; il en est de même des *barrières* et *palissades*; dans les parties rustiques du jardin, elles seront en baguettes revêtues de leur écorce; elles font ainsi un fort joli effet : sans les répéter trop souvent, on peut les placer partout où elles sont motivées; *les bancs* se font en marbre, en pierre, en gazon, en menuiserie et en bois revêtu de son écorce; ils doivent être nombreux et placés avec entente parfaite des points de vue : leur forme et la matière employée à leur construction seront choisies d'après la couleur locale des lieux où on les placera; *les jeux* ne sont pas précisément des fabriques, mais servent à distraire les promeneurs et doivent à ce titre recevoir une place dans la description du jardin paysager : on ne doit point trop les multiplier; les principaux sont *les balançoires* ou *escarpolettes, les jeux de bague, de paume, de boule; les tirs* seront placés loin de la maison d'habitation, et toutes les mesures seront prises pour qu'il ne puisse en résulter d'accidents. Nous finirons cet article sur les fabriques en recommandant de nouveau d'en être très-sobre et de n'en placer que de motivées et de les mettre conplètement en rapport avec les lieux où on les place et d'où on les voit.

VIII. De l'habitation. Nous aurions peut-être dû

commencer par cet article ce que nous avons dit sur les fabriques; et cependant il nous a semblé que son importance réclamait un travail spécial. Il est rare que l'on construise l'habitation que l'on entoure d'un jardin; de nos jours on bâtit peu à la campagne et surtout on ne construit plus de châteaux; ceux qui en ont les habitent, lorsqu'ils ne les démolissent pas pour en vendre les matériaux. Nous allons poser quelques règles, non de construction, cela regarde l'architecte, mais de convenance et de goût. Ainsi, nous dirons que le manoir devra, dans les plaines, être placé sur un monticule pour dominer le plus grand nombre des points de vue : il sera aussi par là dans une position plus sèche et plus salubre. Dans les sols en pente, on construira sur un repli du terrain, à mi-côte, mais à l'abri des avalanches de pluie et de terre. Le système suivi par l'architecte le sera en raison de la situation des lieux, de la position de fortune des individus. Toutes les convenances seront observées, et c'est en raison de leur réunion ou de leur absence que l'homme de goût jugera. Ainsi l'on ne placera point le style grec de l'empire où l'ogive, les grosses tours, les vastes salles aux vitraux colorés, conviennent si bien. La villa italienne, aux murs de marbre, aux fresques admirables, veut un soleil chaud et brillant; le vieux donjon, au contraire, demande une falaise escarpée, des rochers, la mer de Bretagne ou les sommets neigeux des Vosges ou du Jura. Les grandes proportions et les ornements conviennent aux palais, et la simplicité aux habitations de la classe moyenne. Les ornements mesquins, que Boileau redoutait et repoussait de la littérature, me semblent aussi mal placés dans l'architecture.

IX. Travaux d'entretien. Ils n'ont rien de particulier;

les portions cultivées reçoivent leurs labours annuels et les semis ou les plantations nécessaires. Les arbres et les arbustes sont élagués sur le bord des chemins, mais de façon que le travail de l'homme ne puisse être deviné : les allées sont ratissées et sablées lorsqu'elles en ont besoin ; les gazons fauchés et roulés , au moins près de l'habitation : les végétaux morts remplacés et les fabriques réparées ; les ruisseaux et bassins seront curés, les étangs pêchés et les rivières anglaises réparées et nettoyées.

Nous terminons ici ce que nous avions à dire des jardins naturels, et nous nous résumerons en conseillant de ne les placer que sur des terrains vastes ou riches en points de vue ; partout ailleurs, ils seraient ridicules et doivent être remplacés par des parterres réguliers et des allées couvertes en charmes, en ifs, en maronniers, tilleuls, etc. Les fabriques y seront rares et motivées ; les allées auront des sinuosités adoucies et prises de loin. Rien ne sera heurté, surtout en plaine, et si l'on sort de cette prescription, ce ne sera que pour obéir à un obstacle visible ; ce que nous disons des allées s'applique aussi aux cours d'eau : on tiendra compte des formes du feuillage, de sa nuance, de sa grandeur : maison d'habitation, fabrique , plantation , gazon et espaces découverts, pièces d'eau et rivières, tout s'harmonisera ; les points de vue seront conservés avec soin, embellis et encadrés ; ils seront répartis sur les divers points du parc pour que la promenade ait de l'intérêt ; mais il ne faut pas oublier que l'on doit en réserver à l'habitation un des plus remarquables.

§ 3. — DES JARDINS MIXTES.

Les jardins mixtes sont les plus communs, si on les considère sous le point de vue de l'utilité et de l'agrément. En effet, il n'est pas de grand jardin qui ne renferme, dans une de ses parties les plus reculées, un potager et quelques arbres fruitiers. Le jardin potager existe rarement seul, presque toujours on lui joint quelques fleurs, des rosiers, un pied de lilas.

Dans les jardins d'agrément, nous trouvons souvent les deux genres régulier et naturel réunis : nous n'en donnerons qu'un exemple, le parc de Trianon. En effet, un bosquet et quelques clairières accompagnent très-bien les charmilles du jardin français. Mais ici, il faut éviter un écueil, les deux jardins ne doivent avoir ensemble aucun rapport de vue. Du côté du parterre régulier, le jardin paysager sera caché sous la charmille qui, à son tour, disparaîtra du côté du parc sous les arbres des groupes et surtout des massifs.

Les jardins mixtes ne demandent pas d'autres soins que ceux qui en forment les diverses parties. On pourra donc ici consulter, suivant les besoins, les sections où nous avons traité longuement des jardins potagers, fruitiers, du parterre et du parc naturel. Nous n'en dirons pas plus sur les jardins mixtes, parce que nous ne pourrions ainsi que répéter ce que nous avons déjà dit, et prendre ici la place de notions utiles.

§ 4. — DES VÉGÉTAUX EN POTS ET DE LA CONDUITE DES SERRES.

Nous avons cru devoir réunir ici tout ce que nous avions à dire des végétaux que l'on cultive en pots et autres vases, et de la conduite des bache, orangerie, jardin d'hiver, serre tempérée et serre chaude. Nous ne les considérerons que sous le point de vue de la culture d'agrément, ayant dit, dans la section du jardin potager, tout ce qui le regardait en culture simple et en culture forcée. Nous ne parlerons plus de la disposition des lieux de conservation, en ayant traité longuement au commencement de cet ouvrage, mais nous dirons seulement quel est le mode le plus efficace d'en tirer tout le parti possible et d'éviter des accidents toujours trop fréquents.

Notre section se divise naturellement en deux parties ; la première renfermera ce qui concerne le rempotage des plantes, et la seconde tout ce qu'il est nécessaire de savoir sur la conduite des serres et bâches de toute espèce.

I. DU REMPOTAGE DES PLANTES. Le jardin d'agrément ne se compose pas seulement de végétaux cultivés en pleine terre et exposés à toutes les variations de la température. Les uns ne sauraient résister aux froids de l'hiver, les autres à une humidité prolongée ; quelques-uns, enfin, redoutent l'excès de la sécheresse et veulent la présence continuelle de l'eau pour vivre et prospérer. Ces diverses conditions ne peuvent être facilement obtenues que par la culture en vases de grandeurs et de formes différentes, nommés *pots* ou *terrines*. Les uns, en cônes tronqués, sont faits d'argile et cuits comme toute autre poterie ; d'autres beaucoup plus grands se font en bois, de forme carrée et prennent le nom de *caisses*. Les grands végétaux veulent des caisses, les autres se contentent de pots de terre cuite. Ceux-ci doivent être d'une largeur proportionnée à leur hauteur, légèrement côniques, percés dans le fond d'un trou rond ou mieux de trois ouvertures d'un pouce de longueur sur 3 lignes de de largeur ; les mêmes ouvertures doivent se trouver au bas des parois, perpendiculaires par rapport au fond du vase, et au nombre de trois ou de cinq.

Les caisses seront solidement assemblées et auront deux des côtés ou des parois mobiles, retenus par de longs crochets en fer faisant barres : cette facilité de déplacement est nécessaire pour que l'on puisse dépoter les grands végétaux renfermés dans les caisses. Pour le rempotement de ces derniers on doit avoir recours à une espèce de *grue*, munie d'une poulie, sur laquelle on place un câble qui, d'un bout, se lie autour du tronc protégé contre l'écorcement par une poignée de paille, tandis que l'autre extrémité est saisie par l'ouvrier et sert à soulever l'arbre avec sa motte. Nous donnerons, sous les numéros 39, le dessin d'une *caisse* vue d'un des côtés mobiles ; 40, *grue* à dépoter les grands végétaux et 41, *couteau de rempotement* indiqué par M. Verdier.

Nous allons emprunter aux *Annales de la Société d'Horticulture* ainsi qu'à la *Revue horticole,* un article remarquable de M. Verdier, cultivateur de rosiers, près l'église de Neuilly (Seine). Les horticulteurs les plus renommés ont rendu pleine justice à cet excellent travail , le plus complet que nous ayons sur la matière ; aussi avons-nous cru devoir le donner *in extenso* et sans en rien retrancher ni sans rien y ajouter. Nous aurions craint, en agissant autrement, de rendre moins utiles les prescriptions de M. Verdier, et de n'offrir à nos lecteurs que des règles inexactes ou du moins incomplètes. Nous laissons parler M. Verdier :

« Le rempotage des plantes n'exige pas rigoureusement d'époque fixe pour son exécution ; il est nécessité par l'état des plantes et par la considération de l'époque de leur végétation. Dans quelques jardins, on a l'habitude de commencer, ce travail vers les premiers jours de septembre, et de le continuer pendant tout ce mois, et même jusqu'en octobre, et là on rempote toutes les plantes, sans exception et sans considération pour celles auxquelles, à cette époque, ce travail peut être dangereux et même mortel; ce qui n'est pas difficile à concevoir par tout homme qui observe tant soit peu la végétation. On peut rempoter depuis février jusques et pendant toute la belle saison, et même en hiver; mais pendant cette dernière saison, on ne le fera que dans les serres tempérées et serres chaudes, et ce ne devra être que pour les plantes auxquelles il est absolument nécessaire.

Il y a de grands inconvénients à rempoter en saison trop avancée, il vaudrait beaucoup mieux attendre le printemps suivant, si on ne pouvait finir ce travail avant les premiers jours de septembre; car, après cette époque, les plantes n'ayant plus assez de temps pour former une assez grande quantité de nouvelles racines avant leur rentrée en serre, seront par conséquent beaucoup plus difficiles à passer l'hiver; et il est certain que les plus délicates ne résisteront pas, surtout si on n'a pas le soin de ménager scrupuleusement les arrosements. J'ai vu souvent, au printemps, des plantes, même non délicates, qui, ayant été rempotées en septembre, n'avaient pas encore fait une seule racine, et qui, au moindre coup de vent, se trouvaient arrachées de leur pot. On conçoit que les plantes ainsi traitées, si elles ne périssent pas, doivent être par conséquent dans un état de langueur. Il y aurait beaucoup moins de danger pour elles, si elles étaient destinées à être mises sur couche chaude à l'approche de l'hiver; mais ceci n'est applicable qu'aux plantes de serre chaude; il serait pernicieux pour celles d'orangeries et de serre tempérée, car, dans ces deux dernières, il faut toujours se garder d'exciter la végétation en hiver. La principale époque du rempotage est quelque temps avant que les plantes entrent en végétation. Il est d'abord de rigueur pour toutes celles à feuilles caduques ; car celles-ci sont pourvues, pour la plupart, de radicelles qui se renouvellent chaque année au moment de leur rentrée en végétation et qui périssent au moment de la chute de leurs feuilles. Une grande partie des plantes bulbeuses et tubéreuses sont à feuillage caduc et à racines annuelles, et elles nous indiquent assez que c'est au moment où ces radicelles sont pour se développer qu'on doit leur donner de la nouvelle terre. Si l'on rempotait une plante en végétation, ou qui eût assez poussé pour faire craindre que le rempotage ne la fît souffrir, il faudrait en même temps rapprocher sa tête et ne blesser ses racines que le moins possible.

Ce rapprochement doit se faire avec beaucoup de ménagement ; il est des plantes dont les rameaux sont plusieurs années à se disposer à fleurir ; il en est aussi d'autres qui fleurissent au sommet des jeunes rameaux. Dans les premiers, on s'exposerait à reculer leur floraison de plusieurs années, et à reculer d'un an, dans les secondes, si l'on opérait ce rapprochement avant de voir les fleurs. Le rempotage des camélias devra s'effectuer aussitôt leur floraison passée.

On devra éviter, autant que possible, l'introduction de vers rouges (*lombrics*), dans les pots. C'est toujours un tort quand on enfonce les pots en terre par dessus leurs bords, et ce moyen n'est jamais usité en bonne culture, à moins que ce ne soit pour les plants de pépinière, qui ne sont pour rester en pots que pendant leur jeunesse, et encore le lait-on parce qu'il en coûterait trop pour les arrosages, quand on en possède par milliers. Il est d'ailleurs moins dangereux que leurs racines s'échappent par dessus les pots, puisqu'ils restent souvent à la même place jusqu'au moment d'être enlevés de la pépinière pour être mis en pleine terre. Les plates-bandes en sable de rivière ou en cendre de charbon de terre sont de bon effet. Si l'on est obligé de placer les pots en terre, on fera bien de laisser un vide sous chaque pot, ce qui empêche l'introduction des vers par le trou du fond et facilite l'écoulement de l'eau dans les temps de pluie (il est entendu que je parle, ici, du placement d'été dans le jardin); on aura aussi grand soin, de tourner et soulever les pots de temps en temps, afin que les racines ne pénètrent pas dans le sol, ce qui les ferait beaucoup souffrir quand on les enleverait de cette place ou qu'on voudrait les rempoter. Je parlerai peu de la préparation des terres ; je me bornerai à celles qui sont le plus généralement mises en usage, et m'abstiendrai de parler des terres à orangers ni d'aucun genre de rencaissage, vu que ces opérations sont à peu près les mêmes que celles du rempotage et exigent moins de soins puisque l'on n'opère que sur des sujets forts.

La terre de bruyère est la principale pour les plantes délicates et celles qui, généralement, poussent peu en racines ; la meilleure est celle qui est grisâtre, sableuse, fine et douce au toucher ; celle qui est noire et un peu tourbeuse est cependant préférable pour quelques plantes ; d'abord pour les plantes marécageuses ; les différentes variétés des *nerium oleander* et *indicum*, ainsi que les *hortensias*, s'y plaisent beaucoup. La terre de bruyère que l'on emploiera pour les rempotages devra être brisée aussi fine que possible; mais on se gardera bien de la passer au crible; on retirera seulement avec la fourche et le râteau la plus forte partie des racines non consommées et tous les chiendents qui s'y trouvent très-communément; pour les plantes moins délicates on ajoutera à la terre de bruyère moitié terre franche ou terre normale avec un quart de bon terreau de couche; ces deux dernières seront passées à la claie fine; enfin, pour les plantes rustiques et voraces, on se contentera d'une bonne terre à potager, dans laquelle on fera entrer, un peu plus ou moins, en raison de ce qu'elle sera plus ou moins forte, environ un cinquième de terre de bruyère et un quart de bon terreau de couche. Si l'on se trouvait à portée de se procurer de bon sable fin et sans gravier, on pourrait en ajouter environ un douzième à ces deux préparations de terre, en diminuant d'une égale quantité la terre de bruyère. On aura soin de tenir en tas, à l'exposition du nord, les terres ainsi préparées, et assez éloignées des arbres pour que leurs racines ne pénètrent pas dans les tas; on réunira aussi en tas toutes les terres et racines extraites des plantes que l'on soumet au rempotage, et, au bout de deux ans, cette terre pourra entrer pour partie pricipale dans les terres mélangées ci-dessus : je dois dire ici que plus les plantes sont jeunes moins elles paraissent disposées à pousser en racines, et plus on doit chercher à les mettre en terre légère.

Le rempotage exige quelques différences dans la manière de le pratiquer :

1° Selon l'âge des plantes; 2° selon leur plus ou moins de délicatesse; 3° selon leur genre de racines.

1° *Selon l'âge de plantes.* Les jeunes plantes, soit de semis, soit de boutures, soit de marcottes, seront empotées séparément, chacune dans un petit pot proportionné à la force des plantes, en observant que plus leurs pots seront petits plus leur reprise sera facile et prompte ; si ce sont des plantes intertropicales, elles seront mises aussitôt qu'empotées sous cloches ou sous châssis bien clos, placés à l'avance sur une couche chaude à 20 ou 25 degrés (Réaumur). Ensuite on les bassinera légèrement, et on les ombrera, pendant le jour, d'un paillasson plus ou moins épais, selon l'ardeur du soleil ; au bout de deux ou trois jours, les plantes commenceront déjà à s'attacher, c'est-à-dire à faire quelques nouvelles racines, alors on commencera à leur donner tant soit peu d'air, et à diminuer aussi un peu l'ombre pendant le jour. Si les jeunes plantes n'étaient pas assez attachées, on verrait leur feuillage s'incliner et se faner ; il faudrait alors bassiner bien légèrement, leur retirer l'air, et leur rendre leur premier ombrage ; deux jours après, étant bien assuré de leur reprise, on augmentera l'air de jour en jour, et on diminuera de même l'ombrage jusqu'à ce qu'elles soient assez bien attachées pour occuper une place dans une serre basse qui leur est destinée. Si l'on faisait cet empotage en hiver, il faudrait que les cloches ou châssis qui doivent les recouvrir fussent dans une serre ; mais cela est inutile en belle saison, la couche peut être en plein air ; on aurait soin, si elle perdait sa chaleur, de la rappeler par un réchaud en fumier placé tout autour ; on arrosera légèrement au besoin.

Les jeunes plantes de la Nouvelle-Hollande, du Cap, etc., dites plantes d'orangerie ou de serre tempérée, seront traitées de la même manière que celles dont je viens de parler, à l'exception que la couche devra être moins chaude ; 15 à 18 degrés suffisent. Les jeunes plantes destinées à rester en plein air peuvent être mises sous châssis froid, et même les plus faciles à la reprise pourront rester en plein air à l'ombre.

Ces jeunes plantes ainsi traitées ne seront pas longtemps sans avoir besoin de passer dans des pots plus grands ; on devra, dans ce travail, ménager autant que possible les jeunes racines ; si elles tapissaient déjà la circonférence de leur motte, il faudrait, avec un petit bâton pointu, soulever légèrement les racines tout autour, avec la précaution de n'en casser que le moins possible ; car si on rempotait une motte ainsi tapissée sans avoir donné un peu de liberté aux racines, l'humidité que produirait la terre qui doit se trouver, après le rempotage, entre ce tapissage et les parois du pot, entraînerait la pourriture des racines, et il pourrait en résulter la perte de beaucoup de plantes ; j'ai vu très-souvent, au bout d'un an, de ces rempotages dont les plantes avaient fait à peine quelques racines, et dont toute la terre du rempotage se détachait lorsqu'on retournait le pot ; il ne restait que l'ancienne motte encore entière, et des racines presque entièrement pourries ; il serait également dangereux de retrancher ce tapissage, car la suppression des extrémités des racines entraînerait la perte d'une grande partie des jeunes plantes. Les plantes dont les racines ne feraient qu'atteindre le tour de la motte, et que l'on voudrait cependant passer en pots plus grands, exigeraient que l'on picotât leur motte avec la pointe d'un petit bâton, afin que la nouvelle terre pût se lier avec l'ancienne ; sans ce picotage, la nouvelle terre s'unirait difficilement avec celle de la motte, et la plante n'aurait aucune solidité. La motte étant ainsi picotée, on prendra un pot, assez grand pour qu'il puisse passer entre la motte et ses parois environ 8 à 12 lignes d'épaisseur de nouvelle terre ; il faudra, avant d'y placer la plante, couvrir le trou qui se trouve au fond du pot avec un tesson de pot cassé, et si la plante paraît délicate, ou que ce soit une plante grasse, le couvrir d'un lit de 6 à 8 lignes d'épaisseur, avec d'autres tessons de même sorte, mais cassés très-petits, afin de faciliter l'écoulement de l'eau dans les temps de pluie ou lors des arrosages. Les morceaux de pot sont préférables au sable de rivière et autres graviers, parce qu'étant plus poreux, ils attirent à eux le trop d'humidité que peut contenir la terre, et ils ont aussi la faculté de se ressuyer promptement lorsqu'ils en sont empreints ; on en a toujours suffisamment sans être obligé de casser des pots exprès ; après ce lit placé, on mettra par-dessus un lit de terre d'une épaisseur convenable, afin que quand la motte sera placée dessus la superficie de cette motte se trouve de quelques lignes au-dessous du bord du pot. La plante ainsi placée, on passera de la terre entre les parois du pot et de la motte, en ayant soin de faire entrer autant de terre que possible entre les racines qui sont soulevées, ensuite on frappe le fond du pot deux ou trois fois sur la table, on presse modérément la terre avec les doigts ou avec un bâton arrondi d'un bout et aminci de l'autre, appelé *fouloir*, et l'on remplit de terre, toujours en la pressant et en ayant soin de ne pas laisser d'intervalle entre la motte et le pot ; on continue ainsi jusqu'à quelques lignes au-dessous du bord du pot afin qu'il reste un peu de creux pour les arrosements, la nouvelle terre devra être assez pressée pour qu'on ne puisse y enfoncer les doigts.

Avant de rempoter, on aura soin d'arroser la motte des plantes dont la terre serait trop sèche, et aussi de les laisser quelque temps pour se ressuyer ; car si la terre était trop sèche ou trop humide, il pourrait s'en détacher plus qu'on ne voudrait en préparant les racines. Il faut aussi que la terre que l'on emploie soit fraîche sans être humide; étant trop sèche il serait difficile, après le rempotage, de la mouiller jusqu'au fond, et étant trop humide, on ne pourrait la faire passer entre les racines. Dans tous les cas, il faut que la terre d'une plante nouvellement empotée soit humide, mais non délayée. On aura grand soin dans les jours de pluie de visiter ces plantes, afin de déboucher le trou du fond des pots, qui souvent s'obstrue et empêche l'écoulement de l'eau; les nouveaux rempotages auront aussi besoin d'être seringués (1) souvent, dans les temps de chaleur et de sécheresse.

2º *Selon leur plus ou moins de délicatesse.* Une chose bien contraire à la santé des plantes est le peu d'attention que l'on apporte à la grandeur des pots relativement à leur force et à leur variété; il faut bien considérer si la plante que l'on veut rempoter est douée par la nature d'une végétation active et vigoureuse, et aussi si elle est disposée à faire beaucoup en racines et en chevelu; si elle a ces dispositions, le pot plus grand qu'on devra lui donner sera moins restreint, et on lui donnera aussi une terre plus substantielle, sans cependant exagérer, car il vaudrait mieux rempoter la même plante plusieurs fois dans la même année que de lui donner subitement trop de nourriture, ce qui pourrait peut-être occasionner sa perte, surtout si elle se trouve exposée à la pluie, ou si on n'a pas grand soin de la ménager aux arrosements; car les

---

(1) On nomme *seringuage* l'aspersion faite sur les feuilles soit au moyen d'une pompe, soit avec l'arrosoir, soit enfin avec une espèce de seringue en cuivre ou en ferblanc, percée de petits trous à son extrémité.

racines n'étant pas en quantité suffisante pour aspirer toute l'humidité que contiendrait cette terre, elles chanciraient bientôt et finiraient par pourrir. Si au contraire la plante, quoique bien portante, n'est pas douée d'une végétation active, il faut la tenir serrée dans son pot; c'est-à-dire lui en donner un seulement un peu plus grand que celui qu'on lui retire, et une terre légère, car les effets fâcheux que je viens de signaler pour l'autre n'échapperaient pas à celle-ci.

S'il arrivait qu'en dépotant une plante pour la rempoter on trouvât sa terre décomposée et comme changée de nature, ce qui est occasionné ordinairement par les vers rouges (*lombrics*), il faudrait retirer autant que l'on pourrait de cette terre, sans cependant trop dégarnir les racines, ôter les vers et les nids d'insectes s'il y en avait, couper les racines mortes et celles attaquées de chancres et de pourriture, lui donner un pot neuf de même grandeur que celui qu'elle avait, ou, à défaut, nettoyer le sien bien proprement et le lui rendre, et si elle était très-souffrante, on la mettrait dans un pot plus petit, jusqu'à ce qu'elle fût bien rétablie. On facilite la reprise des plantes de serre chaude ainsi malades en les plaçant sur une couche demi-chaude en serre basse, ou sous-châssis à l'étouffée; celles d'orangerie et de serre tempérée se rétablissent aussi très-bien de cette manière; mais il en est d'autres aussi pour lesquelles ce moyen est mortel en très-peu de jours. J'ai cru remarquer que celles qui s'en accommodent le mieux sont les plantes à racines charnues ou qui ne font pas ou presque pas de chevelu, telles que *les magnolias,* les pivoines en arbres, les orangers, tandis que les rosages, bruyères, *proteas, épacris,* etc., soumis à ce traitement, périssent en deux ou trois jours.

Les plantes cultivées en pot sont sujettes à avoir quelquefois leurs racines attaquées du *blanc*, espèce de champignon probablement du genre *isaire*, dont a parlé M. Poiteau dans les *Annales de la Société d'horticulture*, tome XVI, page 183 ; quand ce *blanc* se multiplie beaucoup, il peut faire périr la plante. Pour éviter ce fâcheux accident, il faut déposer la plante, faire tomber toute la motte, laver et brosser toutes les racines, couper toutes celles qui sont endommagées, et rempoter en terre neuve : comme cette opération est violente, on devra rapprocher ou diminuer le volume de la tête de la plante, la placer à l'étouffée ou à l'ombre dans un châssis, et ne lui rendre l'air et la lumière qu'au fur et à mesure qu'on la verra repercer. La présence du *blanc* sur les racines des plantes en pots me paraît provenir des bouts des tuteurs pourris qu'on laisse trop communément dans la motte, car j'ai vu dans le jardin du roi, à Villiers, un tas de vieux bois que mon oncle, M. Jacques, avait ramassé pour en faire une terre de bois pourri, se recouvrir de *blanc*. Les vieilles tannées en développent aussi quelquefois abondamment, et ce blanc peu s'étendre jusque dans les pots qu'elles renferment.

Quelques plantes en pots montrent sur leurs racines des *exostoses* dont l'origine ou la cause n'est pas encore bien connue, mais qui paraissent nuisibles à leur santé en ce que les racines qui en sont affectées ne se développent pas comme les autres et restent en souffrance. Il me paraît donc utile de supprimer de telles racines quand on les découvre. Les *géraniums* sont particulièrement sujets à produire des exostoses ou des renflements charnus sur leurs racines ; ce sont des espèces de loupes qui dérangent la marche de la sève, et nuisent à la beauté de la plante ;

mais elles ont cela de particulier dans le *géranium* que, séparées et plantées comme des bulbes, elles développent un bourgeon et forment une nouvelle plante.

Quand j'ai conseillé de ménager le tapissage des racines dans le rempotage et de se borner à picoter la motte, je n'entendais parler que de jeunes plantes; mais quand elles sont âgées, plusieurs n'exigent plus un tel ménagement. Il en est un assez grand nombre auxquelles on retranche impunément 1, 2 et 3 pouces de terre sur toute la circonférence de leur motte, ainsi que toutes les extrémités des racines qui se trouvent dans la terre à supprimer, sans que les plantes en souffrent aucunement, surtout quand on décharge leur tête en raison du raccourcissement de leurs racines; mais aussi il en est que ce retranchement de racines ferait périr sur le champ. Ce sont particulièrement celles dont les racines sont capillaires, telles que les *protea, érica, épacris, chironia, elichrysum* et autres, que l'expérience apprend à connaître; les racines de celles-ci craignent beaucoup le fer, et il faut se contenter de picoter leur motte lorsqu'elles ont besoin d'être rempotées. Elles exigent d'ailleurs la terre de bruyère pure ou presque pure pour bien végéter dans nos cultures.

3° *Selon leur genre de racines.* Les plantes bulbeuses à feuillage caduc demandent aussi quelques soins particuliers pour leur rempotage. Aussitôt que la hampe et les feuilles de ces plantes commencent à jaunir pour se dessécher et tomber ensuite, il faut suspendre entièrement les arrosements et les abriter contre les pluies jusqu'à ce que leurs bulbes aient atteint leur parfait degré de maturité; ensuite on les dépotera, on secouera toute la terre pour mettre les bulbes entièrement à nu, et on les nettoiera de leurs vieilles racines. Il est une espèce de ver ou larve de quelque insecte qui se met quelquefois dans les oignons de ces plantes; on les en purge toutes les fois qu'on s'en aperçoit, et on conserve les bulbes en lieu sec jusqu'au moment plus ou moins éloigné de les remettre en terre, soit de bruyère pure, soit mélangée, soit de toute autre sorte, en raison de la nature ou du besoin des tubercules. Les bulbes sont de trois différentes manières; la première comprend les bulbes d'une seule pièce ou tubercules; exemple : les *cyclamen*, colchiques, glaïeuls, *orchis*, etc. La deuxième comprend les bulbes écailleuses; exemple : les lys, etc. La troisième comprend les bulbes tuniquées; exemple : les jacinthes, tulipes, *amaryllis*, etc.

Les tubercules se renouvellent plus ou moins promptement au moyen de nouveaux tubercules qu'ils produisent sur divers points de leur surface, souvent en dessus, tels que les antholyses, les glaïeuls, quelques *arum*, etc.; quelquefois sur le côté, tels que les alstroémères, etc., et aussi en dessous, tels que le *methonica superba*, le *tigridia*, les colchiques, etc. Tous les tubercules doivent nécessairement être enfoncés entièrement en terre et plus ou moins recouverts, en raison du plus ou moins de grosseur, en ayant soin de recouvrir un peu plus ceux qui doivent développer leurs nouveaux tubercules en dessus, et donner des pots assez profonds à ceux qui doivent développer leurs nouveaux tubercules en dessous, afin que ces nouveaux tubercules ne soient point gênés dans leur formation; sans cette précaution, on les trouve toujours aplatis au fond du pot et ils n'ont pas le volume qu'ils devraient avoir. Les *cyclamen* et quelques *gesneria* font exception; leurs tubercules ne se renouvellent pas, grossissent longtemps, en produisent rarement d'autres et demandent que leur surface ne soit recouverte que d'une à deux lignes de terre, dont surtout le cyclamen se débarrasse bientôt.

Les bulbes écailleuses se recouvrent de deux à quatre pouces de terre selon leur force et le poids de la tige et des fleurs qu'elles auront à soutenir. Mais parmi les bulbes tuniquées, il y a de grandes différences dans la profondeur que les unes réclament avec celle exigée par d'autres; ainsi les tulipes et les jacinthes peuvent être recouvertes de deux, trois et quatre pouces de terre, tandis que beaucoup d'*amaryllis*, de *crinum*, de *pancratium* veulent n'avoir d'enterré que leur plateau. Si, dans nos cultures, nous les enterrons un peu plus, ce n'est que pour la solidité, jusqu'à ce que les nouvelles racines qui doivent sortir du plateau attachent fortement l'oignon à la terre. D'ailleurs, plus les oignons sont gros, plus ils sont sujets à se gâter, et moins on doit les enfoncer, soit en pot, soit en pleine terre.

L'arrosement des oignons nouvellement rempotés doit être modéré; on doit se borner à empêcher la terre de se trop dessécher jusqu'à ce que les feuilles commencent à pousser; alors on augmentera peu-à-peu les arrosements qui, plus tard, ne devront pas être plus ménagés que ceux des autres plantes vigoureuses; car quant aux plantes délicates ou mal portantes, les arrosements doivent leur être administrés avec ménagement et beaucoup de circonspection.

Les plantes bulbeuses à feuillage persistant ont aussi les racines persistantes par la même raison, et conséquemment ne peuvent pas être traitées dans le rempotage comme les plantes bulbeuses à feuilles caduques; elles appartiennent toutes à la classe des monocotylédones, et l'on sait que les racines de la plupart des plantes de cette classe ne s'alongent plus lorsqu'elles sont coupées, qu'elles n'envoient plus de nourriture à la plante, qu'elles sont devenues inutiles et même nuisibles, en ce que souvent elles pourrissent. Il est donc important de ne pas les raccourcir, ni les blesser dans ce rempotage ; pour atteindre ce but, j'ai un couteau (*fig.* 41), dont le bout du manche opposé à la lame est muni d'un petit crochet de trois dents ; avec la lame je pratique plusieurs fentes autour de la motte du haut en bas, éloignées d'environ deux pouces l'une de l'autre, et pas plus profondes que le tapissage des racines, et avec le crochet je dégage les racines et fais tomber la terre usée que je remplace par une nouvelle en rempotant et en remplissant le pot.

J'ai recommandé plus haut d'apporter le plus grand soin dans la grandeur des pots, proportionnellement au plus ou moins de voracité ou de délicatesse des plantes, mais les plantes bulbeuses, surtout celles à feuillage persistant, s'accommodent très-bien de pots un peu grands proportionnellement à leur force, ainsi que beaucoup d'autres plantes aussi de la classe des monocotylédones, tels que les palmiers, les asparaginées, les genres *yucca* et *pandanus*, ainsi que les conifères qui s'en accommodent aussi très-bien. Les broméliacées dont les fleurs de plusieurs embellissent si bien nos serres chaudes, demandent à être enterrées de plus en plus du collet ; chaque fois qu'on les rempote, il se forme sur ces plantes de nouvelles racines à la base de leurs tiges pour remplacer celles du talon qui périssent successivement, et quelquefois le talon même ; on doit donc retrancher impunément plusieurs pouces de terre au-dessous de la motte, plus ou moins selon sa grosseur, afin qu'en les rempotant le collet se trouve rechaussé de plus ou moins de terre ; on aura soin de retirer les œilletons, qui sont très-nombreux sur quelques espèces, et empêchent le maître-pied de fleurir ; s'il arrivait que le collet de quelques-unes se trouvât fortement endommagé de pourriture ou de chancres, on pourrait, sans danger, la replanter à cul nu ; ce qui consiste à couper la tige au-dessus du chancre, laisser sécher la plaie pendant un ou deux jours, et la planter ensuite en terre neuve ; il faut pour cela que la couche de la bache soit chaude. Toutes les plantes, formant facilement des racines du collet, peuvent, en pareil cas, se replanter de cette manière ; M. Jacques me l'a fait essayer avec plein succès sur des *pandanus utilis* de trois ou quatre ans de semence, quelques *dracœna, aletris fragrans* et *yucca* très-forts ; on devra ombrer la bâche de paillassons pendant le soleil et dans la clarté du jour, même en l'absence du soleil ; mais alors seulement d'une toile claire, et cela jusqu'à ce que les racines commencent à se développer : après cela on diminuera l'ombre peu-à-peu ; le développement des racines aura lieu environ trois semaines après, si la couche est bonne, et le jardinier s'en apercevra facilement lorsque les petites feuilles commenceront aussi à reprendre leur verdure naturelle, qui a été un peu altérée par cette opération ; c'est seulement à cette époque que l'on commencera à les arroser, mais très-modérément, en ayant grand soin de verser l'eau seulement près des bords du pot ; pour qu'elle ne s'étende pas vers le collet, on aura soin de faire, lors de la plantation, une petite butte autour du collet en dégageant la terre des bords du pot. On augmentera successivement les arrosements à mesure que les racines augmenteront et que la végétation se développera ; peu de temps après, les plantes pousseront vigourcusement; elles pourront bien être plus belles que celles de même espèce qui n'auront pas subi cette opération et donné leurs fleurs plus tôt. » Ici se termine le travail de M. Verdier.

II. DE LA CONDUITE DES SERRES. Nous comprenons ici, sous le mot de serres, toutes les constructions établies pour préserver les plantes du froid, de l'humidité, enfin de toutes les variations de l'atmosphère et de sa température. Cette conduite demande des soins de la part des jardiniers et une surveillance active de la part du maître.

Le jardinier devra entretenir dans chacune d'elles le degré de chaleur nécessaire, tel au reste que nous l'avons indiqué dans l'article qui lui a été consacré. Il laissera la chaleur s'abaisser pendant la nuit d'un tiers au-dessous de celle prescrite pour la journée; les plantes ont besoin de repos, comme tout ce qui a vie ici-bas, et les surexciter continuellement causerait bientôt leur mort.

Il faudra donner aussi souvent de l'air que le permettra la température extérieure; cette observation est de la plus grande importance, ainsi que celle qui s'applique aux arrosements : ceux-ci doivent être fréquents pendant la végétation des plantes et peu abondants pendant leur repos : mais ici on ne saurait tracer de règles fixes, puisque les différents végétaux demandent des quantités d'eau plus ou moins grandes et versées plus ou moins souvent. L'article spécial consacré à un genre ou à une espèce de plantes donne la règle à suivre pour ce genre ou cette espèce, à moins qu'elle ne soit soumise à la prescription générale établie plus haut et que nous allons répéter : beaucoup d'eau pendant la végétation et très-peu pendant le repos : il vaut mieux arroser souvent et moins à-la-fois. Un usage très-utile de l'arrosement est celui qui consiste à répandre l'eau en pluie fine sur les feuilles des végétaux. L'eau dans ce cas-ci, comme dans tous les autres, doit être amenée à la température de la serre.

Les serres doivent être munies, comme nous l'avons déjà dit, de rideaux en toile (1), ou de paillassons que l'on déploiera aussi souvent que l'on pourra craindre le rayonnement brûlant du soleil. La négligence de cette prescription a déjà causé plus de maux que les froids les plus vifs, auxquels on sait parer par beaucoup de moyens. La brûlure est quelquefois tellement instantanée qu'elle frappe comme un coup de foudre. J'ai vu en effet, par les temps les plus couverts, les plus brumeux, j'ai vu, dis-je, le soleil, perçant entre deux nuages, brûler toutes les plantes qu'il avait atteint dans la serre : des ananas aux feuilles si charnues, enveloppées d'une at-mosphère humide ont péri dans des circonstances sem-blables. Nous conseillerons donc aux jardiniers qui ne pourraient surveiller continuellement leurs serres, bâ-ches, châssis, etc., de les couvrir de onze heures à deux heures en hiver, toutes les fois au moins qu'ils seront obligés de s'éloigner, et en été de dix heures à trois. On trouvera en agissant ainsi cet autre avantage que la grêle, ce fléau des serres, qu'elle ruine en un instant, sera sans

(1) Les rideaux en toile sont un peu plus chers, il est vrai, que les paillassons, mais aussi d'un bien meilleur effet, puisqu'en abritant du rayonnement du soleil et de la grêle ils laissent encore passer une grande quantité de lumière. On doit les faire sécher, ainsi que les pail-lassons, toutes les fois qu'ils sont mouillés.

danger puisqu'elle n'aura aucun effet sur le verre ; cette dernière considération doit engager à couvrir les serres pendant toutes les nuits de la saison des orages. Nous ne nous adressons pas ici aux directeurs de grands jardins où les serres sont sous la conduite d'hommes spéciaux qui ne les laissent jamais sans surveillance, mais bien à ceux qui, chargés de tous les travaux d'horticulture d'une propriété, sont obligés de laisser souvent fort loin d'eux la plus grande partie de ce qu'ils ont à surveiller. A ceux-ci, il faut non-seulement de l'activité, des connaissances, une pratique éclairée, mais encore une prévoyance toujours active.

Lorsque les froids surviennent, on doit d'abord abaisser les paillassons (1) pendant toute la nuit et même le jour quand la gelée devient forte ; à mesure qu'elle augmente on emploie de plus grandes précautions : ainsi on établit sur toute la surface du verre 4 à 5 pouces de feuilles ou de paille que l'on charge d'un paillasson. Le feu doit alors être surveillé et entretenu avec soin. La couverture ne doit rester que le temps strictement nécessaire, car, dans l'absence de la lumière, les plantes s'étiolent, s'alongent

---

(1) Les *paillassons* sont d'une si grande importance dans le jardinage que nous croyons devoir dire ici comment on les fait. On place sur le plancher deux tringles de bois, hautes de 3 pouces, et on les fixe solidement, les écartant suivant la grandeur que l'on désire donner au paillasson. On dispose ensuite, dans le sens des tringles, quatre, cinq ou six ficelles d'une bonne grosseur, les attachant à chaque extrémité sur des clous sans tête. Ces ficelles doivent être éloignées les unes des autres à une distance égale, et celles des côtés ne seront pas à plus de 3 pouces des tringles. Cela fait, on place sur les ficelles, mais en travers, de la paille droite et entière, croisant les épis vides vers le milieu du paillasson et mettant les pieds contre les tringles qui servent à déterminer et à égaliser les bords du paillasson. L'épaisseur de la cou-

,et périssent. On évite une partie de ces accidents en n'activant point à la veille de l'hiver la végétation des végétaux de serre et attendant au printemps pour la déterminer.

Les plantes en serre sont souvent frappées de maladies
ou attaquées par de nombreux insectes et animaux de différentes espèces. On trouvera toutes les indications qui
sembleraient ici nécessaires dans le chapitre consacré à
ces maladies et aux ennemis des végétaux.

Nous ne dirons rien de la culture des plantes de serre
puisqu'elle ne diffère point de celle des végétaux de
pleine terre ; leurs modes de multiplication sont aussi
les mêmes et l'on trouvera dans ce qui précède cette section, ou dans ce qui la suit, toutes les indications nécessaires.

Nous avons parlé de la nécessité de la surveillance du
maître ; elle doit être continuelle, car, un quart d'heure
d'oubli de la part du jardinier, et des pertes énormes
peuvent être causées. Nous allons indiquer un moyen sûr
de la rendre plus facile. C'est de se servir des thermomètres à *minima* et à *maxima ;* l'un indique le plus haut

che de paille est nécessairement variable, suivant l'emploi auquel on
veut faire servir le paillasson. On a dû rouler sur un morceau de bois,
taillé en pointe à chacune de ses extrémités , soit le brin de ficelle qui
reste au bout de chacune de celles qui sont tendues, soit un brin nouveau que l'on rattache à l'autre. On se sert de cette espèce de navette
pour lier par pincée de dix ou douze fétus la paille avec la ficelle tendue. Le nœud mis en usage est fort simple et consiste seulement à em-
brasser la ficelle tendue et la paille. En arrivant à l'extrémité de chaque
ficelle, on fait, en réunissant ce que l'on pourrait appeler la trame et la
chaîne, un nœud très-solide. On mène presque parallèlement le travail
sur chacune des ficelles tendues. La jardinier doit pendant l'hiver pré-
parer ses paillassons : il doit en avoir beaucoup.

degré de chaleur, et l'autre la plus grande intensité de froid arrivés depuis le moment où ils ont été placés. Nous ne dirons rien ici de leur manœuvre que l'on apprendra en les achetant : il faudra seulement qu'ils ne puissent être détachés par le jardinier, ce que l'on obtiendra facilement en les mettant sous cadenas. Au moyen de ces thermomètres on aura un contrôle permanent du plus haut ou du plus bas degré de la température, soit pour le jour soit pour la nuit.

CHAPITRE IV.

DES MALADIES DES VÉGÉTAUX

et de leurs ennemis.

Les maladies des plantes ont beaucoup de rapport avec celles des animaux, et leur traitement offre de notables ressemblances. On pourrait considérer toutes les opérations mises en usage en pareil cas comme des opérations chirurgicales. Les végétaux éprouvent des maladies, souffrent de la présence des plantes parasites et sont maltraités par les animaux. Nous suivrons cet ordre dans l'examen que nous allons entreprendre et dans l'indication des moyens curatifs ou préservatifs.

La cloque affecte particulièrement le pêcher ; lors du commencement de la végétation, les feuilles se cloquent, se crispent, jaunissent ; les bourgeons enflent, s'arrêtent dans leur croissance et se flétrissent. L'arbre meurt quelquefois ou donne au moins très-peu de fruits pendant quelques années. Les arbres plantés dans une mauvaise terre humide souffrent surtout de cette maladie. On doit laisser le cours de la maladie s'arrêter, et, lors de la sève d'août, rabattre les branches attaquées ou retarder cette ablation jusqu'à la taille du printemps suivant : pour parer à son retour, il faut assainir le sol et lui donner des engrais.

La gomme n'attaque que les arbres à noyau. Elle a pour

symptôme une extravasation abondante, latente ou ap-
parente. Le produit de cet écoulement est une gomme
qui se concrète à l'air. On porte remède en retranchant
la branche ou en incisant l'écorce, si la gomme ne peut
pas se faire jour.

Le chancre est en tout semblable à celui de l'homme.
Il est quelquefois sec, mais plus souvent purulent, ou, si
l'on veut, il donne lieu à un écoulement ou à une perte
de substance. Ce virus ronge toutes les parties qu'il touche. Pris à temps un chancre est peu de chose, surtout si
sa cause est accidentelle. Il faut alors couper dans le vif
et retrancher tout ce qui est attaqué ; il ne reste plus qu'à
recouvrir de cire à greffer, mais non d'onguent de Saint-
Fiacre qui absorbe et conserve l'humidité. Voici la composition indiquée par Forsyth : parties égales d'argile,
de cendre, de poussière de charbon, plâtre pulvérisé, le
tout bien passé au tamis, amalgamer et pétrir avec quantité suffisante d'eau. Le chancre résulte quelquefois de la
mauvaise nature du sol ; il faut alors la changer ou n'espérer aucune réussite : si le mal était au contraire inhé-
rent à l'arbre venu d'une mauvaise pépinière, il n'y aurait que bien peu de chances de succès ; ce qui vaudrait
le mieux serait d'arracher l'arbre et de le remplacer.

Les gélivures ou *crevasses* sont causées par la gelée et
se traitent comme les chancres.

Les loupes sont des excroissances, toujours dangereuses
pour l'arbre et que l'on doit s'empresser d'abattre et de
traiter comme le chancre.

La pourriture, qui n'atteint guère que les plantes
grasses, se traite comme les précédentes maladies, mais
la plaie ne se recouvre pas et doit être exposée au soleil
pour qu'elle puisse se sécher.

La brûlure est due surtout dans les serres au défaut de soins de la part du jardinier. On peut la prévenir en couvrant de toiles ou de paillassons, lors de la plus grande chaleur du soleil, mais on ne la guérit pas.

La gelée est dangereuse pour les plantes herbacées, pour les parties non aoûtées des végétaux, pour les fleurs et pour les fruits. Nous ne parlerons pas des plantes de serre, pour lesquelles nous avons donné toutes les indications nécessaires. Le moment véritablement dangereux est moins celui du maximum du froid que celui du dégel ; si la gelée a frappé les végétaux, on doit faire arriver lentement le dégel, en privant surtout des rayons solaires le végétal gelé. On ombre avec des toiles ou des paillassons ; on arrose avec de l'eau très-froide d'abord et que l'on échauffe graduellement, ou bien on produit une épaisse fumée que l'on dirige sur les plantes à dégeler, continuant aussi longtemps qu'il est nécessaire pour ramener les végétaux maltraités à leur état normal. L'arrosage ne peut se faire sur les fleurs, on emploie seulement dans ce cas les ombrages et la fumée.

Les autres maladies, telle que *le rachitisme, la langueur, la défoliation*, sont dues à un vice de naissance ou à la mauvaise qualité du sol : dans le premier cas, il faut remplacer l'arbre, et dans le second la terre ; les arbres qui se mettent trop promptement à fruit sont ordinairement attteints de ces maladies : ceux qui refusent au contraire de porter des fruits et qui végètent avec une vigueur extraordinaire demandent l'appauvrissement du sol, la taille, la courbure des rameaux, des incisions annullaires ou longitudinales. Un végétal privé d'air meurt *asphyxié;* on doit éviter cet accident en le plaçant dans une position où l'air puisse facilement lui arriver.

L'étiolement ressemble un peu à l'asphixie, et a pour cause le défaut de lumière : il n'atteint guère que les plantes de serre, que l'on doit dans ce cas rapprocher du verre, non brusquement, mais petit à petit.

Les plantes nuisibles sont nombreuses; nous allons citer les principales : les *mousses* et les *lichens* nuisent en recelant les insectes et en entretenant une humidité souvent nuisible. On les enlève sur les vieux arbres avec des émoussoires, lames de fer de différentes formes ; ensuite on étend un lait de chaux sur toute l'écorce. Pour enlever la mousse sur les jeunes arbres ou sur les nouvelles branches, on se sert de brosses un peu rudes. Il en faut de petites pour pénétrer entre les branches ; on en trouve, ainsi que des émoussoirs, chez ARNHEITER. *Le gui* est dans le même cas que les mousses, on l'enlève en le coupant au ras de l'écorce et non en l'arrachant. On agit de même pour tous les arbustes grimpants qui s'attachent aux arbres.

Le *blanc*, moisissure qui attaque les branches et les racines ; la *rouille*, qui se développe sur les feuilles ; le *rouge*, maladie qui se développe sur les branches de rosier et de pêcher; la *contagion radicale*, qui se fixe sur les racines ; la *fumagine*, qui couvre d'une espèce de suie les feuilles des orangers et des lauriers roses, sont toutes le produit d'un champignon. Quelques-unes de ces invasions ne peuvent être réprimées et la plante périt; les autres sont arrêtées par le retranchement des parties attaquées, le changement de terrain, et, pour la dernière, les soins de propreté, et surtout le lavage souvent répété, avec une éponge ou une brosse. Plusieurs d'entre elles sont contagieuses, et l'on doit avoir soin de brûler le produit des ablations et ne pas replacer d'arbre, au moins pendant quelque temps, dans l'endroit où des racines ont été envahies.

Plusieurs insectes causent aux arbres des lésions directes ou des maladies, résultats de ces lésions. Les *coche-nilles* s'attachent aux pêchers, aux orangers, aux lauriers, etc. Il est facile de les détruire en les écrasant et lavant ensuite les rameaux. Les *pucerons* sont beaucoup plus difficiles à détruire; le meilleur moyen est de les asphyxier au moyen de la fumée, fumée que l'on produit facilement en plaçant, au bout du tuyau d'un soufflet, une boîte qui porte un second tuyau et dans laquelle on renferme du charbon allumé et du tabac. On peut aussi laver avec une décoction de plantes ou de feuilles à odeur très-forte. *Les psylles ou faux pucerons* sont encore plus difficiles à chasser que les précédents. *Les cynips* déterminent la formation d'une excroissance sous laquelle ils renferment leurs œufs. *La noix de galle* et *le bedeguar*, ou excroissance du rosier, sont produits par eux. *Les fourmis* fatiguent les arbres et leurs racines et souvent attaquent les fruits et les feuilles. On les détruit difficilement; il faut pour cela verser de l'eau bouillante sur les fourmillières, les bouleverser et y projeter de l'eau mêlée à un peu d'huile. On suspend aussi aux branches des fioles qui renferment de l'eau miellée, dans laquelle elles viennent se noyer, ou bien encore on entoure la tige ou le tronc de plusieurs brins de laine, trempés dans une huile grasse. On les chasse facilement d'un vase en plaçant le fond de celui-ci dans l'eau. On les empêche de monter dans les caisses, en établissant sous chacun des pieds un petit vase en pierre ou en plomb plein d'eau.

Les courtillières, taupes, grillons, font dans les jardins des dégâts connus de tous les horticulteurs; il est difficile

de les détruire complètement. Nous allons indiquer cependant quelques-uns des moyens employés pour en diminuer le nombre. On peut verser dans leurs trous de
l'eau à laquelle on a mêlé un peu d'huile ; placer dans
le jardin, et à deux pouces au-dessous de la surface, des
vases remplis seulement d'eau à moitié, pour qu'elles s'y
noyent pendant la nuit ; on ajoute encore à la bonté de ce
dernier moyen en bordant les plates-bandes de planches
placées sur champ, et que l'on enterre de 3 à 4 pouces ; à
chaque angle on laisse une ouverture dans laquelle on
place un vase disposé comme nous venons de le dire. On
indique un autre moyen que l'on assure être fort bon :
on enfonce dans le terrain une caisse de 15 à 18 pouces de
profondeur et de largeur, sur une longueur indéterminée ;
les bords de la caisse doivent effleurer le sol, et on perce,
à un pouce ou deux au-dessous de ce bord, des trous en
petit nombre, mais assez grands pour que les courtillières
puissent y passer. On emplit ensuite la caisse de fumier
chaud et on recouvre de 2 ou 3 pouces de terre. Les
courtillières attirées par la chaleur du fumier s'y réfugient, et quand on croit en avoir assez rassemblé, on
glisse, le long des parois et vis-à-vis des trous, de petites
planchettes qui ferment la retraite. Il ne reste plus alors
qu'à vider le coffre, à éparpiller avec soin la terre et à
tuer les courtillières. Quelques jardiniers se contentent
de faire un trou dans le carré et de le remplir de fumier :
mais alors on est moins sûr de réussir qu'en employant la
caisse. On assure que l'on tue beaucoup de courtillières en
arrosant avec une dissolution de savon noir la terre où
elles creusent leurs galeries.

Les vers blancs, turcs, mans, ne sont pas autre chose
que les larves des hannetons: ils causent de nombreux

dégâts dans les cultures, et font périr jusqu'aux grands arbres; on doit, pour cette raison, et encore pour eux-mêmes, détruire autant de hannetons que l'on pourra en attraper. Le seul moyen de faire périr le ver-blanc est de planter, dans les terres où on le soupçonne, des pieds de fraisiers et de laitues: les larves en sont fort friandes, et s'il s'en trouve dans le voisinage, elles mangeront les racines, la plante se flétrira, on l'arrachera et avec elle le ver-blanc.

Les altises bleues, *tiquets*, attaquent toutes les plantes de la famille des crucifères. On ne les détruit ou ne les éloigne que par des arrosages d'eau de suie ou de potasse, et de décoctions de plantes ou de feuilles amères.

Les chenilles, que chacun connaît, se détruisent à la main lorsqu'elles sont complètement développées; mais il vaut mieux prévenir ce danger en échenillant avec soin.

Les araignées font quelquefois beaucoup de mal aux jeunes semis, et surtout à ceux de carottes, en les piquant pour en sucer la sève; on les éloigne de ces semis par des arrosages répétés. Un peu de suie mêlée à l'eau d'arrosement fait un très-bon effet.

Les guêpes mangent et gâtent les fruits mûrs; de plus elles sont dangereuses par leur piqûre, et l'on doit détruire leurs nids partout où on les rencontre; on parvient facilement à ce résultat en les arrosant d'eau chaude, ou les enfumant au moyen d'une vapeur sulfureuse. Leur piqûre, non plus que celle des abeilles, ne présente aucun danger quand on enlève de suite l'aiguillon, et que l'on saupoudre la plaie d'un peu de chaux vive ou que l'on y place une compresse imbibée d'ammoniaque liquide ou alcali volatil.

Nous passerons maintenant aux autres animaux. Les

limaces et les *escargots* rongent les jeunes plantes et mangent les fruits; on doit les écraser toutes les fois que l'on en trouve; on peut leur offrir des retraites où ils se réfugient pendant la chaleur du jour et où on les rencontre pour cela, on fait de petits tas de sciure de bois ou de son, comme l'indique M. Marcellin Vetillart, du Mans, ou on dispose de petites planchettes, en les soulevant du côté du Nord.

Les vers de terre, *lombrics*, *achées*, bouleversent la **terre** des semis; on les cherche au printemps un peu avant le jour, et en été, peu de temps après la nuit faite; on les écrase ou on les donne aux volailles; pendant la journée, on les fait sortir de terre en arrosant celle-ci d'une décoction de brou de noix, ou en y enfonçant un pieu que l'on agite pendant huit ou dix minutes en tous sens; sur les vases de fleurs, on frappe et ils sortent, soit à la surface de la terre, soit par les trous du fond.

Les taupes bouleversent encore plus les semis que les vers; on les empoisonne sans danger pour les autres animaux, avec des noix bouillies dans de la lessive; on les guette au moment où elles travaillent à relever le petit monticule que l'on a enfoncé avec le pied, et on les enlève vivement d'un coup de bêche. Elles se mettent en mouvement au lever, au coucher du soleil et à midi. On les prend aussi avec des piéges, mais chaque pays emploie à cet usage de fort bons procédés, et nous ne les indiquerons point. Nous engageons seulement à ne point faire usage de noix vomiques ou d'autres poisons qui pourraient faire périr quelques animaux domestiques.

Les rats, *les souris et les mulots* commettent beaucoup de dégâts dans les jardins en rongeant les racines, mangeant les fruits, les graines et culbutant les semis. On leur tend toutes sortes de piéges, et on multiplie les animaux qui les détruisent, comme les chats, et les chouettes, que l'on doit respecter en quelque endroit qu'elles soient placées ; on les empoisonne aussi quelquefois, mais jamais sans danger.

Les loirs, en mangeant les fruits, font beaucoup de mal dans le jardin fruitier ; on les tue à coups de fusil ou on les prend dans des piéges, surtout dans des assommoirs où on place un fruit bien mûr et odorant ; ils ne courent que la nuit et dorment tout l'hiver.

Les oiseaux sont souvent utiles et quelquefois nuisibles ; ceux qui ne se nourrissent que d'insectes ou de petits animaux doivent être conservés avec grand soin ; mais les moineaux et beaucoup d'autres seront détruits, ou du moins éloignés. Pour obtenir le premier de ces deux résultats on tend des piéges où l'on emploie le fusil ; celui-ci a le double avantage de détruire et d'éloigner par ses détonnations fréquemment répétées ; on dresse aussi des épouvantails sur les arbres, au milieu des semis, le long des murs des espaliers ; les épouvantails sont souvent des mannequins de paille revêtus d'habits ; d'autres sont des animaux de proie empaillés, des oiseaux carnassiers en cage ou attachés. On emploie encore de longues guirlandes de plumes de diverses couleurs ou des morceaux de clinquant que le vent le plus léger met en mouvement. Les jeunes greffes sont exposées à être brisées par le poids des oiseaux ; on peut, pour les éloigner, y placer une ou deux plumes que le vent soulève, et mieux encore une espèce de petit moulin ou quatre petites plumes piquées à angles droits, sur une portion de bouchon, traversée par un tuyau de plume et tournant sur un axe qui n'est autre chose qu'une épingle. Dans mes pépinières, de simples étiquettes de parchemin, que le vent agitait, éloignaient tous les oiseaux qui, quelquefois, passaient au-dessus par milliers.

Les poules doivent être éloignées du jardin parce qu'elles y grattent continuellement la terre ; les *canards* présentent moins de danger, ils sont souvent utiles ; la *cigogne* et le *goéland* y rendent de fort grands services et n'y causent jamais aucun dommage.

CHAPITRE IV.

DESCRIPTION DES VÉGÉTAUX D'AGRÉMENT OU D'ORNEMENT (1).

A.

ACACIE. *Mimosa.* Fam. des légumineuses. ♄. Ce genre renferme une ou deux espèces de pleine terre dans le midi de la France. Toutes les autres sont de serre. Les acacies sont l'ornement des serres par leurs fleurs et leur charmant feuillage. Culture facile. — *A. Julibrizin,* arbre de soie. *M. Julibrizin.* De Constantinople. Arbre de 25 pieds ; cime élargie, feuilles à folioles très-fines, doublement ailées ; fleurs roses, en houppes soyeuses. Pleine terre

(1) Désirant donner aux notions utiles tout l'espace possible, nous nous sommes décidés à employer quelques abréviations telles que :

⊙	Plante annuelle.
♂	— bisannuelle.
♃	— vivace.
♄	— frutescente ou ligneuse.
Fam.	Famille.
Am. ou Amér.	Amérique.
Afr.	Afrique.
Nouv.-Holl.	Nouvelle-Hollande.
Cap.	Cap de Bonne-Espérance.
Indig.	Indigène.
Mér.	Méridionale.
Sept.	Septentrionale.
Or. ou orang.	Orangerie.

dans le Midi. Or. dans le Nord. Mult. de graines sur couche : les graines comme toutes celles des acacias conservent longtemps leur vertu germinative. Bel arbre. — *A. de Farnèse, cassie du Levant. M. Farnesiana.* De l'Inde. 15 à 18 pieds : feuilles semblables à celles du précédent ; fleurs au mois d'août, jaunes, odorantes ; épines sur les branches. Serre : même culture. Bel arbre. — *A. pudique, sensitive. M. pudica.* De l'Amérique Mér. 2 pieds ; rameux et épineux : feuilles deux fois ailées, se refermant au moindre attouchement ; fleurs violacées en houppes. Serre : même culture ; il vaut mieux le renouveler tous les ans. Joli arbuste, fort curieux. — *A. toujours fleurie. M. Semperflorens.* 4 à 6 pieds ; feuilles oblongues, lanceolées, glauques ; fleurs en petites houppes de couleur jaune, disposées en grappes. Ser. temp.; terre de bruy. Fort beau. — *A. à fleurs nombreuses. M. Floribunda.* Nouvelle Hollande. 6 pieds ; feuilles éparses, linéaires, un peu courbées ; fleurs d'un beau jaune, odorantes, en épis. Or. Bel arbuste.

Il existe un trop grand nombre d'acacies pour que nous puissions toutes les relater ici. Voici les principales : *A. à longues feuilles, M. longifolia.* — *A. de Saint-Hélène, M. conspicua.* — *A. ondulée, M. paradoxa.* — *A. à feuilles obliques, M. obliqua.* — *A. du Malabar, M. Lebbeck.* — *A. élégante, M. elegans.* — *A. en panache, M. lophanta*

Ser.	Serre.
Temp.	Tempérée.
Couc.	Couche.
Châs.	Châssis.
Var.	Variété.
Bruy.	Bruyère.
Cult.	Culture.
Sem.	Semis.
Marc.	Marcotte.
Rejet.	Rejeton.
Bout.	Bouture.
Plant.	Plantation.
Couvert.	Couverture.
Mult.	Multiplication.

——*A. à feuilles bleuâtres, M. subcærulea.—A. à feuilles d'olivier, M. oleæfolia*, odorante.

ACANTHE. *Acanthus*. Fam. des acanthées. ♃. 2 var. : *acanthe épineuse* et *blanc ursine*, produisent de l'effet par leurs feuilles qui ont, dit-on, servi de modèle aux ornements du chapiteau corinthien ; 3 ou 4 pieds. Mult. de racines et de graines, couverture de litière dans le Nord. Propres aux grands jardins.

ACHANIE écarlate. *Achania malvaviscus*. Fam. des bombacées. ♄. Des Antilles. 10 pieds : feuilles en cœur à trois lobes ; fleurs d'un rose vif pendant toute l'année. Serre temp. Mult. de graines et de bout. sur couche.

ACHILLÉE compacte. *Achillea compacta*. Fam. des radiées. ♃. Du Piémont. Feuilles ailées, tomenteuses, à divisions lancéolées, très-grandes et entières : fleurs blanches, en corymbes serrés. Belle plante. Mult. de graines ou d'éclats. Au Midi : toute terre.—*A. rose. A. rosea*. ♃. De l'Amérique Sept. Tige droite de 2 pieds ; feuilles radicales ailées, à divisions ovales dentées, les caulinaires incisées ; juillet et août, fleurs petites à rayons roses ; disques rouges et étamines aurore. Même cult. Jolie plante.—*A. à grandes feuilles. A. macrophylla.* ♃. Des Alpes. D'un à deux pieds ; feuilles ailées très-découpées ; fleurs blanches en corymbe lâche et terminal. Même culture. Plante élégante. Beaucoup d'espèces dont plusieurs fort jolies comme l'*A. dorée,* couver. l'hiver.—*A. bouton d'argent*, etc.

ACONIT napel. *Aconitus napellus*. Fam. des renonculacées. ♃. Des Alpes. De 3 pieds ; feuilles luisantes, incisées et linéaires ; mai et juin, fleurs du plus beau bleu en épi terminal et serré. Dix-huit variétés moins belles que l'espèce mère. Terre plutôt sèche qu'humide. Mult. de graines à mi-ombre ou par éclat. Très-belle plante, mais vénéneuse comme ses congénères. —*A. Bicolor, A. Bicolor.* ♃. Fleurs grandes à bords d'un bleu très-vif et le reste d'un bleu pâle. Même culture. Belle plante. — *A. panaché, A. variegatum.* ♃. De 2 pieds. Feuilles luisantes, tripartics ; fleurs panachées de bleu et de blanc, nombreuses, en épis. Fort belle plante. — 39 espèces ; les unes ont les fleurs jaunes et les autres bleues. Les dernières sont les plus belles. Très-rustiques et d'une multiplication facile.

ADIANTE pédiaire, capillaire. *Adiantum pedatum.* ♄. Fam. des fougères. Am. sept. 15 à 20 pouces ; tige rouge et luisante, se divisant en plusieurs rameaux : folioles en forme de rein, distiques. Pleine terre de bruyère. Fort élégante. Mult. par la division du pied. — On pourrait encore cultiver dans l'orangerie le capillaire *réniforme* des Canaries, fort belle plante. — Le capillaire *indigène* fait aussi beaucoup d'effet sur les rocailles humides.

ADONIDE printanière. *Adonis vernalis.* ♃. Indig. De 6 pouces à 1 pied ; feuilles multifides ; mars et avril, fleurs grandes, solitaires, jaunes, de 12 à 20 pétales. Terre légère ou de bruy. Mult. par éclats ou de graines en terrine sur couche sourde aussitôt après la maturité ; mettre le jeune semis à l'abri pendant le premier hiver ; les jeunes plantes ne paraissent qu'au printemps et ne fleurissent que l'année suivante ; couverture l'hiver. — On cultive encore les *A. d'été* et *d'automne*, — *miniata*, nouvelle variété ; elles ne demandent aucuns soins particuliers ni pour la multiplication ni pour la culture. Fleurs plus petites que la première et rouges dans les deux espèces. L'adonide *d'été* a des variétés *blanche* et *jaune foncé*. Elles sont annuelles.

ÆTHIONEMA du mont Liban. *Æthionema corydifolia.* Fam. des crucifères. ♃. De 6 à 8 pouces ; feuilles linéaires ; au printemps, grappe terminale de fleurs d'un rose lilacé. Tout terrain. D'éclats et de graines.

AGAPANTHE ombellifère, tubéreuse bleue. *Agapanthus umbellatus.* Fam. des liliacées. ♃. Afr. D'abord feuilles longues, étroites, puis tige de 2 à 3 pieds ; en février ou août, vingt jolies fleurs bleues en ombelles ; racine tubéreuse. Orang. Terre légère ; peu d'arrosements ; chaleur au moment de la floraison : mult. par éclats de la racine entre deux boutons. Fort belle plante. — Il en existe une espèce beaucoup plus petite dans toutes ses parties, l'agapanthe *moyen*. — Sous-var. : *à fleurs blanches* et *à feuilles panachées* ; la dernière est charmante.

AGAVE d'Amérique. *Agave americana*. Fam. des narcissées. ♄. Feuilles très-grandes, épaisses, bordées de dents épineuses et terminées par un aiguillon ; hampe de plus de 20 pieds, portant un panicule de fleurs nombreuses jaune verdâtre. Orang., terre franche ; craint les arrosements trop fréquents, n'en veut point pendant l'hiver ; mettre au fond du vase quelques doigts de gros sable. Plante magnifique, mais fleurissant rarement en Europe. Mult. de rejetons nombreux qui sortent autour du collet. — *A. pitte. A. fetida*. ♄. De l'Amérique Mér. Feuilles moins épaisses ; fleurs blanc verdâtre. Même culture. — *A. geminiflore. A. geminiflora, littea geminiflora, Bonapartia*. ♄. De l'Amér. Mér. Tige ligneuse, courte, grosse, terminée par un faisceau de feuilles nombreuses et longues, retombant avec grâce, lanceolées, linéaires ; a fleuri en 1825 au Jardin du Roi ; hampe simple de 15 à 18 pieds ; fleurs géminées blanc verdâtre à nuance brune. Mult. de graines. Belle plante. Orang. — On a encore l'Agave *filamentosa*, connue autrefois sous le nom de *yucca* de Bosc. Toutes sont utiles par les filaments très-solides que fournissent les feuilles.

AGÉRATUM bleu. *Ageratum ceruleum*. Fam. des flosculeuses. ☉. Des Antilles. Tige rameuse de 15 à 18 pouces : feuilles en cœur dentées : fleurs d'un beau bleu, en corymbe, paraissant tout l'été. Sem. sur couche ou en pleine terre. — L'A. *du Mexique* se distingue par un feuillage de trois couleurs.

AGROSTIC à cornes d'élan. *Agrosticum alcicorna*. Fam. des fougères. ♄. De l'Inde. Plante curieuse par des feuilles radicales fort larges, en forme d'oreilles, qui se couchent et recouvrent la terre du vase. Les autres feuilles sont droites, divisées, longues, et portent la fructification en dessous. Serre chaude ; terre légère.

AIL odorant. *Allium odorum*. Fam. des liliacées. ♃. Feuilles linéaires, canaliculées ; tige nue portant en été des fleurs nombreuses, blanches, en ombelle fastigiée ;

odeur très-suave. Jolie plante. Culture facile et mult. par les moyens indiqués aux végétaux utiles. — A. *à odeur de vanille*, A. *fragrans*. ♃. Afrique. En été, ombelle lâche de grandes fleurs blanches, striées de pourpre ; odeur de vanille. Plante agréable. Serre temp.; même cult. —A. *doré, moly*. A. *moly*. ♃. Indig. feuilles sessiles, glauques; tige d'un pied ; fleurs d'un beau jaune, grandes, disposées en ombelle fastigiée. Même cult. Jolie.—L'A. *à fleurs de lis*, serre temp. , et l'A. *magique* méritent de trouver place dans les cult. soignées.

AIRELLE en arbre. *Vaccinium arboreum*. Fam. des bruyères. ♄. Amér. Sept. 15 à 20 pieds : feuilles pétiolées, ovales, mucronées, luisantes et ponctuées: en juin fleurs campanulées, en grappes; baies noires. Bel arbrisseau. Terre de bruy.; cult. des bruyères. — Le genre airelle ou myrtille renferme encore de nombreuses espèces, toutes d'une conservation assez difficile et aimant les terrains tourbeux.

AJONC d'Europe. *Ulex Europeus*. Fam. des légumineuses. ♄. De 3 à 4 pieds: à rameaux droits , feuilles lancéolées linéaires, terminées par un aiguillon fort piquant: en janvier et février commencement de la floraison, qui se prolonge pendant une partie de l'été; fleurs d'un beau jaune. Fort joli arbuste, d'un grand effet. Mult. de graines et d'éclats.

ALCÉE, rose trémière, passe-rose, de mer. *Alcea rosea*. Fam. des mauves. ♂. Orient. Tige de 6 à 8 pieds, droite et velue; feuilles grandes , rugueuses , cordiformes: de juillet en septembre, fleurs grandes, simples, semi-doubles et doubles, très-variées de couleur, blanches, jaunes et rouges d'une grande quantité de nuances. Mult. de graines qui ne fleurissent qu'au bout de deux ou trois ans ou de drageons pour conserver les variétés: tout terrain. Plante magnifique. — Sa variété dite rose trémière *de la Chine*, plus petite, a des fleurs blanches panachées de pourpre ; plus délicate, demande une couverture l'hiver. — A. *à feuilles de figuier*, A. *ficifolia*. ♂. Sibérie. 6 à 7 pieds: feuilles supérieures hastées, les inférieures palmées à 7 lobes obtus; fleurs blanches, roses ou rouges, suivant la variété. Rustique; même cult.

ALISIER torminal, alouchier des bois. *Cratægus torminalis*. Fam. des rosacées. ♄. Indig. de 20 pieds: feuilles ovales, incisées; au printemps fleurs blanches en corymbe remplacées par des fruits qui deviennent rouges à l'automne. — A. *blanc, alouchier,* C. *aria.* ♄. De 25 à 30 pieds: feuilles ovales, oblongues, dentées finement, blanches et tomenteuses en dessous; fleurs blanches et fruits rouges. Var. : *à longues feuilles* dite *alouchier de Bourgogne.* — L'A. *de Fontainebleau* a les feuilles larges, arrondies, pointues, épaisses, dentées et cotonneuses en dessous. — A. *glabre, cratægus glabra.* ♄. Du Japon. De 6 à 10 pieds: feuilles oblongues, aiguës, glabres, dentées; fleurs blanches rosées en larges corymbes; se greffe sur l'aubépine. Charmant arbuste par ses feuilles brillantes et ses pousses du plus beau rouge; supporte en pleine terre de 10 à 12 degrés de froid. — A. *de l'Inde, cratægus indica.* ♄. De la Chine. Feuilles lancéolées, dentées, luisantes; fleurs blanches et quelquefois rosées. Arbrisseau d'un aspect charmant, fleurit dans les serres et a même supporté en plein air 14 degrés de froid; même cult. — L'alisier compte encore de nombreuses espèces, toutes agréables dans les bosquets, soit par leurs feuillages, soit par leurs fruits.

ALLAMANDE purgative. *Allamanda cathartica*. Fam. des apocyns. ♄. Sarmenteuse: feuilles lancéolées; à la fin de l'été, fleurs grandes, d'un jaune clair, fort belles. Mult. de marc. Ser. chaude; arrosements fréquents.

ALOÈS commun, faux soccotrin. *Aloë vulgaris*. ♄. Barbarie. Feuilles étalées, lancéolées, épineuses et longues de 15 à 18 pouces: tige rameuse; rameaux bractés; à la fin de l'hiver fleurs en thyrse, pendantes, à long tube et à 6 pétales d'un jaune rougeâtre. Serre temp.; terre légère, mêlée de gravier, surtout au fond du vase; peu d'eau. Mult. de graines en terrine sur couche tiède ou de rejetons dont la plaie doit être séchée avant la plantation. Les aloès sont tous curieux et souvent d'un grand effet:

5.

tous se cultivent de même. — *Aloès soccotrin*, A. *soccotrina*. ♄. De l'Inde. Tige frutiqueuse ; feuilles oblongues, lancéolées, glauques, à bords épineux; fleurs rouges et verdâtres en épi pendant. Même cult. — *Aloès féroce*, A. *ferox*. ♄. Du Cap. Tige haute; feuilles amplexicaules, d'un vert foncé, épineuses de tous les côtés; fleurs rouges, verdâtres au sommet, nombreuses, en épi long, serré et cylindrique. Même cult. — *Aloès à ombelles*, A. *saponaria*. ♄. Feuille oblongues, ensiformes, maculées et épineuses : en mai et juin, fleurs en ombelle, pendantes, fort grandes, rouge safrané, très-belles. — Var. : *à feuilles pourpre*, tachées de vert noirâtre, à épines jaunes. — Nous ne ferons que nommer les autres aloès, qui portent presque tous, au reste, des noms indicatifs. Aloès, *corne de bélier*, — *mitré*, — *langue de chat*, — *éventail*, — *bec de canne*, — *perroquet* ou *panaché*, —*oblique*, — *anguleux*, — *nain*, — *verruqueux*, — *arachnoïde*, — *perlé*, — *pouce écrasé*, — *artichaut*, — *en spirale*, — *en nacelle*, — *vert*. Tous ces végétaux sont d'une culture facile et font très-bien dans les serres et sur les gradins en plein air où on les place pendant l'été.

ALONZOA élégant. *Alonza elegans*. ♄. Du Pérou. 18 pouces; rameux ; feuilles lancéolées, dentées : presque toute l'année, fleurs en épis terminaux, d'un beau rouge écarlate, brunes au centre. Ser. temp., terre de bruy. Mult. facile de graines et de boutures.

ALSTROÉMÈRE à fleurs tachées, pélégrine, lis des Incas. *Alstroemeria pelegrina*. ♃. Pérou. Racine fibreuse et ressemblant un peu à celle de l'asperge; point de feuilles radicales; hampe d'un pied, garnie de feuilles linéaires, lancéolées, contournées : de juin en octobre, deux à six fleurs ouvertes, à pétales blancs, inégaux, rayés et nuancés de pourpre vif; les intérieurs sont marqués à la base d'une tache jaune pointillée de rouge vif. Orang., terre franche, bonne, mais sans engrais; arrosements modérés; mettre à l'ombre pendant la floraison, pour la faire durer plus longtemps. Mult. tous les trois ans par la séparation du pied, et replantage sur couche tiède, ou de graines que l'on sème sur couche au printemps. Plante magnifique. — A. *liglu*, A. *liglu*. ♃. Pérou. Feuilles oblongues, embrassantes; au printemps, fleurs blanches rayées d'un rouge foncé; quelques pétales tout rouge : elles sont disposées en ombelles. Serre chaude. Fort jolie. Même cult. — A. *gracieuse*, A *venusta*. ♃. A beaucoup de rapport avec la précédente, mais est encore plus belle. — Les espèces d'alstroémères sont nombreuses, et toutes sont remarquables; il en est à tige droite, à tige volubile et à tige grimpante.

ALYSSE des rochers, corbeille d'or, thlaspi jaune. *Alyssum saxatile.* Fam. des crucifères. ♄. Tiges d'un pied : feuilles lancéolées, molles, blanchâtres et persistantes; au printemps, fleurs très-nombreuses, d'un jaune éclatant, de beaucoup d'effet. Mult. de marc., d'éclats ou de graines semées aussitôt après la maturité; terre rocailleuse, légère, un peu sèche, exposée au midi; veut être couvert s'il neige; fait de fort belles bordures et de jolies corbeilles. Var. à *feuilles panachées.*

AMANDIER nain. *Amygdalus nana.* Fam. des rosacées. ♄. D'Asie. De 3 ou 4 pieds; grêle, rougeâtre, à racines traçantes; feuilles ovales, finement dentées : au printemps, fleurs roses; fruit petit et amer; est quelquefois bifère. Multiplication de noyaux et de drageons. Bel arbrisseau. Terre chaude et soleil. Charmante variété *à fleurs doubles* et une autre *à feuilles linéaires*, — A. *de Géorgie*, A. *Georgica*. ♄. Plus grand que le premier, à fleurs plus larges, d'un beau rose et très-hâtives.—On a encore l'A. *argenté*, le *blanchâtre* et celui à *feuilles panachées.*

AMARANTHE tricolore. *Amaranthus tricolor.* Fam. des amaranthes. ⊙. De 3 ou 4 pieds; grandes feuilles marbrées de jaune, de vert et de rouge; fleurs vertes sessiles. De graines sur couche et repiquer en place. —A. *à queue*, A. *caudatus*. ⊙. De 2 ou 3 pieds; feuilles ovales, lancéolées; pendant l'été et l'automne, fleurs en grappes longue et pendantes, d'un rouge foncé. Se ressème d'elle-même ou en place au printemps; tout terrain. Var. à *fleurs jaunes*, et une autre *en épi.* —A. *gigantesque*, A. *speciosus* ⊙. Du Népaul; tige pyramidale, de 5 pieds de hauteur;

fleurs rouges cramoisies, agglomérées le long des rameaux ; mieux en place que semée sur couche. — On cultive de même l'A. *gracieuse*; très-belle plante.

AMARYLLIS jaune, lis narcisse. *Amaryllis lutea*. Fam. des narcissées. ♃. Indig. Oignon ovale ; 5 à 6 feuilles, longues de 7 à 8 pouces, d'un vert noir : hampe terminée en septembre par une fleur en entonnoir, régulière et d'un beau jaune. Terre légère, bien exposée, couverture de feuilles pendant les grands froids. Mult. par caïeux tous les trois ans. Jolies bordures. — A. *lis de Saint-Jacques*, A. *formosissima*. ♃. Mexique. Feuilles planes, linéaires; hampe d'un pied, portant une seule fleur très-grande, d'un rouge pourpre très-foncé et velouté; les trois divisions inférieures penchées vers le bas, celle du milieu enveloppée par les organes reproducteurs, et les trois autres redressées; oignon médiocre. Orang. Même cult. Plante magnifique. — A. *de la reine*, A. *reginæ*. ♃. Du Cap. Feuilles lancéolées, étalées, carinées; hampe de 18 pouces; spathe, souvent biflore; fleurs grandes, campanulées, d'un beau rouge avec les onglets blancs bordés de vert; oignon verdâtre. Même cult. : ser. temp. Superbe plante. — A. *remarquable*, A. *speciosa*. ♃. Du Cap. Feuilles lancéolées, linéaires; spathe, ordinairement biflore; fleurs grandes, d'un rouge éclatant. Ser. temp., même cult. Très-belle. — A. *belladone rose*, A. *belladona*. ♃. Du Cap. Feuilles très-glabres, canaliculées; hampe de 2 pieds; en août cinq à neuf grandes fleurs régulières, couleur de rose mêlée de blanc, à style rouge; les fleurs précèdent les feuilles; oignon allongé et gros comme le poing. En pleine terre de bruy. que l'on recouvre l'hiver de châssis et de paillassons ou de feuilles; craint l'humidité et le froid. On peut, mais avec moins de succès, la cultiver en pots et en orangerie; renouveler la terre tous les trois ou quatre ans, et séparer les caïeux. Plante superbe. — A. *gigantesque*, A. *gigantea*, Jagus. ♃. Sierra Leone. Oignon d'une grosseur énorme; feuilles fort longues, ensiformes; hampe d'au moins 2 pouces 1/2 de diamètre; ombelle de plus de soixante fleurs longues de 3 pouces, d'un rose vif, rayées de rouge, pédicilées. Ser. chaude, terre de bruy. Même cult. — Le cadre dans lequel nous devons nous renfermer nous empêche de pousser plus loin cette description des variétés très-nombreuses du genre qui nous occupe ; voici encore quelques-unes des amaryllis les plus remarquables : A. *lis de Guernesey* ; Var. : *du Cap.* — *rayée*, — *de Virginie*, — *équestre*, — *dorée*, — *à longues feuilles*, — *girandole*, — *de Joséphine*, — *à feuilles courbes*, — *de Broussonnet*, — *à longue hampe*, — *des Molusques*, — *veinée*, — *roulée*, — *naine*, — *à réseau*, — *dorée de Jonhson*, — *de Verreaux*, — *douteuse*, — *blanche*. Cette dernière de pleine terre ; il faut enfoncer l'oignon de 4 à 5 pouces.

AMÉTHISTE bleue. *Amethistea cœrulea*. Fam. des labiées. ☉. Sibérie. 1 pied ; en été, fleurs odorantes bleu améthiste, en large corymbe terminal. Semis en place ; terre franche, à demi ombrage. Jolie plante.

AMORPHA frutiqueux, indigo bâtard. *Amorpha fruticosa*. Fam. des légumineuses. ♄. Caroline. 6 à 8 pieds ; feuilles semblables à celles de l'indigo ; fleurs d'un bleu violâtre, en épis ; terre légère, un peu sèche. Mult. de graines et de drageons, de marcottes et de boutures.

ANCOLIE commune. *Aquilegia vulgaris*. Fam. des renonculacées. ♃. De 2 à 3 pieds ; feuilles trois fois ternées, à folioles trilobées, glabres ; en juin, fleurs bleues, pendantes à éperons recourbés ; terre franche ; mult. de graines ou par l'éclat des racines. Var. *à fleurs doubles*, — *blanches*, — *rouges*, — *violettes*, — *jaunâtres*, — *roses*. Fort jolies et faciles à cultiver. — A. *de Sibérie*, A. *Sibirica*. ♃. D'un pied. Feuilles radicales, ternées, à folioles découpées en trois lobes ; en juin fleurs d'un bleu foncé magnifique. Même culture que l'espèce commune, mais un peu plus délicate. — A. *du Canada*, A. *Canadensis*. ♃. D'un pied ; feuilles glauques ; au printemps, fleurs rouges à l'extérieur et jaunes en dedans, penchées, à étamines fort longues. Fort jolie plante qui préfère la terre de bruyère et l'ombre.

ANDROMÈDE en arbre. *Andromeda arborea*. Fam. des bruyères. ♄. Amér. Sept. De 50 à 60 pieds ; feuilles elliptiques , acuminées , persistantes ; en juillet , fleurs blanches, un peu pubescentes , petites, disposées en panicules terminales. Terre de bruy., fraîche, ombragée, exposée au levant et au nord ; mult. de graines, de marcottes , de rejetons.

A. *pulvérulente*, A. *speciosa*. ♄ . De 2 à 3 pieds ; feuilles ovales, dentées, couvertes d'une poussière glauque qui leur donne un aspect blanchâtre; fleurs d'un blanc pur, les plus grandes du genre. Même culture. — A. *à feuilles de pouliot*, A. *poliifolia*. ♄ . Des Alpes. Forme une touffe arrondie d'un pied de haut; feuilles persistantes, lancéolées, alternes; en mai fleurs rouges mêlées de bleu. Fort joli arbuste. Même culture. Plusieurs variétés fort agréables. — On cultive encore un grand nombre d'andromèdes que nous ne pouvons décrire ici.

ANÉMONE hépatique. *Anemona hepatica*. Fam. des renonculacées. ♃. Eur. Très-basse à feuilles trilobées , entières, d'un vert luisant, s'arrondissant en touffes; au printemps, tige faible et grêle, terminée par une fleur bien ouverte. Var. nombreuses et toutes charmantes , *rouges, blanches et bleues, à fleurs simples, doubles et semi-doubles*. Terre franche, ombragée. Mult. d'éclats en automne ou pendant la floraison. Ne séparer que les pieds forts. Bordures charmantes et très-hâtives.

A. *œil de paon*, A. *pavonina*. ♃. Du Midi; de 8 ou 10 pouces; en mai grande fleur , solitaire, très-ouverte , dont les pétales sont d'un rouge vif au sommet et blanc verdâtre à la base. Culture de l'anémone des fleuristes. Jolie fleur.

A. *des jardins*, A. *hortensis* et A. *des fleuristes*, A. *coronaria*. ♃. Nous réunissons ces deux espèces, parce qu'elles ont produit toutes deux les nombreuses variétés jardinières qui vont nous occuper. Si l'on veut obtenir des variétés , on doit semer ; on choisit alors la graine sur les anémones simples, belles de couleur et de forme. Après les froids dans le Nord, et à l'automne dans les pays chauds, on sème sur une plate-bande de terre très-meuble, et on recouvre d'un quart de pouce de terreau ; on soigne, on arrose le semis et on l'abrite pendant l'hiver suivant : si l'on avait semé en terrines on rentrerait en orangerie. Aussitôt que les fanes sont desséchées, une seconde fois pour celles semées immédiatement avant l'hiver, on relève la racine, que l'on nomme *pois*, et on la replante en automne. Les anémones fleurissent à la troisième pousse. Les plantes sont faites alors, et on les plante en octobre dans de la terre légère, un peu sablonneuse, fertile et chaude. On met 6 pouces d'intervalle entre chaque anémone, et on les enfonce de 3 pouces, l'œil en dessus; elles ne demandent alors que les soins ordinaires, et on les relève tous les ans lorsque les feuilles sont fanées, pour les replanter en octobre. On conserve les variétés en éclatant les tubercules, et ayant soin que chaque partie séparée soit munie d'un œil. Les pois conservés pendant une année sans être plantés donnent des fleurs plus belles. Les amateurs ne regardent comme bonnes que les anémones dont le feuillage large (*pampre*) est également découpé, dont la hampe (*baguette*) est ferme et droite, la fleur de 2 à 2 pouces 1/2, bien arrondie, très-double et bombée au centre, les pétales de la circonférence (*manteau*) épais et ronds, le limbe d'une nuance vive et franche, l'onglet (*culotte*) d'une autre; les pétales après le manteau (*cordon*) seront courts, larges, ronds et d'une couleur vive; ceux qui avoisinent le centre (*béquillons*), nombreux et arrondis; enfin ceux du centre (*pluche* ou *panne*) seront allongés et gonflés. Les variétés de ces deux espèces d'anémones sont fort nombreuses. M. Vilmorin en possède une admirable collection. — Il existe encore beaucoup d'anémones, dont plusieurs sont indigènes.

Anthémis d'Arabie. *Anthemis Arabica*. Fam. des radiées ⊙. D'Alger. Tiges couchées, feuilles doublement pinnées, linéaires; fleurs d'un beau jaune, tout l'été, surtout si l'on a soin de couper celles qui sont passées. Fort jolie plante pour bordures et corbeilles. Semis en place au printemps : toute terre. — On cultive encore l'anthémis *camomille romaine* à fleurs blanches et l'on en fait de jolies bordures; — l'anthémis *des teinturiers* à fleurs grandes, jaunes, et l'anthémis *pyrèthre* qui veut l'orang.

Antholyse éclatante. *Antholysa fulgens.* Fam. des iris. ♃. Du Cap. Feuilles longues de près de 2 pieds, d'un beau vert ; mai et juin, hampe terminée par un épi d'un pied de longueur, à deux rangs de fleurs du rouge le plus vif. Ne relever que pour séparer les caïeux qui sont abondants; changer la terre tous les ans. Très-belle plante. Culture des ixias, mais un peu plus de chaleur.

Anthyllide argentée. *Anthyllis barba jovis.* Fam. des légumineuses. ♄. 4 ou 5 pieds : feuilles pinnées, soyeuses et blanchâtres ; fleurs jaunes et pâles, en bouquets et à bractées aussi grandes qu'elles. Orang. auprès des jours, ou pleine terre avec couverture l'hiver. Mult. de graines sous châssis, de bout., marc. et rejet.

Apalanche vert, prinos verticilé. *Prinos verticilatus.* Fam. des rhamnoïdées. ♄. Amér. Sep. 5 à 6 pieds ; feuilles ovales ; fleurs blanches et petites; pendant l'automne et l'hiver, fruits rouges, restant longtemps sur l'arbre. Terrain frais et ombragé. Mult. de graines et de marc. — 10 espèces presque toutes intéressantes.

Apocyn gobe-mouche. *Apocynum androsœmifolium.* Famille des apocynées. ♃. Amér. Sep. De 2 pieds ; rameux ; feuilles ovales ; en août et septembre, fleurs nombreuses et roses : elles recèlent beaucoup de miel qui attire les mouches ; celles-ci engagent leur trompe dans les filets qui entourent l'ovaire, ne peuvent la retirer et périssent. Terre franche, légère; au levant : mult. de graines et d'éclats, ou de rejet. en mars. Plante curieuse.

Aralie épineuse. *Aralia spinosa.* ♄. Fam. des aralies. Tiges de 8 à 10 pieds, épineuses ; feuilles grandes, épineuses : à la fin de l'été, petites fleurs d'un blanc verdâtre, exhalant une odeur suave, et disposées en panicule immense. Terre fraîche, ombragée, mi-soleil : mult. de graines sur couche tiède ou par les rejetons nombreux que jetent les racines quand l'arbuste périt : rentrer le jeune plant la première année et couvrir les aralies dans le Nord pendant l'hiver.

Araucarier du Chili. *Araucaria Dombeyi*. Fam. des conifères. ♄. De 150 pieds dans son pays natal : la plupart des rameaux sont verticillés, horizontaux ; les feuilles solitaires, fertiles, linéaires et piquantes au sommet, sont longues d'un à 2 pouces. Terre de bruyère ; serre temp.; mult. de bout. et de graines qu'il faut tirer de son pays natal.—*A. élevé., A. excelsa.* ♄. Tige pyramidale à rameaux horizontaux : petites feuilles très-rapprochées, sessiles, piquantes, courbées en faulx, et enveloppant la branche. Orang. Terre de bruyère. Cet arbre est magnifique et le plus beau des arbres de la famille. Mult. comme le premier. On en voit de fort beaux au jardin du Roi.

Arbousier commun, arbre aux fraises. *Arbutus unedo.* Fam. des bruyères. ♄. De 15 pieds ; à tige, branches et rameaux d'un beau rouge ; feuilles ovales et persistantes : en automne, fleurs blanches ou rouges, simples ou doubles, en grappes ; fruits ressemblant à la fraise, mais très-fades. Terre franche, sableuse, le nord en pleine terre ou l'orangerie près des jours, craint les gelées sous le climat de Paris : mult. de marc. ou de graines aussitôt mûres. Plusieurs variétés intéressantes. — On a encore l'arbousier *raisin d'ours,* des Alpes ; il demande le levant ; — *l'andrachné* qui a l'écorce lisse, rouge et d'un aspect tout particulier, et l'arbousier *à longues feuilles ;* l'andrachné se greffe sur le premier, et le second demande la terre d'oranger.

Arctotide tricolore. *Arctotis perennis.* Fam. des radiées. ♃. Du Cap. D'un pied ; feuilles semblables à celles du chêne, un peu blanchâtres; en mai et juin, fleurs jaune pâle au dedans, rouges et bordées de blanc au dehors, disque pourpre foncé. Terre légère; orang., beaucoup d'eau ; mult. d'éclats, de graines sur couche et de bout. Belle plante. — Les deux arctotides *rose* et *maculée* sont fort jolies.

Ardisie paniculée. *Ardisia paniculata.* Fam. des sapotilliers. ♄. Antilles. 8 à 9 pieds ; feuilles lancéolées, longues souvent de plus de 20 pouces, au bout des rameaux :

presque toute l'année fleurs d'un rose violacé, en belle grappe terminale et très-longue. Mult. de graine, bout. et marc. Terre légère. Plante magnifique. Serre chaude. — A. *à feuilles glanduleuses*. A. *crenata*. ♄. 2 pieds ; rameux et arrondi ; feuilles ovales, lancéolées, crénelées, atténuées à la base et persistantes : fleurs roses, très-petites, paniculées, auxquelles succèdent des fruits rouges d'un fort bel effet. Même cult.; serre chaude ; — même cult. pour l'ardisia *colorée*.

ARÉNAIRE, sabline de Mahon. *Arenaria balearica.* Fam. des caryophillées. ♃. Petite plante fort basse, faisant gazon ; propre à garnir les rocailles un peu fraîches, sur lesquelles elle fait un effet charmant. Mult. de graines ou d'éclats. — On a encore l'A. *grandiflora*.

ARGÉMONE à grandes fleurs. *Argemona grandiflora.* Fam. des papavéracées. ☉. Mexique. 2 à 3 pieds; feuilles très-grandes ; fleurs terminales, blanches, fort larges et se succédant tout l'été. Mult. de graines en place au printemps.—A. *à fleur jaune*. Même cult.

ARGOUSIER rhamnoïde. *Hypophaë rhamnoïdes.* Fam. des thymélées. ♄. 6 à 7 pieds ; épineux : feuilles persistantes, épaisses, oblongues, partagées par une nervure très-apparente, argentées en-dessous, vert noir en-dessus; fleurs en avril, peu apparentes. Terre sableuse un peu humide : mult. de graines, bout., marc., rejet.—A. *du Canada* a les feuilles plus larges et cotonneuses en-dessous; veut la terre de bruyère. Joli arbuste. Mult. de marc.

ARISTÉE grande. *Aristea major.* Fam. des iris. ♃. Feuilles longues de 2 ou 3 pieds, ensiformes ; hampe de 3 pieds, rougeâtre, supportant en juillet un épi fort long de charmantes fleurs bleues. Serre temp. Mult. de graines sur couche et de rejet. Plante magnifique.—*L'A. à fleurs bleues* ou *barbues* est aussi fort jolie, quoique moins grande. Même cult.

ARISTOLOCHE siphon. *Aristolochia sipho.* Fam. des aristoloches. ♄. Amér. Sept. Tige sarmenteuse et grimpante, longue de 20 à 30 pieds; feuilles très-grandes, en cœur, arrondies; fleurs vertes, striées de brun, en forme de pipe. Tout terrain, mais mieux dans ceux frais et ombragés : mult. de graines et de marc. avec bois de deux ans coupé au-dessous d'un nœud. Charmant et très-propre à garnir des tonnelles. — L'A. *pubescente* est aussi de pleine terre avec quelques précautions. — A. *à grandes fleurs*. A. *grandiflora*. ♄. Antilles. Sarmenteuse : feuilles en cœur, grandes : fleurs à limbe pourpre, de 6 pouces de large, cordiformes; la lèvre terminée par une pointe d'un pied de longueur. Superbe plante. Même cult. Serre chaude. Les aristoloches de serre demandent de très-grands vases et mieux la pleine terre.

ARTHROPODE à vrilles. *Arthropodium cyrrhatum.* Fam. des narcissées. ♃. Nouv.-Holl. Feuilles lancéolées, longues de 2 pieds : au printemps, panicule de jolies fleurs blanches assez larges, portées par une hampe de 1 à 2 pieds. Terre légère, substantielle, un peu fraîche. Serre temp.; de graines et de drageons.

ARUM serpentaire.*Arum dracunculus*.Fam.des aroïdées. ♃. Feuilles pédiaires, composées, digitées: hampe de 2 pieds, verte, tachetée de brun : en été, fleur grande, terminale, d'un violet pourpre à l'intérieur, verdâtre au dehors; mauvaise odeur. Terre franche à exposition chaude; couverture de feuilles l'hiver; beaucoup d'eau : mult. de graines, ou par la séparation des bulbes. — *L'A. maculé* ou *pied de veau*, réussit partout et n'a pas besoin de couverture; il est moins beau. — A. *chevelu, gobe-mouche.* A. *crinitum*. ♃. Minorque. Au printemps, fleur terminale, longue d'un pied, tachée de vert à l'extrémité, et revêtue à l'intérieur de soies violettes, qui retiennent prisonnières les mouches, que son odeur cadavéreuse attire. Serre temp.; même cult. Plante curieuse. — *L'A. campanulé* est une plante magnifique de serre chaude; sa feuille ressemble à celle du palmier, et sa fleur a plus d'un pied de diamètre.

ASCLÉPIADE incarnate. *Asclepias incarnata.* Fam. des apocyns. ♃. Amér. Sept. Tige de 3 ou 4 pieds; feuilles lancéolées, tomenteuses; en été, fleurs rouge pourpre, en plusieurs ombelles, exhalant une odeur délicieuse. Terre légère, un peu fraîche : couvert. l'hiver ou en pot dans l'orangerie : mult. de graines aussitôt mûres ; d'éclats ou de rejet. Jolie plante. — A. *tubéreuse. A. Tuberosa.* ♄. Amer. Sept. Tiges d'un pied et demi, divariquées ; feuilles alternes et velues : de juillet en septembre, fleurs en ombelles, d'un beau rouge safrané. Même cult. Mult. semblable. — Var. plus basse, à fleurs d'un rouge plus vif. — Il existe de nombreuses espèces de serre, assez jolies ; quelques-unes de ces dernières sont vénéneuses et fort dangereuses.

ASPHODÈLE jaune, bâton de Jacob. *Asphodelus luteus.* Fam. des liliacées. ♃. Racines fibreuses ; feuilles triangulaires, striées : en mai-juillet, fleurs assez grandes de couleur jaune, en long épi. Terre franche, sans engrais : mult. par des drageons ou racines, séparés à l'automne, et de graines semées au midi. — A. *rameuse, bâton royal,* A. *ramosus,* ♃. Feuilles ensiformes, lisses et carénées ; tige de 3 pieds, verte et rameuse : en mai ; fleurs assez grandes, nombreuses, blanches, rayées de brun, en étoile, disposées en épis. Même culture.

ASTÈRE de la Chine, Reine Marguerite. *Aster sinensis.* Fam. des radiées. ☉. De la Chine. De 1 à 2 pieds ; à rameaux uniflores ; feuilles ovales, dentées ; pendant tout l'automne, grandes fleurs, terminales, blanches, rouges et bleues, et de toutes les nuances intermédiaires. Toutes les variétés offrent des doubles. La culture a produit cinq variétés constantes qui renferment toutes les sous-variétés : 1° *la double,* disque jaune et rayons des couleurs indiquées ci-dessus ; 2° *la naine hâtive,* plus basse et plus précoce, semblable à la première par les fleurs, propre aux bordures ; 3° *la R. M. pompon,* rayons très-courts, débordés par le calice ; 4° *la R. M. anémone* ou à tuyaux, disque rempli de fleurons à tuyaux de la même couleur que les rayons ; 5° *la pyramidale,* haute, rameaux disposés en pyramide : fort belle variété, qui au reste double et varie comme les autres. Tout terrain, mieux terre franche. Mult. de graines, au printemps sur couche ou plate-bande terreautée, au midi ; repiquer avec la motte, soit lorsque le plant sera assez fort, soit même quand on pourra reconnaître la couleur des fleurs, ce qui permet de les assortir; reprise facile; arroser souvent; recueillir les graines sur les fleurs placées à la partie inférieure de la tige; on obtient ainsi des doubles plus facilement. L'astère Reine Marguerite est trop connue pour qu'il soit nécessaire d'en faire l'éloge. — A. *des Alpes*. A. *Alpinus* ♃. De 10 à 12 pouces; tige uniflore; feuilles entières, lancéolées, spatulées: pendant l'été, fleur grande, à rayons bleues et disque jaune. Terrain humide et rocailles arrosées: mult. de graines et d'éclats; changer de place tous les quatre ans parce qu'elle use beaucoup la terre. — A. *remarquable*, A. *spectabilis*, ♃. Amér. Sept. De 2 pieds. Feuilles lancéolées, rudes; pendant l'automne, fleurs grandes, d'un beau bleu. Belle espèce. Même culture.—A. *soyeux*, A. *argenteus*, ♃. Tige rameuse; feuilles sessiles, ovales, lancéolées, pointues, couvertes de duvet soyeux et argenté; pendant l'automne, fleurs terminales assez grandes, disque jaune et rayons violets. Même cult. Très-jolie plante. Il est prudent d'en rentrer quelques pieds et de couvrir les autres.—Les diverses espèces d'astères ont très-nombreuses, nous allons citer les plus remarquables. A. *agréable*, — *délicate*, — *amelle* ou *œil de Christ*, — *jolie*,—*de Paris*, — *multiflore*,—*géante*,—*de Sibérie*,— *à grandes fleurs*, — *de la nouvelle Angleterre*, — *incisée*, — *en buisson*, — *magnifique*, nouvelle. Toutes les espèces citées sont de pleine terre et vivaces.

ASTRAPÉE à fleurs pendantes. *Astrapæa penduliflora.* Fam. des dombeyées. ♄. De l'Ile-de-France. De première grandeur dans son pays natal; feuilles cordiformes de 8 ou 9 pouces de largeur et de longueur, portées par de très-longs pétioles: fleurs réunies en ombelles capitées, au nombre de 40 à 50, de couleur rose, et pendantes au bout d'un pédoncule de 10 à 12 pouces. Terre à oranger; serre chaude: mult. de bout. étouffées.

ATHANASIE annuelle. *Athanasia annua.* Fam. des flosculeuses. ⊙. D'un pied, très-rameuse; feuilles pinnées: en été, fleurs jaunes; elles durent fort longtemps. Semer au printemps, en place, à bonne exposition, une pincée de graines que l'on recouvre de terre meuble : on arrose souvent et peu à-la-fois ; le plant lève et forme de très-jolies touffes.

Aubriétie deltoïde. *Aubrietia deltoidea.* Fam. des crucifères. ♃. Très-basse, en touffe ; feuilles d'un vert blanchâtre : en été fleurs d'un joli bleu, très-nombreuses, d'un bel effet sur les rocailles. Mult. de graines aussitôt mûres et d'éclats.

Aucuba du Japon. *Aucuba Japonica.* Fam. des rhamnoïdes. ♄. 3 ou 4 pieds, très-rameux ; feuilles ovales, grandes, dentées, d'un beau vert maculé de jaune, persistantes : fleurs petites, peu apparentes. Mi-ombrage ; craint l'humidité pendant l'hiver ; mult. de bout. et marc. On ne possède que des pieds femelles. Arbuste d'un bel effet.

Aune commun. *Alnus glutinosa.* Fam. des amentacées. ♄. De 50 à 60 pieds ; tiges et rameaux noirâtres ; feuilles arrondies, cunéiformes, obtuses, glutineuses, d'un vert foncé. Terre humide ou même submergée ; mult. de graines et de bout. Var. : *à feuilles panachées,* — *à feuilles laciniées ;* arbre charmant, — *à feuilles de poirier et à feuilles d'orme.* ♄. — Il est encore quelques espèces intéressantes mais rares. Tous les aunes font beaucoup d'effet sur le bord des eaux. — L'aune *à feuilles blanchâtres* réussit bien dans les sols secs.

Aylanthe glanduleux, vernis du Japon. *Aylanthus glandulosa.* Fam. des térébinthacées. ♄. De 60 à 70 pieds : feuilles pinnées avec impaire, à folioles nombreuses, oblongues et presque cordiformes à leur base ; à la fin de l'été, fleurs verdâtres en panicules. Il vient partout, mais il préfère une bonne terre fraîche, légère et abritée ; mult. de graines, de rejet. ou de racines ; croissance très-prompte et port magnifique ; son bois est très-beau. On doit le multiplier pour son effet pittoresque et pour le profit que l'on peut en tirer ; résiste aux plus fortes chaleurs, dans les terrains calcaires.

Azalée. *Azalea.* Fam. des rosages. ♄. Nous croyons devoir adopter la division jardinière proposée, et éta-

blir deux sections, dont la première renfermera toutes les
azalées à feuilles caduques, c'est-à-dire les *nudiflores*, les
pontiques, les *visqueuses*, les *glauques* et toutes leurs variétés ; et la seconde, les azalées *de l'Inde* à feuilles persistantes. Les premières résistent à nos plus grands froids,
et se cultivent à demi-ombre, au Levant, dans une plate-
bande de terre de bruy. ; les *Indiennes* demandent la
serre tempérée près des jours : toutes se multiplient de
même, par le semis qui donne des variétés nouvelles, par
les greffe herbacée et en approche. Tous ces arbustes sont
charmants et fleurissent au printemps. On en trouve à
fleurs blanches, rouges, roses, jaunes et mélangées de
plusieurs de ces couleurs. On ne saurait trop en recommander la culture qui n'est point difficile et qui donne
de magnifiques fleurs. M. Soulange Bodin en a d'admirables, et on ne peut mieux faire que de s'adresser à lui
pour s'en procurer. Nous n'en donnerons point la nomenclature, qui serait beaucoup trop longue, et nous renverrons aux divers catalogues des horticulteurs et en particulier à celui de Fromont près Ris. (Seine-et-Oise.)

AZÉDARACH bipenné, arbre saint. *Melia azedarach*.
Fam. des méliacées. ♄. De 5 à 6 pieds en France : feuilles bipennées, à folioles entières, ovales : en été, fleurs en
panicules axilaires, ressemblant à celles du lilas dont
elles ont l'odeur. En orangerie, pendant quatre ou cinq ans,
puis pleine terre amendée ; mult. de graines sur couche.

B.

BACCHANTE de Virginie, seneçon en arbre. *Baccharis
halimifolia*. Fam. des flosculeuses. ♄, Virginie. 10 à
12 pieds : feuilles ovales oblongues, persistantes, parse-
mées de points blancs; en automne, fleurs blanches disposées en panicules composées. Terre sablonneuse, au
Midi ; couvert. de litière pendant l'hiver ; mult. de graines, bout. et marc. Les terres humides, activant sa végétation, le rendent plus sensible aux gelées.

BADAMIER du Malabar, amandier. *Terminalia catappa*.

♄. Antilles. Arbre très-grand dans son pays, veut sous notre climat la tannée pendant toute l'année ; sa forme est pyramidale, ses branches disposées en étage et ses feuilles ovales, tomenteuses et persistantes ; ses fleurs blanchâtres, petites et nombreuses. Serre chaude ; mult. de graines venues de son pays natal, et difficilement de bout. et de marc. étouffées.

BADIANE, anis étoilé. *Illicium anisatum*. Fam. des magnoliers. ♄. Chine. 10 à 12 pieds : feuilles obovales, persistantes : au printemps, fleurs jaunes et odorantes ; fruit en étoile, exhalant une odeur suave. Terre bonne et légère ; couvert. l'hiver ou orang. ; mult. de marc. qui sont deux ans à prendre racine, ou de graines. — On a encore la B. *de la Floride* dont la fleur est rouge-brun, à odeur agréable, terre de bruyère ; et la B. *à petites fleurs*; celles-ci sont d'un blanc un peu jaune et ont une odeur plus forte que leurs congénères. Jolis arbrisseaux.

BAGUENAUDIER ordinaire. *Colutea arborescens*. Fam. des légumineuses. ♄. 10 à 12 pieds : feuilles ailées : tout l'été, fleurs jaunes avec deux lignes rouges sur l'étendard, auxquelles succèdent des fruits vésiculeux, d'abord verdâtres et se desséchant ensuite. Tout terrain ; mult. facile de graines et de drageons. — On a encore le B. *du Levant à fleurs rouges*, — celui *d'Alep à fleurs jaunes*, — le *moyen*, fort joli arbuste, et celui *d'Éthiopie*, à fleurs écarlates en grappes. Ces derniers baguenaudiers demandent à être semés sur couche ou sur une plate-bande au Midi, et abrités pendant le premier hiver. Le dernier mûrit ses graines dans l'année, et périt si on ne le rentre dans l'orangerie ; on peut le cultiver comme une plante annuelle.

BALISIER des Indes, canne d'Inde. *Canna Indica*. Fam. des balisiers. ♃. Des Indes : feuilles engaînantes, larges, glabres et nerveuses ; hampe de 3 pieds, feuillée, terminée en été par un épi de fleurs presque sessiles, d'un très-beau rouge. Var. : *à fleurs écarlates et jaunes*. Mult. de graines et d'éclats ; on relève les racines avant les gelées et on les conserve comme celles des dahlias. On les replante au milieu de mai, dans une bonne terre douce ;

on leur donne beaucoup d'eau, et on voit bientôt les tiges se développer et s'élever à 4 ou 5 pieds. Cette plante est fort jolie. — On cultive de la même façon les B. *à feuilles étroites*, — *glauque*, — *gigantesque*, — *flasque*; on peut aussi en conserver en pots quelques pieds de chaque espèce pour orner la serre pendant l'hiver. La dernière espèce demande moins de chaleur, est fort belle, mais un peu délicate. — Les B. du *Népaul* et *comestible* demandent le serre tempérée ; même cult.

BALSAMINE des jardins. *Impatiens balsamina*. Fam. des géraniers. ☉. De l'Inde. Tige d'un à 2 pieds, cassante ; feuilles dentelées, lancéolées ; de juillet à la fin de l'automne, fleurs grandes, axillaires, nombreuses, blanches, rouges, roses ou violettes, de toutes les nuances, et souvent panachées ou ponctuées ; il en est de doubles et de simples. Bonne terre franche ; mult. de graines prises sur les pieds doubles ; cult. semblable à celle de l'astère Reine Marguerite.

BANANIER à gros fruits. *Musa paridisiaca*. Fam. des bananiers. ♃. Indes. Tige de 10 à 12 pieds, formée par la réunion des pétioles des feuilles ; celles-ci sont réunies au sommet et ont 8 à 10 pieds de longueur et 2 à 3 de largeur ; elles sont très-lisses et portées sur un fort pétiole, qui se prolonge en nervure jusqu'à l'extrémité de la feuille, et envoie à droite et à gauche une grande quantité de petites nervures ; au bout de deux ans, dans son pays natal il sort du milieu des feuilles une hampe terminée par un régime incliné garni de nombreuses fleurs étagées ; les mâles situées à l'extrémité de la tige persistent et les femelles sont remplacées par des fruits longs de 6 à 7 pouces, nommés *bananes*. Le bananier se multiplie facilement de rejetons qu'on enlève au pied de la souche ; dans nos pays il ne doit pas quitter la tannée de la serre chaude. On le met quelquefois en pleine terre dans la serre ; il fructifie alors plus promptement, mais rarement avant quatre ou cinq ans. Var. : *violette*.

B. *à petits fruits*. *Musa sapientium*. ♃. Indes. Tiges maculées de noir ; fleurs mâles non persistantes ; fruits plus courts, mais aussi plus nombreux ; on les nomme

6

figues bananes; même cult. — Le B. *écarlate* se distingue par ses spathes serrées, d'un écarlate très-brillant, jaunes au sommet. Il est très-beau; même cult. — B. *à spathes roses*.

Banistéria cotonneux. *Banisteria tomentosa*. Fam. des malpighiacées. ♄. De 36 à 40 pieds, sarmenteux; feuilles ovales; en été, grandes fleurs jaunes en corymbes. Serre chaude; terre franche avec terre de bruy.; mult. de marc.

Banksia à petits cônes. *Banksia microstachia*. Fam. des protées. ♄. De 6 à 7 pieds: feuilles lancéolées, obtuses au sommet, cotoneuses et argentées en dessous; fleurs jaunes un peu safranées; fruits ou cônes presque semblables aux glands. Fort belle plante. Terre de bruy.; serre temp. ou orang.; mult. de graines sur couche ou de bout. étouffées; en pots assez petits; soigner le jeune plant, qui est sujet à couler.—On cultive encore les B. *à feuilles en scie, — à feuilles échancrées, — à feuilles de bruyère, — à feuilles entières, — élevé, — épineux,* etc.

Baquois odorant, vacoua. *Pandanus utilis*. Fam. des pandanées. ♄. Des Indes. Port d'un ananas ou d'un yucca, au moins dans sa jeunesse; ensuite feuilles gladiées, longues de 4 à 5 pieds, à dos et bords dentés et épineux; les feuilles sont disposées en spirale autour de la tige, serrées les unes dans les autres; fleurs mâles à odeur très-forte, formant une immense panicule; fleurs femelles en boule fort grosse. Terre à ananas; serre chaude; mult. de graines tirées de son pays natal. — On cultive encore chez M. Noisette 4 autres espèces. Arbres magnifiques et du plus grand effet.

Bauéra à feuilles de garance. *Bauera rubiœfolia*. Fam. des myrtes. ♄. Nouv.-Holl. 5 à 6 pieds: feuilles persistantes, linéaires; presque toute l'année, fleurs pendantes, petites, pourpres rayées de blanc. Orang.; terre de bruy. mélangée; beaucoup d'eau l'été et placée à bonne exposition hors de la serre; mult. de marc. et de bout. sous cloches. Joli arbrisseau.

BEAUFORTIA à feuilles en croix. *Beaufortia decussata.* Fam. des myrtes. ♄. Feuilles persistantes et opposées en croix et fleurs d'un beau rouge, disposées comme celles des mélaleuques; même cult. que ceux-ci. Beau port.

BECKÉA effilé. *Beckea virgata.* Fam. des myrtes. ♄. De 2 à 5 pieds; feuilles persistantes, linéaires, glabres et glanduleuses; en été, ombelles de fleurs blanches, assez petites. Terre de bruy., orang. ; mult. de marc. et bout. etouffées. Bel arbuste.

BÉGONIA d'Évans, à deux couleurs. *Begonia discolor.* Fam....... ♃. Tige rameuse, d'un rouge très-vif au-dessus des articulations; grandes feuilles, un peu cordiformes, aiguës, inégalement oblongues, d'un rose foncé en dessous; fleurs grandes, d'un beau rose nuancé, à pédoncules d'un rouge plus vif. Terre de bruy., un peu tourbeuse et fraîche; serre temp.; tenir en petits pots; mult. de rej. et de bout. Fort belle plante ainsi que ses congénères au nombre de 38.

BELLE-DE-NUIT ordinaire, faux jalap. *Mirabilis jalappa.* Fam. des nyctages. ♃. Racine fusiforme, feuilles opposées, cordiformes, allongées, glabres; en été, fleurs blanches, jaunes, rouges ou panachées de deux ou trois couleurs. Bonne terre franche; semer en avril sur couche et repiquer en place : semée en plate-bande au midi, elle fleurit, mais mûrit rarement ses graines; on peut arracher la racine et la conserver comme celle du dahlia ou la traiter comme une plante annuelle; la première méthode est plus hâtive. — La B. *à longues fleurs* ne diffère de celle que nous venons de décrire que par sa fleur toujours blanche, portée au bout d'un tube de 3 ou 4 pouces; elle est très-odorante. — On a une hybride qui participe de l'une et de l'autre. Fort belles plantes.

BENOITE écarlate. *Geum coccineum.* Fam. des rosacées. ♃. Feuilles radicales, ailées; feuilles caulinaires, trilobées : fleurs d'un beau rouge, se succédant pendant tout l'été. Terre légère; d'éclats et de graines sur couche. Fort jolie plante. — B. *du Chili*, à fleurs plus grandes et plus belles, d'un rouge safrané. Même cult.

BIGNONE catalpa. *Bignonia catalpa*. Fam. des bignones. ♄ . Arbre de 30 à 35 pieds ; tige droite à cime arrondie ; feuilles en cœur ; à la fin de l'été, fleurs en thyrse, blanches, maculées de pourpre et de jaune. Terre franche, un peu fraîche ; mult. de graines au printemps , et couvrir le jeune plant pendant les deux premiers hivers , de bout. et de marc. Très-bel arbre.

B. *de Virginie*. B. *radicans*. ♄ . Am. Sept. Volubile, grimpant et muni de petites griffes racineuses, au moyen desquelles il s'attache à l'écorce des arbres ou aux inégalités des pierres et des murs ; feuilles pinnées avec impaire, à folioles ovales pointues ; en automne, grandes fleurs rouges en corymbes. Tout terrain un peu frais, mais bien exposé ; même cult. Garnit très-bien les murs et rochers. — Les B. *de la Chine* et *toujours verte* sont encore plus belles , mais un peu plus délicates que celle à *vrilles de Virginie*. — Les autres B. demandent la serre , où elles font un fort bel effet : nous ne désignerons que celles *de Norfolk*, — *à cinq feuilles*, — *du Cap*, — *équinoxiale*, — *à feuilles de chêne*.

BILBERGHIE à feuilles fasciées. *Bilberghia fasciata*. Fam. des bromeliacées. ♃ . De Java. Feuilles canaliculées de 2 à 3 pieds de longueur , dentées, d'un vert foncé et fasciées à l'extérieur ; hampe longue de 2 pieds , flexible, garnie de stipules, d'un rose vif , lancéolées , larges d'un pouce et longues de six, portant en automne un panicule pendant , de grandes fleurs d'un jaune-verdâtre à reflets soyeux. Serre chaude ; terre de bruy. mélangée ; mult. d'œilletons. — On cultive de même la B. *pyramidale* , à fleurs d'un beau pourpre.

BLANDFORDIE éclatante. *Blandfordia nobilis*. Fam. des liliacées. ♃ . Nouv. Holl. Racine fibreuse ; feuilles radicales, linéaires, lancéolées, glabres, d'un vert foncé ; hampe simple de 15 à 18 pouces , portant douze à quinze fleurs alternes , à corolle d'un beau pourpre et à limbe d'un jaune vif en dedans et en dehors. Serre temp. ou châssis froid ; en pots remplis de terre de bruy. ; d'œilletons ou de graines aussitôt mûres ; ombre l'été.

BOCCONIER à feuilles en cœur. *Bocconia cordata*. Fam.

les papavéracées. ♃. De la Chine. De 4 à 6 pieds, à feuilles très-grandes, cordiformes, incisées, tomenteuses en dessous; en été, petites fleurs blanches en grand panicule; elles se succèdent longtemps. Couvert. l'hiver; mult. de graines et d'éclats. Belle plante.

BONDUC, chicot du Canada. *Gymnocladus Canadensis.* Fam. des légumineuses. ♄. Arbre en France de 25 à 30 pieds; tronc sans branches et cime bien régulière; feuilles fort longues, bipennées, folioles ovales; fleurs blanches dioïques. Tout terrain un peu abrité; mult. de graines, de rejet. ou racines. Bon bois et arbre d'un bel effet.

BORKAUSIE rouge, crepis rose. *Borkausia rubra.* Fam. des semi-flosculeuses. ☉. Italie. Tiges de 6 à 7 pouces; en été et en automne, grandes fleurs d'un rose charmant. Tout terrain; mult. de graines, à deux fois, en place au printemps et pendant l'été. Très-jolies bordures.

BOUGAINVILLE éclatante. *Bugenvillœa spectabilis.* Fam. des nyctages. ♄. Brésil. Volubile, épineux; grandes feuilles, elliptiques, alternes; fleurs réunies trois à trois au bout de pedoncules axillaires et supportées par des bractées en cœur, fort grandes, d'un rose violacé, magnifique et semblable à celui de la fleur, qu'elles augmentent de tout leur volume, paraissant en faire partie. Pleine terre en serre chaude; mult. de bout. très-facile; se palisse, croît très-rapidement et se met promptement à fleur. Importée chez nous en 1833; plante magnifique.

BOULEAU commun. *Betula alba.* Fam. des amentacées. ♄. Arbre de 40 à 50 pieds, à tronc droit revêtu d'une écorce d'un blanc argenté; feuilles cordiformes, aiguës, dentelées, d'un vert-noir; fleurs en chatons. Tout terrain; semer aussitôt la maturité ou sur la neige prête à fondre. Très-pittoresque. — Var. : B. *pleureur;* à feuilles *panachées;* à feuilles *laciniées,* charmant. Les variétés se greffent sur le bouleau commun; celui-ci se mult. aussi de boutures.

B. *Merisier odorant, de Virginie.* B. *lenta.* ♄. De 70 à 80 pieds; feuilles du merisier; l'écorce et les jeunes bourgeons brisés sous la dent laissent à la bouche une saveur d'amande. Tout terrain , plutôt humide que sec ; même cult. Bel arbre.

B. *à canot*. B. *nigra*. ♄ . De 90 à 100 pieds. Feuilles plus grandes que celles des précédents, d'un vert presque noir. — Le B. *à papier*, semblable au noir, n'en diffère que parce que le dessous de ses feuilles est cotonneux. — Le B. *à feuilles de marceau* est pyramidal et ne s'élève qu'à 20 pieds, très-joli. — Le B. *nain* et plusieurs autres sont cultivés chez M. Noisette ainsi que le B. *bella* , un des plus élégants, mais qui veut pendant l'hiver une couverture. Tous les bouleaux produisent d'excellents effets dans les jardins paysagers.

BOUVARDIE à trois feuilles. *Bouvardia triphylla, houstonia coccinea*. Fam. des rubiacées. ♄ . Tiges de 2 pieds ; feuilles obovales; fleurs du rouge le plus vif, disposées en ombelle. Terre légère un peu substantielle ; serre temp. ou pleine terre où les tiges périssent au premier froid, mais repoussent au printemps si on a recouvert les racines pendant l'hiver; mult. facile de marc. et de bout. étouffées ou sur couche. Charmant arbuste. — Var. : *à fleurs blanches* , moins jolie.

BRAGALOU de Montpellier. *Aphyllantes Monspelliensis*. Fam. des joncs. ♃ . Tige semblable à celle du jonc, d'un pied de hauteur ; fleurs bleues terminales. Terre légère. Mult. de graines ou d'éclats. Couverture l'hiver ou orang. Jolie plante.

BROUALLE élevée. *Browallia alata*. Fam. des scrophulaires. ☉. 2 pieds, rameuse ; feuilles lancéolées, aiguës: pendant l'été et l'automne , fleurs axillaires , d'un bleu très-beau, tube long et jaune. Mult. de graines sur couche chaude. Les graines ne mûrissent point en pleine terre.

BROUSSONÉTIER , mûrier à papier. *Broussonetia papyrifera*. Fam. des urticées. ♄ . Chine. Arbre élevé ; feuilles très-tomenteuses , affectant entre elles les formes les plus différentes. On a fixé par la greffe une variété que l'on a appelée B. *à capuchon*, dont les feuilles sont creuses et forment un petit bassin; reproduite par la greffe elle est constante. Les fleurs sont dioïques ; les fruits sont de longs filets rouges, mangeables, quoique très-fades. Tout terrain : cultiver un pied mâle près des individus femelles : mult. de graines et de marcotes. Cet arbre est d'un grand effet et mérite une place distinguée dans le jardin paysager.

BRUNELLE à grandes fleurs. *Prunella grandiflora*. Fam. des labiées. ♃. Feuilles obovales : en été, très-grandes fleurs, bleues, roses ou blanches, disposées en épi. Terre légère, toute exposition ; de graines ou d'éclats.

BRUNIA lanugineuse. *Brunialanuginosa.* Fam. des rhamnoïdes. ♄. Cap. De 3 à 5 pieds ; rameaux érigés ; feuilles persistantes, linéaires, nombreuses, cotoneuses près de la branche et terminées par des glandes brunâtres : au printemps, fleurs blanchâtres réunies en corymbe. Orang. éclairée. Terreau de bruyère, peu d'eau : mult. de graines sur couche tiède ; repiquage en motte. On peut aussi employer le bouturage et le marcottage. — On remarque encore dans les cultures la B. *nodiflore*, — *abrotanoïdes*, — *superbe*. Toutes sont d'une très-grande élégance et se cultivent de même.

BRUNSFELSIE d'Amérique. *BrunsfelsiaAmericana*. Fam. des solanées. ♄. De 5 à 6 pieds dans nos serres ; feuilles obovales, très-entières et persistantes : pendant tout l'été grandes fleurs d'abord blanches, puis jaunâtres et répandant l'odeur la plus suave. Serre chaude et tannée qu'elle ne doit pas quitter : mult. de bout. étouffées sur couche ; de fréquents arrosements sur les feuilles pendant l'été. —B. *ondulée* dont le fruit a près de 4 pieds de longueur. Ces deux plantes sont magnifiques.

BRUYÈRE. *Erica*. Fam. des bruyères. ♄. Nous n'entrerons point ici dans l'énumération des diverses espèces de bruyères ; nous dirons qu'il en existe plus de 400 dans les cultures anglaises. La difficulté de leur conservation sous notre climat a fait en quelque sorte renoncer à ces plantes charmantes, et on n'en trouve plus qu'un très-petit nombre dans nos serres. Voici quels sont les principaux soins qu'elles demandent : arrosements fréquents et peu abondants à chaque fois ; car ces plantes craignent également l'humidité et la sécheresse ; les planter dans le terreau de bruyère, mélangé pour quelques espèces d'un peu de terre franche ; ne pas oublier de placer un peu de gros gravier au fond du pot ; on peut aussi les mettre en pleine terre dans des baches froides. Il faut placer les vases dans une orangerie très-éclairée et les rapprocher du verre ; on les sort au printemps, on les place au levant ou au nord, et l'on enterre les pots aux deux tiers dans une plate-bande de terre de bruyère. On les multiplie de semis, ce qui demande beaucoup de soins analogues à ceux de la culture et une couche tiède ; on en fait aussi des boutures étouffées qu'il faut planter dans un sable très-fin et sur une couche tiède ; on doit rarement arroser les boutures et ne pas négliger de leur donner de l'air aussitôt que l'on aperçoit de l'humidité. Nous conseillons aux amateurs qui désireraient des bruyères de s'en rapporter pour le choix à des pépiniéristes probes et instruits. Les espèces de pleine terre sont les suivantes : la B. *commune, à fleurs blanches et à fleurs roses, — cendrée, — ciliaris, — tetralix, — herbacée, — de la Méditerranée, — multiflore, — scoparia, — multicaulis.* Toutes font un effet agréable ; celles du midi veulent l'orangerie dans le nord. Toutes demandent la terre dite de bruyère.

Budleja à globules. *Budleia globosa.* Fam. des scrophulaires. ♄. Chili. De 9 à 10 pieds, très-rameux ; feuilles persistantes lancéolées, d'un vert noir en dessus, très-blanches en dessous, ainsi que les rameaux ; en été fleurs en globules d'un jaune orangé vif, odorantes. Terre franche, fraîche, un peu abritée, et dans le nord, couvert. l'hiver sur les racines : mult. de mar. et de bout. étouffées ; le jeune plant demande à être couvert pendant les deux premiers hivers. Très-bel arbuste.—Il en existe quelques autres espèces, toutes d'orang. Le B. *très-glabre,* de la Nouvelle Hollande, est charmant et décore très-bien la serre où il fleurit pendant tout l'hiver.

Buglosse toujours verte. *Anchusa sempervirens.* Fam. des borraginées. ♃. 18 pouces ; feuilles ovales ; de mars en juillet, fleurs en ombelles, d'un très-joli bleu. Bonne terre douce, à bonne exposition : mult. par éclats ou de graines. Var. dite *d'Italie*, a les fleurs plus grandes. — La B. de *Virginie* a des fleurs jaunes, disposées en épi, et demande la terre de bruy. Ces plantes sont jolies.

BUGRANE alopécuroïde. *Ononis alopecuroïdes*. Fam. des légumineuses. ☉. 1 pied : feuilles ovales, aiguës ; en juillet, fleurs purpurines, d'un joli effet. Terre douce à bonne exposition. Mul. de graines sur couche. — B. *frutiqueuse*. *O. fruticosa*. ♄. 2 pieds : feuilles ternées, étroites et petites ; en été, fleurs roses en grappe. Même cult. Les bugranes sont nombreuses et beaucoup sont jolies.

BUIS toujours vert. *Buxus sempervirens*. Fam. des euphorbiacées. ♄. 12 à 15 pieds, rameux : feuilles petites, coriaces, d'un beau vert et persistantes ; fleurs verdâtres. Tout terrain ; mult. de semences et de greffe pour les variétés. Celles-ci sont nombreuses, mais les plus remarquables sont celles *bordées* ou *maculées* de *jaune* et de *blanc*. Une variété *naine* donne les plus jolies bordures.— Le B. de *Mahon* craint davantage le froid. Il est un peu plus grand que le premier dans toutes ses parties.

BUPHTALME à feuilles en cœur. *Buphtalmum cordifolium*. Fam. des radiées. ♃. De 4 pieds : feuilles radicales fort grandes : fleurs à longs rayons, d'un jaune vif. Tout terrain. D'éclats ou de graines.

BUPLÈVRE, oreille de lièvre. *Buplevrum fruticosum*. ♄. Joli arbrisseau, d'un bel effet par ses feuilles persistantes, tronquées, et ses petites fleurs jaunes en ombelles. Terre franche, humide. De graines et marcottes.

BURCHELLIA du Cap. *Burchellia Capensis*. Fam. des rubiacées. ♄. 2 à 3 pieds ; feuilles coriaces et cordiformes ; fleurs grandes, écarlates. Serre temp. De marc. et de bout. Très-joli arbrisseau.

BUTOME ombellé, jonc fleuri. *Butomus umbellatus*. Fam. des alismacées. ♃. Tiges nues de 2 pieds : feuilles droites, graminées ; pendant l'été, fleurs assez grandes, rougeâtres, en ombelles. Sur le bord des eaux. Mult. par éclats. Plante d'un effet très-agréable.

C.

CACALIE à feuilles de laitron. *Cacalia sonchifolia*. Fam. des flosculeuses. ☉. Inde. 1 pied ; été et automne , fleurs nombreuses, d'un rouge orange. Tout terrain, mieux à exposition chaude : de graine sur couche, repiquer avec la motte. Fort jolie plante. — La C. *à feuilles sagittées* est vivace , de pleine terre , et ses fleurs blanches exhalent une odeur très-suave. Presque toutes les autres sont de serre.

CAFÉIER d'Arabie. *Coffea Arabica*. Fam. des rubiacées. ♄. De 5 à 10 pieds ; feuilles obovales, persistantes et d'un beau vert ; en été fleurs blanches exhalant une bonne odeur ; baies rouges qui mûrissent dans les serres. Terre à oranger, serre chaude ; beaucoup d'eau en été, peu en hiver ; semis aussitôt après la maturité des graines. Fort bel arbrisseau.

CALADION bicolor. *Caladium bicolor*. Fam. des arums. ♃. Feuilles simples, sagittées, d'un beau rouge sur leur surface supérieure et vertes en dessous. Les feuilles rendent cette plante très-belle. Serre chaude ; culture des arums.

CALAMAGROSTIS roseau, roseau panaché. *Calamagrostis lanceolata*. Fam. des graminées. ♃. De 2 pieds ; remarquable par ses feuilles rubanées de vert et de jaune pâle. Propres aux rochers ; mult. de traces ou drageons ; tout terrain.

CALANDRINIE à feuilles de diverses couleurs. *Calendrinia discolor*. Fam. des portulacées. ♃. Du Chili. Tiges courtes ; feuilles presque radicales, spatulées, d'un vert glauque en dessus et teintées de violet pourpre en dessous ; fleurs d'un beau pourpre violet. Serre temp. ; terre substantielle ; de graines sur couche. — On cultive de même la C. *en ombelle*. Fort jolies.

CALANTHE à feuilles de varaire. *Calantha veratrifolia*.

Fam. des orchis. ♃. Inde. Feuilles très-longues et plissées; hampe de 2 à 3 pieds, portant une pyramide de fort belles fleurs blanches. Serre chaude ; mult. de turions.

CALCÉOLAIRE en corymbe. *Calceolaria corymbosa.* Fam. des scrophulaires. ♃. Multitiges de 2 pieds; feuilles plissées ou rugueuses, d'un joli effet; fleurs jaunes en corymbe, charmantes. Serre temp., l'hiver, près du verre; mult. de graines et d'éclats. — Toutes les calcéolaires sont des plantes charmantes, voici l'indication des plus remarquables: C. *à feuilles de sauge,—d'Herbert,—élevée,—rugueuse, — à fleurs crénelées, — à feuilles de plantain, — talisman, — panachée, —à fleurs violettes, — d'Yongius ;* les ligneuses se multiplient très-facilement de boutures étouffées. M. Lemon en a une collection fort remarquable.

CALLA d'Ethiopie, pied de veau. *Calla Ethiopica.* Fam. des arums. ♃. Fort belles feuilles sagittées et portées par un long pétiole; au printemps, hampe de 2 pieds, terminée par une grande fleur blanche en cornet, d'une odeur suave. Terre légère, humide, au midi, et l'hiver orang. : mult. de rejetons.

CALLICARPE d'Amérique. *Callicarpa Americana.* Fam. des légumineuses. ♄. Nouv. Holl.; en été, fleurs jaunes, en épi, marquées de raies rouges sur l'étendard. Terre de bruy., orang.; de graines et de bout. Très-bel arbrisseau.

CALOMÉRIE amaranthoïde. *Calomeria amaranthoïdes.* ♂. Tige droite de 4 à 5 pieds ; feuilles très-longues, cotonneuses à la base, oblongues et crénelées; fleurs nombreuses, petites, brunes, bordées de pourpre, disposées en immense panicule, à rameaux pendants. Terre à orangers; orang.; de graines et de boutures, que l'on se procure en coupant la plante avant qu'elle ait fleuri. Plante fort bizarre et que l'on doit cultiver.

CALYCANTHE de la Caroline, Pompadour. *Calycanthus floridus.* Fam. des rosacées. ♄. De 6 à 7 pieds; feuilles ovales, tomenteuses en dessous; en été, fleurs brunes à divisions recourbées en dedans, exhalant une odeur de pomme de reinette ou de melon. Terre légère et fraîche; mult. de rejetons ou de marcottes qui n'ont de racines qu'au bout de deux ans. — Le calycanthe du *Japon* ou *Mératier odoriférant*, a les fleurs blanches et très-bonne odeur. Même cult. On l'a distrait des calycanthes depuis peu. — On cultive encore le C. *nain* et le *fertile*. Tous ces arbustes sont très-jolis et fort agréables par leur odeur.

CAMELLIA du Japon, rose du Japon. *Camellia Japonica.* Fam. des orangers. ♄. De 3 à 15 pieds; rameux; feuilles ovales, pointues, dentées, d'un vert superbe et persistantes; fleurs d'un rouge vif à nombreuses étamines, terminées par des points d'un jaune doré. Terre franche, légère; vases un peu petits. Le C. ne craint pas le froid dans l'ouest, mais fleurissant avant les dernières gelées, il ne pourrait y développer ses fleurs en plein air; il faut donc l'hiver le mettre dans l'orangerie. On multiplie le C. de graines qu'il donne en petite quantité et de boutures étouffées; on greffe les variétés en approche ou en fente, en employant à cela le jeune bois à l'état herbacé. M. Soulange Bodin se sert de ce procédé avec le plus grand succès, et place sous cloche ses sujets greffés, les vases enterrés dans la terre de bruyère, à l'abri d'une bache froide. Cette culture est entreprise à Fromont, sur une immense échelle; ce qui permet à M. Soulange de livrer ses sujets à fort bon marché; il possède toutes les variétés connues qui s'élèvent maintenant à près de trois cents. —On cultive encore deux espèces de C., le *sassanqua* et le *drupifère :* le premier est charmant ainsi que ses variétés; il se cultive comme le camellia du Japon.

CAMPANULE à grandes fleurs. *Campanula grandifolia.* Fam. des campanulacées. ♃. Sibérie. De 2 pieds; fleurs terminales de 30 lignes et d'un bleu superbe. Terre de bruy. mélangée; mult. de graines aussitôt après la maturité. — On cultive encore les *C. à larges feuilles, — à feuilles en cœur, — à fleurs en bourse, — à fruit velu, — des jardins à fleurs doubles et simples ;* toutes fort belles, vivaces et de pleine terre. — Celle *des Alpes* demande la terre de bruy. humide; les autres sont très-rustiques et réussissent presque partout.—La *pyramidale* est magnifique et ♂. — La *doucette* est annuelle ainsi que celle de *Lore;* elles font de très-jolies bordures.

᱈ CANAVALIE de Buénos-Ayres. *Canavalia Bonariensis.* Fam. des légumineuses. ♄.Sarmenteuses; de 25 à 30 pieds; feuilles alternes, trifoliées, luisantes, d'un beau vert; en été, fleurs nombreuses, géminées, portées par les rameaux axillaires, fort grandes; l'étendard d'un rouge pourpre nuancé de vert à la base, les ailes et la carène d'un rose vif. Terre de bruy. substantielle: a supporté deux degrés de froid en bâche froide et n'en a point souffert; de bout. et de graines. Très-jolie plante. Chez M. Lémon.

᱈ CANNE A SUCRE, canamele. *Saccharum officinarum.* Fam. des graminées. ♃. Tige à nœuds de 8 à 10 pieds; feuilles très-longues; fleurs en panicules. Serre chaude et tannée; de rejetons ou boutures. — Var. : C. *violette,* belle et de plus d'effet que la précédente. — On en cultive encore quelques autres espèces. Cette plante est plutôt intéressante par ses produits que par sa beauté.

᱈ CANTUA piqueté. *Cantua picta, Ipomopsis elegans.* Fam. des polémoines. ♂. Tige de 3 à 4 pieds; feuilles profondément découpées; fleurs en longues grappes d'un rouge très-vif, piquetées de points bruns. Mult. de graines en place, au printemps ou à la fin de l'été, et les plantes fleurissent l'année suivante; couvrir le jeune semis dans le nord. Très-belle plante.

CAPRIER et CAPUCINE. (*Voir* aux arbres fruitiers et aux légumes).

CARMANTINE écarlate. *Justicia coccinea.* Fam. des acanthées. ♄. Cayenne. 5 à 6 pieds; feuilles lancéolées elliptiques; en été fleurs longues en épis terminaux du rouge le plus vif. Serre chaude, terre à oranger; beaucoup d'eau en été; dans de petits vases; mult. de bout. étouffées ou de marc. Arbuste magnifique. — C. *peinte,* C. *picta.* ♄.7 à 8 pieds; feuilles luisantes, ovales et opposées; au printemps, fleurs vermillon très-vif en grappes axillaires ou terminales. Même cult.; serre chaude. Bel arbuste.

C. *pompon. J. cristata.* ♄ . 4 ou 5 pieds; feuilles grandes; fleurs très-longues, tubuleuses, du plus beau rouge cocciné. Serre chaude, même culture. Superbe arbuste. — On cultive encore les carmantines *tubulée,* — *à crochet,* — *quadrifide,* — *carnée,* — *élégante,* — *bicolore,* — *jaune,* — *fourchue,* — *brillante,* — *infundibuliforme;* — *en arbre*; les deux dernières sont d'orangerie, les autres sont de serre chaude; même culture.

CAROLINE du Maroni. *Carolinea insignis.* Fam. des bombacées. ♄ . Amér. Mér. 12 à 15 pieds dans nos serres; feuilles ordinairement à sept folioles oblongues, de 7 à 8 pouces de longueur; bouton de la fleur long de 6 pouces, s'ouvrant en cinq grandes lanières, et laissant échapper un faisceau immense d'étamines blanches, de 10 pouces de diamètre. Serre chaude et tannée; terre à oranger et entretenue fraîche; mult. de bout.

C. *de Cayenne. Carolinea princeps.* ♄ . Moins grand dans toutes ses parties. La fleur est la plus belle que l'on connaisse; le haut des étamines est d'un rouge pourpre très-vif. Serre chaude; même cult. Ces deux plantes sont admirables; mais veulent avoir une certaine force avant de fleurir.

CARTHAME des teinturiers. *Carthamus tinctorius.* Fam. des flosculeuses. ⊙. 2 pieds; en été, fleurs d'un très-beau rouge safrané. Mult. de graines en place ou sur couche. Tout terrain.

CARYOTE brûlant. *Caryota urens.* Fam. des palmiers. ♄ . Inde. Tronc élevé et sans aiguillons; très-grandes feuilles, ailées, à folioles en coins, tronquées obliquement. Terre substantielle; serre chaude; de graines venues de son pays natal.

CASSE du Maryland. *Cassia Marylandica.* Fam. des légumineuses. ♃. Amér. Sept. De 3 ou 4 pieds : feuilles ailées à huit paires de folioles : pendant l'automne, fleurs nombreuses, jaunes, en épis paniculés. Exposition chaude ; beaucoup d'eau : mult. de graines et d'éclats. Belle plante.—On cultive encore, mais en serre ou orang. la C. *en corymbes;* plante charmante ; — *cotonneuse, — à grandes fleurs,—à grandes stipules,—de Buénos-Ayres.* Toutes sont belles.

CÉANOTE azuré. *Ceanothus azureus.* Fam. des rhamnoïdes. ♄ . Mexique. De 2 à 3 pieds : feuilles obovales, très-blanches et tomenteuses en dessous, assez longues : en été, fleurs bleues, en grappes terminales, fort jolies. Terre de bruyère. Serre temp. Mult. de bout. et de greffe. — On a le C. *d'Amérique*, de pleine terre, qui sert à greffer le précédent.

CÈDRE du Liban. *Cedrus, Abies cedrus.* Fam. des conifères. ♄ . De première grandeur, pyramidal, branches horizontales : feuilles persistantes, linéaires, fasciculées : fleurs monoïques : en automne, cônes de couleur grisâtre, droits et longs de 2 à 3 pouces; ils ne sont mûrs qu'au bout de trois ans. Mult. de graines au printemps, aussitôt après qu'elles sont tirées des cônes : on sème dans des terrines ou de petits pots sur couche tiède; on repique au bout d'un an et on couvre de feuilles pendant les trois ou quatre premières années : terre franche légère. Cet arbre est magnifique et réussit dans des terrains où les autres arbres verts ne viennent qu'avec peine. On voit des exemples frappants de ce que nous avançons dans les magnifiques jardins de Fromont. On doit faire un grand usage du cèdre dans les plantations des jardins paysagers : disposé en groupes de trois, de cinq ou de sept, il est d'un effet admirable.

CÉLASTRE grimpant, bourreau des arbres. *Celastrus scandens.* Fam. des rhamnoïdes. ♄ . Canada. Volubile ; monte le long des arbres, qu'il serre et fait périr; ses fruits sont bizarres. Terre fraîche : de graines aussitôt mûres ou de marc. — On cultive aussi quelques C. d'orangerie.

CÉLOSIE crête de coq, amaranthe, passe-velours. *Celosia cristata.* Fam. des amaranthes. ⊙. 1 pied et demi : feuilles obovales : été et automne, fleurs très-nombreuses, fort petites et serrées, en têtes aplaties et ondulées;

elles ont l'aspect de crêtes de velours rouge ou jaune, suivant la variété. Terre légère, au midi ; beaucoup d'eau : de graines en mars sur couche, repiquer sur couche et mettre en place en juillet. Très-belle plante ; beaucoup de variétés.

Celsia à feuilles lancéolées. *Celsia lanceolata.* Fam. des solanées. ♂. Fleurs solitaires, d'un très-beau jaune, maculé de pourpre. Orang. ou couv. l'hiver ; de bout. sur couche ou d'éclats.

Centaurée odorante, barbeau jaune. *Centaurea amberboi.* Fam. des flosculeuses. ☉. De 12 à 15 pouces : feuilles lyrées pinnatifides : été et automne, grandes fleurs d'un très-beau jaune et odorantes. Terre légère : au midi : de graines en place ou sur couche. — On cultive encore la C. *barbeau* ou *bleuet*, et toutes ses variétés de couleurs. ☉. — La C. *de montagne* ou *barbeau vivace.* ♃. — *musquée*, — *du Nil*, — *d'Amérique.* — La dernière est magnifique et annuelle comme les deux qui la précèdent.

Chalef à feuilles étroites, olivier de Bohème. *Elæagnus angustifolia.* Fam. des chalefs. ♄. De 15 à 20 pieds : feuilles lancéolées, cotonneuses et blanchâtres de même que les rameaux : fleurs petites, de couleur jaunâtre, d'une odeur agréable, se répandant fort loin. Terre légère bien exposée : mult. de rejet., de bout. et marc. D'un très-joli effet par son feuillage.

Chamérope nain. *Chamærops humilis.* Fam. des palmiers. ♄. Provence et Barbarie. Tige courte sur le bord de la mer, mais s'élevant dans les serres à 15 ou 18 pieds : feuilles en éventail. Orang. De graines et d'œilletons. Joli arbuste, peu délicat ; il a passé plusieurs hivers en Bourgogne et en plein air, mais bien exposé, avec une simple couverture de feuilles.

Chardon Marie. *Carduus Marianus.* Fam. des flosculeuses. ♂. De 4 à 5 pieds : grandes feuilles sinuées, épineuses, d'un vert brillant, maculées de blanc. Tout terrain. Plante très-pittoresque. De graines.

CHARICIS à feuilles variées. *Charicis heterophylla*. Fam. des radiées. ⊙. De 7 à 8 pouces : fleurs d'un très-beau blanc. Mult. de graines en place ou sur couche; tout terrain. Jolie plante.

CHARME commun, charmille. *Carpinus betula*. Fam. des amentacées. ♄. De 40 à 50 pieds : feuilles ovales, plissées et dentées. Tout terrain; de graines, de rejetons et par la greffe pour les variétés; l'une *à feuilles de chêne* et l'autre *à feuilles panachées*. — On cultive encore les *C. d'Amérique*, — *à fruit de houblon*, — *de Virginie*. Nous ne dirons rien de l'emploi du charme, emploi que tout le monde connaît.

CHATAIGNER. (*Voir* aux arbres fruitiers).

CHÊNE. *Quercus*. Fam. des amentacées. ♄. Nous ne dirons rien de l'emploi et de la culture du chêne, nous énumérerons seulement les diverses espèces, nommant d'abord celles qui demandent un terrain sec ou ordinaire, puis celles qui aiment l'humidité. — C. *commun*, — *chevelu*, — *Tauzin*, — *pyramidal*, — *Velani*, — *aukermès*, — *des teinturiers*, — *yeuse ou vert*, — *liège*, — *blanc d'Amérique*, — *olivæformis*, — *noir*, — *rouge*, — *écarlate* (ces deux-ci font en automne l'ornement des parcs par leur feuillage rouge) — *quercitron*, — *des montagnes*, — *verdoyant*, — *à gros fruits*, — *étoilé*, — *à feuilles en lyre*, — *aquatique*, — *prin*, — *à lattes*, — *saule*, — *des marais*, etc. On trouvera tous les détails nécessaires pour la culture de ces chênes et pour la connaissance de leurs caractères dans le *Livre du Forestier*.

CHÈVREFEUILLE des jardins. *Lonicera caprifolium*. Fam. des chèvrefeuilles. ♄ Tiges sarmenteuses; feuilles supérieures, coadunées, les autres libres, glauques en dessous; au printemps, fleurs en bouquets terminaux, très-odorantes, plus ou moins rouges en dehors. Tout terrain et toute exposition : de rejetons, de marcottes et de boutures. — Variétés *à fleurs blanches*, — *à fleurs rouges inodores* et *à fleurs jaunes*. Tous les chèvrefeuilles font un bel effet. Nous allons donner le nom des espèces les plus remarquables. — *De Fraser*, — *de Virginie*, — *du Ja-*

pon, — *de la Chine*, — *à fleurs jaunes*. Toutes se cultivent de même et sont propres à garnir des tonnelles, des rochers ou des murs. — On cultive aussi les C. *des Pyrénées*, — *xylosteon* — et de *Tartarie* qui ne sont point volubiles, mais très-rameux; ils sont très-bien placés sur le bord des massifs. On a mis ces trois derniers dans une nouvelle division et on leur a donné le nom de *chamécerisiers*. Même culture.

CHIONANTHE de Virginie, arbre de neige. *Chionantus Virginica.* ♄. De 10 à 12 pieds : feuilles assez grandes et d'un vert foncé; fleurs très-blanches, fort nombreuses et disposées en longues grappes; le bord des eaux. De graines en terrines ou de greffe sur le frène. Fort bel arbuste.

CHIRONE à feuilles en croix. *Chironia decussata.* Fam. des gentianes. ♄. En automne, fleurs roses pourprées, assez grandes, les plus jolies du genre. Plante délicate, que l'on doit renouveler tous les ans. Terre de bruyère, substantielle, peu d'eau; serre tempérée, près du verre : de graines, marc. et bout. — On cultive aussi celles à *feuilles de jasmin* fort jolie, — *velue*, — *à feuilles de lin,* — *à trois nervures.* Même culture.

CHORIZÈME d'Henchmann. *Chorizema Henchmanni.* ♄. Nouv. Holl. Feuilles petites et aiguës; fleurs terminales et très-nombreuses, d'un pourpre très-riche, marquées d'une tache jaune au bas de l'étendard. Serre tempérée; de graines et de boutures étouffées. Très-jolie plante. — Même cult. pour le C. *à feuilles cunéiformes.*

CHRYSANTHÈME des jardins. *Chrysanthemum coronarium.* Fam. des radiées. ⊙. 2 pieds : en automne, fleurs doubles ou simples; jaunes ou blanches. Tout terrain; de graines. — Il en est de même du C. *carené, blanc ou jaune,* à feuilles à odeur de géranium. Ces plantes sont jolies et rustiques.

2. *Chrisanthème des Indes.* C. *Indicum.* ♃. Chine. Tiges nombreuses de 2 à 4 pieds; feuilles quintilobées : d'octobre en janvier, fleurs de 15 lignes à 3 pouces de

liamètre. Cette plante magnifique a un nombre considérable de variétés. Nous conseillerons de s'en rapporter pour le choix à un horticulteur de confiance, à moins que l'on ne préfère choisir sur les plantes en fleurs. Les chrysanthèmes sont très-voraces et demandent souvent de la terre neuve, très-substantielle. On les multiplie d'éclats et de bout.; ils ne craignent pas le froid; mais fleurissant l'hiver, on doit les rentrer pour jouir de la fleur. Tous les moyens employés pour hâter la floraison ont échoué: beaucoup d'eau pendant la végétation. La fleur affecte toutes les formes et toutes les couleurs, moins le bleu.

CIERGE du Pérou. *Cereus Peruvianus, Cactus Peruvianus.* Fam. des cierges. ♄. Droit, de 35 à 40 pieds, a 7 ou 8 angles obtus; en été, fleurs nombreuses, blanches, un peu lavées de pourpres, odorantes et larges de 6 pouces. Le *Monstruosus* n'est qu'une variété de celui du Pérou. Sable presque pur mélangé de terre franche, et très-petits pots: point d'arrosements; serre chaude: de bout. et de greffe. Malgré la réussite que nous avons obtenue en cultivant ainsi les cierges et autres plantes grasses, nous croyons devoir décrire les deux procédés suivants: le premier suivi par M. Schultess, de Zurich, et le second indiqué par M. Boussière, amateur distingué. Nous laisserons parler ces Messieurs. « Les plantes grasses, couvertes d'un toit vitré, reçoivent le soleil jusqu'à 3 heures après midi. Chaque pot a sa soucoupe pour de fréquents arrosements pendant les mois de juin, juillet, août, suivant le temps plus ou moins chaud. Pendant ces trois mois une pluie artificielle les rafraîchit de temps en temps; c'est ce qui les nettoie en même temps des insectes et de la poussière; pendant tout l'hiver elles ne reçoivent que deux à trois fois de l'eau dans les soucoupes.—Vous avez remarqué, dit M. Boussière, que M. Schultess laisse les vases de ses plantes sur leurs soucoupes à l'air libre pendant l'été; moi je les plonge dans la terre d'une plate-bande jusqu'au collet: je pense que cela est préférable, leur procurant une humidité plus égale et plus soutenue et leur offrant plus de solidité et de résistance aux vents.

Les soucoupes sont utiles pour arroser en dessous pendant l'hiver, car il est quelquefois mortel de mouiller les tiges ou les feuilles pendant cette saison. »—*C. speciosissimus*, de 6 à 8 pieds : tige rameuse à trois ou quatre angles, très-saillants, couverte d'épines acérées ; fleurs magnifiques, d'une huitaine de pétales passant du ponceau au pourpre. Même culture : serre temp. Superbe plante. M. Henderson emploie, pour cette plante, une terre composée de deux parties de bonne terre franche, trois de fumier décomposé et une de parties égales de terre de bruyère, de sable et de cailloux broyés. La plante est dans un grand pot et palissée sur un treillage dans le fond d'une serre à ananas. Elle occupe au moins 84 pieds carrés et se couvre de plus de 300 fleurs en même temps. On lui donne beaucoup d'eau quand les boutons à fleurs se forment. Pendant l'hiver très-peu d'eau. — *C. grandiflorus*. Rampant ; en été, fleurs de 8 pouces de diamètre et d'une longueur égale, blanches en dedans et jaunes à l'extérieur ; s'ouvrant le soir et se fermant le lendemain : odeur de vanille. Serre temp. Même culture. Plante magnifique. — *C. flagelliformis*. Tiges nombreuses, rondes, couvertes d'épines, cotonneuses à la base ; fleurs d'un très-beau rouge. Jolie plante. Serre temp. ou orang. Même culture. —*C. splendidus*. Magnifique, à la plus grande fleur du genre. Même cult. Serre tempérée ou mieux chaude.

CINÉRAIRE à fleurs bleues, astère d'Afrique. *Cineraria amelloïdes*, du Cap. ♄. 2 pieds : feuilles ovales ; presque toute l'année, fleurs solitaires, à rayons bleus et disques jaunes. Orang., terre franche ; de graines, boutures, rejetons et marcottes. Jolie plante. — On cultive aussi la *C. maritime*, que l'on peut avec quelques précautions risquer en pleine terre ; — la *C. d'Anderson*, charmante, et plusieurs autres d'orangerie. Même culture.

CISTE à feuilles d'halime. *Cistus halimifolius*. Fam. des cistes. ♄. De 3 ou 4 pieds : grandes fleurs jaunes, marquées de pourpre à l'onglet. Orangerie ; terrain sec ; boutures et graines sur couche au printemps. Bel arbuste. Les suivants sont aussi très-beaux :—*C. pourpre*, — *ladanifère*, —*à feuilles de laurier*, — *des Algarves*. Tous très-rustiques, sont d'orangerie dans le nord et peuvent dans le centre et l'ouest passer l'hiver en pleine terre avec couverture. Même culture.

CLARKIA à pétales découpés. *Clarkia pulchella*. Fam. des onagres. ☉. 1 à 2 pieds, rameuse ; feuilles lancéolées linéaires ; fleurs lilas pourpre, nombreuses et se succédant tout l'été. Tout terrain ; de graines en place à l'automne ou au printemps. Plante charmante. — Var. : *à fleurs blanches.* — La clarkie *à fleurs entières* est nouvelle et a trois jolies variétés. Même culture.

CLAVALIER à feuilles de frêne, frêne épineux. *Zanthozylum fraxinifolium*. Fam. des rues. ♄. 12 à 15 pieds : présente de l'intérêt par sa gousse qui est rouge, sa graine noire et le contraste qu'elles offrent toutes deux lorsque la première s'entrouve. Très-rustique. Cult. du frêne.

CLÉMATITE à grandes fleurs. *Clematis florida, atragène indica.* Fam. des renonculacées. ♄. Tige volubile, de 5 à 6 pieds ; feuilles à longs pétioles s'entortillant autour des corps qu'ils rencontrent ; pendant la plus grande partie de l'année, grandes fleurs très-doubles, à pétales nombreux, d'abord verdâtres, puis blancs. Orang. Terre de bruyère substantielle ; peut se mettre en pleine terre en coupant les tiges tous les ans et plaçant une couverture sur les racines. Très-jolie plante. De marcottes ou de greffe sur la clématite commune. — Les clématites suivantes sont de pleine terre et propres à garnir les tonnelles, rochers et murailles, où elles font très-bien : C. *à fleurs bleues,* — *de Virginie,* — *odorante,* — *à feuilles simples,*—*à fleurs jaunes,*—*cylindrique,* terre de bruyère, — *toujours verte.* — Celles *à feuilles crépues* et *à grand calice* demandent l'orangerie, et celles *à bractées* et *aristée* la serre tempérée au moins. — La C. *droite* n'est point sarmenteuse et fait un joli effet sur le bord des massifs.

CLÉTHRA de Madère. *Clethra arborea.* Fam. des bruyères. ♂. De 5 à 6 pieds, en pots ; feuilles persistantes, d'un beau vert : à l'automne, fleurs roses, en épis, à odeur agréable. Terre à oranger. Orang.; de graines sur couche et de marcottes. — Il existe une variété *à feuilles pana-chées* du plus grand effet, la panachure étant de trois couleurs, verte, rouge et jaune prononcé. Même culture, greffé sur le précédent. — On cultive en pleine terre de bruyère cinq à six autres cléthras.

CLIANTHE à fleurs pourpres. *Clianthus puniceus.* Fam. des légumineuses. ♄. De 3 à 4 pieds. Nouv.-Hollande. Feuilles alternes, ailées, étalées ; fleurs longues de 3 pouces, de l'écarlate le plus vif, en longues grappes axillaires et pendantes : elles durent longtemps et sont magnifiques. Terre de bruyère. Serre tempérée : de couchage, chez M. O. Durand. Plante magnifique.

CLITORIE de Ternate. *Clitoria Ternatea.* Fam. des légumineuses. ♃. Tiges volubiles et longues ; feuilles pinnées ; été et automne, grandes fleurs, d'un bleu superbe, marquées d'une tache blanche. Serre chaude : bonne terre légère ; de graines sur couche au printemps ou de marcottes. Très-belle plante ainsi que celle *à feuilles variées,* à tache jaune. Même culture.

COBÉE grimpante. *Cobœa scandens.* Fam. des polémoines. ♃. Mexique. Plusieurs tiges grêles et volubiles, s'allongeant à 25 ou 30 pieds : feuilles accompagnées de vrilles ; tout l'été et l'automne, fleurs grandes et violettes. Tout terrain, au midi, arrosements fréquents : annuel en pleine terre et vivace en serre : de graines sur couche au printemps, de marcottes et de boutures. Plante charmante et couvrant une grande surface dans une seule année.

COIGNASSIER (*voir* aux arbres fruitiers).

COLLINSIE à grandes fleurs. *Collinsia grandiflora.* Fam. des scrophulairès. ☉. De 4 à 5 pouces. Très-touffue : nombreuses fleurs terminales, d'un beau bleu vif foncé. De graines en place, en rayons ou en massif. Tout terrain. — Même culture pour la Collinsie *bicolore,* plus grande dans toutes ses parties.

COMMELINE tubéreuse. *Commelina tuberosa.* Fam. des commelines. ☉. Mex. 18 pouces à 2 pieds ; tout l'été fleurs à trois pétales arrondis, d'un bleu clair admirable. Terre légère un peu fraîche ; en orangerie ou annuelle en pleine terre. Mult. par ses racines fusiformes ou mieux de semences sur couche. Plante charmante.

CONSOUDE à feuilles rudes. *Symphitum asperrimum.* Fam. des borraginées. ♃. Caucase. 3 pieds. Feuilles rudes et ovales ; au printemps, nombreuses fleurs azurées. Mult. de graines et d'éclats. Belle plante de beaucoup d'effet.

CONYSE glutineuse. *Conysa glutinosa.* Fam. des flosculeuses. ♄. Ile-de-France. Feuilles visqueuses ; fleurs petites, en corymbe, de couleur jaune. Terre franche : serre chaude ; de graines, de marcottes et de boutures sur couche. Jolie plante. — On cultive aussi quelques-unes de ses congénères tant en pleine terre que dans l'orang.

COQUELOURDE des jardins, œillet de Dieu. *Agrostemma coronaria.* Fam. des caryophyllées. ♂. Jolie plante, remarquable par ses nombreuses fleurs, blanches ou rouges, de toutes nuances, simples ou doubles. Mult. de graines sur couche pour les simples et d'éclats pour les doubles. — La C. *rose du ciel* est une espèce ⊙ charmante.

CORIOPE des teinturiers. *Coreopsis tinctoria.* Fam. des radiées. ⊙. 2 pieds : feuilles composées, linéaires ; fleurs d'un jaune très-vif ; le disque et l'onglet des rayons sont d'un rouge brun velouté. De graines sur couche au printemps ; tout terrain. Fort jolie plante. Plusieurs variétés agréables, surtout celle *à fleurs blanches.*

CORNOUILLER. *Cornus.* Fam. des chèvrefeuilles. ♄. Toutes les espèces de ce genre font bien dans les massifs et méritent d'être cultivées. Voici les plus remarquables : — *sanguin,* — *blanc,* — *à feuilles alternes,* — *de Sibérie,* — *à fruit bleu,* — *à feuilles rondes,* — *paniculé,* — *de Suède,* — *à grandes fleurs,* — *du Canada.* Les deux derniers demandent la terre de bruyère ; les autres réussissent partout ; ils se multiplient de graines, de rejetons, de marcottes ou de greffes.

CORONILLE des jardins. *Coronilla emerus.* Fam. des légumineuses. ♄. 4 pieds : feuilles ailées, à folioles presque cordiformes et glabres : au printemps, fleurs d'un joli jaune, marquées de rouge sur l'étendard. Terre franche, légère, bien exposée ; de graines, rejetons boutures et marcottes. Joli arbuste.—Ce genre fournit encore quelques jolies plantes ; entre autres la C. *glauque* à jolies fleurs odorantes et jaunes, qui paraissent à la fin de l'hiver. Orang. Même cult.

CORRÉE élégante. *Correa speciosa*. Fam. des rues. ♄ . 2 à 3 pieds ; jolies fleurs d'un rouge très-vif, à tube long. Terre de bruyère. Orang. De graines, boutures, marcottes et de greffes. — Trois autres espèces moins jolies.

CORYDALE à belles fleurs. *Corydalis formosa*. Fam. des papavéracées. ♃. 8 à 10 pouces ; feuilles tripinnées : en été, fleurs en grappes pendantes, d'un beau rose. Terre de bruyère; craint l'eau : se mult. d'éclats. Fort jolie plante.

COSMOS bipinné. *Cosmos bipinnatus*. Fam. des radiées. ⊙. 4 à 5 pieds : feuilles bipinnées , grandes, à folioles linéaires : en automne, grandes fleurs à rayons pourpres et disque jaune. De graines sur couche au printemps, repiquer en pots et mettre ensuite en pleine terre à bonne exposition : rentrer quelques pieds pour obtenir des graines mûres. Belle plante.

COTONNIER herbacé. *Gossipium herbaceum*. Fam. des mauves. ⊙. Feuilles lobées et fleurs jaunes; fleurit et mûrit quelques graines en serre. Terre franche légère ; de graines. Serre chaude.

COUTARÉE de la Guyane. *Coutarea speciosa*. Fam. des rubiacées. ♄, 4 à 5 pieds; deux fois par an, fleurs d'un rouge superbe et en bouquets. Pleine terre de bruyère en serre chaude ; de boutures étouffées. Arbuste magnifique, dû à M. Poiteau qui l'a introduit en France.

CRASSULE écarlate. *Crassula coccinea*. Fam. des joubarbes. ♄ . 2 à 3 pieds ; feuilles épaisses, ovales, quaternées : en été, fleurs assez grandes, d'un rouge cocciné très-vif, disposées en ombelles. Culture des cierges ; serre

tempérée. — On cultive encore les C. *blanche,* — *hybride,* — *portulacée,* — *perfoliée,* — *arborescente,* —
très-odorante, — *de deux couleurs.* Même culture pour
toutes les espèces.

CRINOLE aimable. *Crinum amabile.* Fam. des narcisses.
♀ ♃. Feuilles en touffes, fort longues, épaisses, d'un beau
vert; hampe terminée par sept ou huit grandes fleurs rouges, de l'odeur la plus suave : elles paraissent d'avril à la
fin de juillet. Terre franche substantielle; serre chaude :
mult. par la séparation des caïeux, tous les deux ou trois
ans, et qui fleurissent au bout de trois ou quatre ans.
Cette plante est une des plus belles connues. Les crinoles
suivants sont aussi très-remarquables; — *d'Asie,* — *d'A-
mérique,* — *à bractées,* — *à fleurs nombreuses,* — *à bords
rouges,* — *de Ceylan,* — *à larges feuilles,* — *de Carey.*
Tous se cultivent de même, ainsi que les amaryllis de
serre chaude.

CROTALAIRE arborescente. *Crotalaria arborescens.* Fam.
des légumineuses. ♄. 5 à 6 pieds : feuilles obovales, ternées : en été et en automne, grandes fleurs jaunes en
grappes terminales. De graines au printemps, de boutures et de rejetons; beaucoup d'eau : serre temp. On a
encore les C. *élégante,* fort joli arbuste, — *toujours fleurie,* — *pourpre;* et une ou deux espèces annuelles. Même
culture.

CROWEA à feuilles de saule. *Crowea saligna.* Fam. des
rues. ♄. Nouv. Holl. De 2 à 3 pieds, presque herbacées;
feuilles linéaires : en automne, assez grandes fleurs axillaires d'un rose vif. Serre temp. Terre de bruyère; de
boutures étouffées. Jolie plante.

CUNONIA du Cap. *Cunonia Capensis.* Fam. des bruyères.
♄. 4 à 5 pieds. Feuilles ailées, lancéolées, brillantes :
spathe en deux parties aplaties et persistantes : en
automne, nombreuses fleurs blanches, en grappe allongée. Terre légère, serre temp.; de marcottes. Arbuste
très-pittoresque.

CUPIDONE bleue. *Catananche cœrulea.* Fam. des semi-flosculeuses. ♃. Tiges nombreuses : en été et automne, grandes fleurs d'un beau bleu de ciel. Terre légère bien exposée , peu d'eau ; de graines sur couche ou d'éclats. Couvert. l'hiver et quelques pieds dans l'orang. Fort jolie plante.

CURTISIE à feuilles de hêtre. *Curtisia fagifolia.* Fam. des rhamnoïdes. ♄. Cap. Remarquable par ses feuilles imitant celles du hêtre, persistantes et cotonneuses en dessous, ainsi que les rameaux : fleurs en panicule. Orang. ; terre franche : de marcottes.

CUSSONIE en thyrse. *Cussonia thyrsoides.* Fam. des aralies. ♄. Cap. Tout le mérite de cet arbre réside dans ses grandes feuilles digitées d'un bel effet. Serre temp. ; bonne terre franche ; de marcottes et de boutures étouffées.

CYCAS en éventail. *Cycas circinalis.* Fam. des cycadées. ♄. Inde. Feuilles pinnées, de 4 à 5 pieds de longueur, à folioles lancéolées linéaires, aiguës, d'abord roulées en dedans, puis courbées en dehors. Serre chaude toute l'année ; terre à oranger ; beaucoup d'eau en été, très-peu en hiver : mult. de caïeux, et par les écailles qui recouvrent le tronc et qui prennent facilement racine. — Les Cycas *du Japon* et *de Riedley* se cultivent de même. Tous produisent, par leurs feuillages, beaucoup d'effet dans les serres.

CYCLAME d'Europe, pain de pourceau. *Cyclamen Europeum.* Fam. des lysimachies. ♃. Racine tubéreuse. Feuilles réniformes, maculées de blanc en dessus et rougeâtres en dessous : au printemps, et quelquefois en automne , nombreuses fleurs, rouges ou blanches et renversées. Terre légère ombragée ; couverture l'hiver ou orang. ; de graines sur couche ou par l'éclat des tubercules, en conservant un œil à chaque portion. — Les Cyclames *de Cos,* — *de Perse,* — *à feuilles de lierre,* — se cultivent de même, mais demandent impérieusement l'orang.

CYMBIDIER pourpre. *Cymbidium purpureum.* Fam. des

« orchidées. ♃. Feuilles longues, gladiées et plissées: grandes
fleurs en grappes assez longues, d'un pourpre vif, marqué sur la labelle de cinq raies jaunes. Serre chaude;
terre douce : de caïeux. Culture des orchidées ainsi que
les suivantes;—C. *à feuilles d'aloès*,—*à fleurs pendantes*.
Fort belles plantes.

CYNOGLOSSE printannière, petite consoude. *Cynoglos-
sum omphaloïdes*. Fam. des borraginées. ♃. 6 pouces :
feuilles en cœur, allongées, persistantes : au printemps,
petites fleurs en grappes, du plus joli bleu. Terre légère,
un peu ombragée: mult. de ses traces. Plante charmante.
—On cultive encore. quoique moins belles que la précédente, les C. *à feuilles de lin* et *argentée*. Mult. de graines
en place à l'automne; exposition au midi.

CYPRÈS commun, pyramidal. *Cupressus sempervirens*.
Fam. des conifères. ♄. 30 à 40 pieds. Rameaux fastigiés;
feuilles imbriquées, sur quatre rangs, appliquées, d'un
vert noir; cônes mûrissant l'hiver. Au midi, terre légère;
de graines en terrines sur couche tiède : rentrer pendant
les premières années. Convient aux parties sombres et
tristes du jardin paysager; se place près des tombeaux.—
Var. *à rameaux horizontaux;* pleine terre. — Quelques
autres d'orang.

CYPRIPÈDE sabot de Vénus. *Cypripedium calceolus*.
Fam. des orchis. ♃. Feuilles lancéolées, engaînantes :
en juin, fleurs odorantes d'un brun pourpre, à divisions
calicinales très-longues, labelle plus courte que les pétales, comprimée, enflée, ouverte par en haut, imitant un
sabot, d'un beau jaune. Plante fort curieuse. Terre de
bruyère, ombragée : mult. par ses racines tubéreuses.—
Les suivants sont fort beaux. C. *pubescent*, orang.,—
gracieux, serre chaude, — *admirable*, serre chaude. Les
cypripèdes sont difficiles à cultiver, comme toutes les
plantes de la famille. (Voir à l'art. *Ophrys*.)

CYRTANTHE à feuilles obliques. *Cyrtanthus obliquus*.
Fam. des narcisses. ♃. Du Cap. Feuilles longues, obliques et coriaces : en été, hampe de 15 pouces, terminée
par une douzaine de belles fleurs pendantes, disposées en

ombelle et d'un rouge éclatant. Fort belle plante, ainsi que les C. *à feuilles étroites et rayées*. Mult. de caïeux : terre légère substantielle; serre chaude.

CYTISE des Alpes, faux ébénier. *Cytisus laburnum*. Fam. des légumineuses. ♄. De 15 à 20 pieds. Feuilles à trois folioles obovales : au printemps, fleurs en grappes, d'un beau jaune; tout terrain, où il croît très-vite : muit. de graines; convient très-bien pour faire le fond des massifs. — Var. *à feuilles de chêne, à fleurs odorantes, d'A-dam, à feuilles crispées*. — Les C. *à épis*, — *à feuilles sessiles*, — *divariqué*, — *du Volga*, — *velu*, — *en tête*, — *à fleurs blanches*, — *pourpre*, — *couché*, — *biflore* et *triflore* sont d'un effet charmant, surtout quand ils sont greffés sur le cytise des Alpes, à 3, 4 ou 5 pieds de hauteur. La culture de ces arbustes est très-facile et en tout semblable à celle du premier. Les variétés seulement ne peuvent être conservées que par la greffe. — Le cytise *feuillu* et *le tomenteux* demandent l'orangerie ou la serre, ainsi que quelques autres.

D.

DAHLIA. *Dahlia*. Fam. des radiées. ♃. Mexique. Racine tuberculeuse, fusiforme : tige de 18 pouces à 7 pieds : feuilles composées, d'un beau vert : fleurs variées, de toute couleur excepté la bleue, simples, demi-doubles ou doubles. Bonne terre franche: mult. de graines, d'éclats, de racines et de boutures. Le dahlia est trop connu pour qu'il soit nécessaire d'en faire l'éloge. Le nombre de ses variétés est très-grand et s'augmente tous les jours : il y a non-seulement variété dans les couleurs, mais encore dans la taille, et depuis le dahlia nain anglais de 18 pouces jusqu'à celui de 8 pieds de hauteur, on en trouve de toutes les grandeurs : ces diverses tailles sont constantes dans des terrains semblables, ce qui permet de les établir de manière à obtenir un gradin de fleurs. La séparation des tubercules est le mode le plus généralement employé pour la multiplication, et l'on doit avoir osoin que chacun de ceux que l'on plante soit muni d'une portion du collet. On arrache les tubercules aussitôt que la plante a reçu de la gelée une rude atteinte, et on les met au milieu du sable dans un endroit sec. à l'abri des variations de la température. On cite un moyen qui présente de nombreux avantages : il consiste à laisser les tubercules en place et à les couvrir d'une couche épaisse de feuilles et de litière, couche qui les met pour tout l'hiver à l'abri du froid et de l'humidité : on conçoit que les dahlias, n'étant point dérangés, pousseront avec plus de vigueur au printemps (1). Quand les tubercules ont été rentrés, on les ôte du sable vers le 15 mai et on les place soit dans une serre, soit sous un châssis ; ils y commencent à végéter et on les met en terre au 1er juin. Lorsque la variété de dahlia est rare on doit la bouturer, ce qui se fait sous cloches. Il ne faut ensuite lever celles-ci que peu-à-peu et faire passer les boutures reprises sous une température de plus en plus basse, jusqu'à ce que l'on atteigne celle de l'atmosphère, et leur faire supporter une dose croissante de lumière et d'air : les boutures doivent être faites dans le mois de mai. On greffe aussi quelquefois le dahlia soit sur un tubercule, soit sur quelques autres parties de la plante : on se sert pour cela de la greffe en fente ou de celle en écusson. Dans ces divers cas, un seul tubercule de dahlia peut donner, en boutures ou greffes, un grand nombre d'individus. Le semis est le seul moyen d'obtenir des variétés : nous le conseillerons à toutes les personnes qui possèdent un vaste espace qu'elles doivent garnir de fleurs. Les meilleures graines se récoltent sur les semi-doubles et même sur les doubles ; mais il faut les y chercher avec soin, car elles sont rares. Nous indiquerons aux personnes qui n'auront pas une quantité suffisante de dahlias, pour se procurer de bonnes graines, la

---

(1) Nous conseillerons cependant, si les tubercules ont passé l'hiver en pleine terre, de retrancher quelques unes des nombreuses racines que la bulbe mère aura produites : ce retranchement peut se faire sans nuire aux portions de racines laissées en place. Il faut seulement agir avec soin et sans secousse.

maison Vilmorin-Andrieux, qui leur fournira d'excellentes semences. On sème les dahlias sur couche tiède à la
fin d'avril, et on les repique dans les premiers jours de
juin : dès le mois de septembre ils se couvriront de fleurs.
On les disposera à 2 pieds les uns des autres et, simples
ou doubles, feront un bel effet. On marquera pendant la
floraison ceux que l'on voudra garder, en indiquant la
taille de la plante, la couleur et la forme de la fleur, et on
rentrera comme nous l'avons dit plus haut. Les dahlias
demandent de fréquents arrosements ; on doit leur donner des tuteurs ou les palisser. On peut planter le dahlia en pots, le rentrer et jouir de sa fleur pendant presque tout l'hiver. Il lui faut un grand pot. Les plus
belles collections se trouvent à Fromont, chez MM. Élie
Sisley, Jacquin, Soutif, Lémon, etc.

DALEA à fleurs pourpres. *Dalea purpurea*. Fam. des
légumineuses. ♃. 18 pouces ; feuilles ailées ; en été, fleurs
en épi de couleur violette, se succédant pendant longtemps : Terre légère ; de graines ou d'éclats.

DAPHNÉ bois gentil. *Daphne mezereum*. Fam. des
thymélées. ♄. Se couvre à la fin de l'hiver de jolies fleurs
roses de l'odeur la plus suave. On doit en avoir quelques
pieds sous les grands arbres des massifs; de graine. —
On cultive encore en pleine terre, le D. *lauréole*, qui sert
de sujet pour recevoir les greffes des autres espèces : —
pubescent, — *blanc*, — *des Alpes*, — *paniculé*, — et le
cnéorum ou *thymelée des Alpes*, arbuste charmant qui
demande la terre de bruy. et le nord. — Var. *à feuilles
panachées*. Tous ces daphnés aiment l'ombrage et une terre
légère un peu fraîche ; multiplic. de graines aussitôt
mûres, de marcottes ou de greffes à l'anglaise ou à la
pontoise sur le *lauréole*. Presque tous sont très-jolis.
— D. *de l'Inde*. D. *Indica*. ♄. De 3 ou 4 pieds; feuilles
obovales et glabres; à la fin de l'hiver, fleurs roses ou
blanches, suivant la variété, en tête terminale, quelquefois
aplatie, exhalant une odeur très-suave. Orang. et même
cult. — Var. à *feuilles bordées de blanc* et à *fleurs sessiles*.
— On cultive aussi en orangerie le D. *des collines* et le

(D. *dauphin*, ce dernier est un superbe hybride des deux précédents.— Nous devons aussi recommander le D. de *La Haye*. Ces quatre arbrisseaux sont charmants.

DATTIER du Levant. *Phœnix dactylifera*. Fam. des palmiers. ♄. Feuilles pinnées, à folioles linéaires ; tronc élevé. Serre chaude et tannée ; de rejetons qui poussent au pied, et de dattes venues du pays natal.

DAUPHINELLE des jardins, pied d'alouette. *Delphinium Ajacii*. Fam. des renonculacées. ☉. Suisse. D'un à 3 pieds ; feuilles composées, finement découpées ; en été, fleurs en longs épis, nombreuses, simples ou doubles, bleues, blanches, violettes, roses ou rouges, suivant les variétés. Terre légère un peu substantielle ; de graines semées en place, au printemps ou à l'automne ; var. *naine*, charmante en bordures, — *naine bicolore*, avec des fleurs blanches et roses sur la même tige. Toutes ces fleurs sont très-belles. — D. *azurée*. D. *azureum*. ♃. Feuilles linéaires ; en été, fleurs du plus bel azur disposées en épis, — D. à *grandes fleurs*. ♃. Est magnifique, surtout sa variété *double ;* — il en est de même de la D. *élevée*. ♃. — De l'*intermédiaire*. ♃. — De celle d'*Amérique*. ♃. Toutes ces plantes méritent une place distinguée dans le parterre ; de graines ou d'éclats. Même culture.

DAVIÉSIE à longues feuilles. *Daviesa longifolia*. Fam. des légumineuses. ♄. De 3 à 6 pieds ; feuilles opposées, coriaces, étroites, longues de 3 à 4 pouces ; au printemps, grappes droites, axillaires, de fleurs d'abord d'un jaune doré, puis pâles, maculées de rouge. Terre de bruyère ; serre tempérée ; de bout., de marc. et de graines. Chez M. Jacquin.

DÉCUMAIRE sarmenteux. *Decumaria barbara*. Fam. des myrtoïdes. ♄. Sarmenteuses ; feuilles ovales, persistantes et luisantes ; en automne, fleurs odorantes paniculées. Terre fraîche et ombragée ; prend racine aussitôt que ses articulations touchent le sol. Fait très-bien mélangé avec les pervenches et dans les mêmes conditions.

DENTELAIRE rose. *Plumbago rosea*. Fam. des plombaginées. ♄. De l'Inde. De 4 à 5 pieds, nombreuses; feuilles ovales;¡fleurs roses, en épi fort long. Serre chaude; mult. de graines. — Les D. *auriculée* à fleurs d'un beau bleu, — de *Ceylan*, — *grimpante*, se cultivent de même.

DIANELLE à fleurs bleues. *Dianella cœrulea*. ♃. Nouv. Holl. Tige grêle et tortueuse; fleurs d'un joli bleu. Serre chaude ou temp.; de bout. ou d'éclats; terre à orangers, — D. *jaune;* même cult. moins jolie que la première.

DICHORISANDRE à fleurs en thyrse. *Dichorysandra thyrsiflora*. Fam. des commelines. ♄. Feuilles longues, engaînantes; en été, superbes fleurs bleues disposées en thyrse. Terre légère; serre chaude; de bout. et d'éclats. Plante magnifique.

DIDISQUE bleu. *Didiscus cœruleus*. Fam. des ombellifères. ⊙. Nouv. Holl. Feuilles lobées; fleurs bleu clair, disposées en ombelle simple. De graines sur couche, et repiquer avec la motte.

DIDYMOCARPE à fleurs bleues. *Didymocarpus rexii, streptocarpus*. Fam. des bignones. ♃. Sans tige; feuilles en rosette recouvrant la terre; toute l'année, hampe simple, terminée par une fleur bleue, fort grande, remplacée par un fruit en alène. Terre légère; serre chaude; de graines et d'éclats.

DIERVILLE jaune. *Diervilla lutea*. Fam. des chèvrefeuilles. ♄. Canada. Bas : feuilles lancéolées, luisantes; pendant presque toute la belle saison, petites fleurs jaunes odorantes. Terre fraîche, ombragée; de graines, de bout., de rejetons et de marcottes.

DIGITALE pourpre, gant de Notre-Dame. *Digitalis purpurea*. ♂. Fam. des scrophulaires. 3 à 4 pieds; grandes feuilles cotonneuses; fleurs en long épi unilatéral, purpurines, ponctuées de brun. Terre sèche et graveleuse, bien exposée; de graines aussitôt mûres. — On cultive encore en pleine terre la D. *à grandes fleurs*. — D. *des Canaries*. D. *Canariensis*. ♄. De 2 à 3 pieds; feuilles persistantes, lancéolées; en été, grandes fleurs d'un rouge safrané, en épi terminal. Orangerie; arrose-

..ments modérés l'hiver; terre de bruy. : même culture.
— Il en est de même de la D. de *Madère*. ♄. Plante fort
belle ainsi que la précédente.—On cultive encore quelques
digitales d'orangerie, mais en général peu remarquables.

DIOCLÉE glycinoïde. *Dioclea glycinoïdes*. Fam. des légumineuses. ♃. Volubile de 3 ou 4 pieds; feuilles oblongues; en septembre, long épi de fleurs d'un beau rouge.
Terre franche au midi, ou couvert. l'hiver.

DIOSMA uniflore. *Diosma uniflora*. Fam. des rues. ♄.
Feuilles oblongues, ponctuées en dessous : au printemps,
fleurs en étoile, blanches en-dessus, rosées en-dessous,
rayées de pourpre. Terre de bruyère; orangerie éclairée;
de graines aussitôt mûres, semées en terrines . de marc.
et de bout. étouffées. Charmant arbuste. Les espèces suivantes sont fort belles, surtout la première : —D. *à feuilles dentées*,—*à larges feuilles*, — *imbriqué*, — *à feuilles
de bruyère*, —*à odeur de cerfeuil*, — *ombellé*, — *précoce*,
— *à feuilles opposées*, — *hérissé*, — *à fleurs en tête*, —
ovale. Tous demandent la même culture.

DIRCA des marais. *Dirca palustris*. Fam. des thymélées.
♄. Du Canada. De 5 à 6 pieds; fleurs blanches en cornet
précédant les feuilles. Terre tourbeuse et continuellement humide. De graines.

DOMBEY d'Amélie. *Dombeya Ameliæ*. Fam. des dombeyées. ♄. 20 à 25 pieds; feuilles alternes, grandes, arrondies; fleurs axillaires, s'ouvrant en ombelle sphérique
de 8 pouces de diamètre, d'un blanc rosé, marqué à l'onglet d'une tache de pourpre vif, portées sur un pédicule
velu. Serre tempérée ou chaude; terre légère substantielle : rempoter fréquemment; de marc. et de boutures
étouffées.

DRAVE des Pyrénées. *Draba Pyrenaica*. Fam. des crucifères. ♃. Feuilles en rosette à 4 ou 5 lobes; au mois de
mai, fleurs blanches, lavées de pourpre. D'éclats et de
graines; convient aux rocailles humides. Jolie plante.

DRACOCÉPHALE d'Autriche. *Dracocephalum Austriacum*.
Fam. des labiées. ♃. En été, fleurs assez grandes d'un

bleu violacé. Terre légère au midi; de graines sur couche ou de rejetons. — Les D. *à grandes fleurs*, — de *Virginie*, se cultivent de même; — *remarquable*, terre de bruyère ombragée; tous les quatre sont fort jolis; — le D. de *Moldavie* est annuel; de graines au printemps.

DRAGONIER à feuilles pourpres. *Dracæna terminalis.* Famille des asperges. ♃. Chine. 3 ou 4 pieds; feuilles entièrement rouge brun ou panachées de vert et de rouge, distiques et lancéolées; au printemps, fleurs en panicule de couleur pourpre. Serre temp. ou orang.; de bout. — les autres D. demandent la serre chaude.

DURANTE de Plumier. *Duranta Plumerii.* Fam. des gattiliers. ♄. De la Guadeloupe. 3 à 4 pieds; pendant tout l'été, fleurs en grappes d'un joli bleu très-clair. Serre chaude; dehors l'été; de marc. et de bout. étouffées; terre de bruy. mélangée.

E.

ECCRÉMOCARPE rude. *Eccremocarpus scaber.* Fam. des bignones. ♄. Chili. Volubiles de 10 à 12 pieds : feuilles ailées; en été, fleurs écarlates, en grappes. Terre légère, bien exposée et couvert. l'hiver sur les racines; propres à couvrir les berceaux et tonnelles.

ÉCHINOCACTE d'Eyriès. *Echinocactus Eyriesii.* Fam. des cierges. ♄. En forme de globe de 8 ou 9 pouces de diamètre, à douze ou quinze angles; sur leurs arêtes se trouvent des touffes de longues soies blanches entremêlées d'aiguillons; les fleurs de 6 ou 8 pouces de longueur sur 2 à 3 pouces d'ouverture sortent de ces touffes; elle sont blanches; la plante fleurit lorsqu'elle a 3 pouces de diamètre. — L'éch. *oxigone* ressemble beaucoup au précédent; la couleur de ses fleurs est rose.

ÉCHINOPE à boulette. *Echinops retro.* Fam. des flosculeuses. ♃. De 2 pieds; grandes feuilles, découpées, blanches en dessous et épineuses; en été, fleurs en boule, d'un bleu azuré. Tout terrain; de graines. — L'E. *paniculé* se rcultive de même ; ressemble beaucoup au précédent ; il est seulement plus grand dans toutes ses parties. Plantes fort pittoresques.

EDWARSIER à grandes fleurs. *Edwarsia grandiflora.* Fam. des légumineuses. ♄. Nouv. Zélande. Feuilles ailées à folioles nombreuses ; au printemps, grandes fleurs jaunes, à grappes longues et pendantes. De graines sur couche tiède ou de marc. difficiles à faire reprendre ; pleine terre légère ; au midi, quand il est fort ; avec couverture l'hiver ; jusque-là l'orang.—L'E. *à petites feuilles* est fort délicat.

ÉLICHRYSE éclatante. *Elichrysum fulgidum.* Fam. des flosculeuses. ♄. Du Cap. De 2 pieds ; en été, fleurs d'un jaune très-brillant. Peu d'arrosements ; terre légère ; orangerie aérée ; mult. de bout. et de graines aussitôt mûres. On cultive de même l'E. *à grandes fleurs,* — celui *à bractées* est ♂. Se sème aussitôt que les graines sont mûres ; se rentre ensuite pendant l'hiver ; on le met en place au printemps avec la motte ; ses fleurs sont jaunes et d'un fort bel effet.

EMBOTHRION magnifique. *Embothrium speciosissimum.* Fam. des protées. ♄. De 7 à 8 pieds ; grandes feuilles spatulées ; en juin et juillet, fleurs du plus bel écarlate, en corymbe globuleux de plus de 3 pouces de diamètre, entourées à la base d'une collerette de la même couleur. Serre temp. ; terre de bruy. ; de graines ou de bout. étouffées. Très-bel arbrisseau. — On cultive encore plusieurs autres embothrions, mais aucun d'eux n'est aussi beau que celui décrit.

ÉNOTHÈRE à grandes fleurs, onagre. *Œnothera grandiflora.* Fam. des onagres. ♂. De 3 pieds ; feuilles lancéolées ; été et automne, grandes fleurs jaunes, fort odorantes. Terre légère un peu fraîche, bien exposée ; mult. de graines en place et sur couche. — Les suivantes se cultivent de même et sont toutes fort belles. — E. de *fraser.* ♃, — *glauque.* ♃, — *tardif.* ♃, — *à quatre ailes.* ♃, — *à gros fruit.* ♃. Plante magnifique. — L'E. *rose* et le *pompeux* demandent l'orangerie. On peut mettre le dernier en pleine terre jusqu'aux gelées. — L'E. *pourpre* et l'*agréable* sont ⊙ et très-jolis; de graine sur couche.

ÉPACRIDE élégante. *Epacris pulchella.* Fam. des épacridées. ♄. Nouv. Holl. De 3 pieds; petites feuilles cordiformes, imbriquées et recourbées; nombreuses fleurs blanches, disposées en guirlande. Terre de bruy.; serre temp. ; de graines, de bout. étouffées et de marc. — L'E. *à longues fleurs* est au moins aussi belle que la précédente; ses fleurs sont rouges. — On cultive encore l'E. *piquant, — variable, — comprimée;* même culture.

ÉPERVIÈRE orangée. *Hieracium aurantiacum.* Fam. des semi-flosculeuses. ♃. D'un pied; feuilles en rosette; été et automne, fleurs d'un rouge safrané, en corymbe. Terre légère; beaucoup d'eau; en été, de graines et d'éclats; couvert. l'hiver dans le nord. Jolie plante.

ÉPHÉMÈRE de Virginie. *Tradescantia Virginica.* Fam. des commelines. ♃. Tiges et feuilles nombreuses; de mai en novembre, fleurs à trois pétales d'un beau bleu indigo; elles ne durent qu'un jour, mais sont immédiatement remplacées. Terre légère; d'éclats; var. : *à fleurs pourpres* et *blanches.* Fort jolie plante ainsi que l'éphémère *élevée* qui se cultive de même. — L'E. *à fleurs roses* demande l'orang. ; — la *bicolore* et celle *sans tige*, la serre chaude. Elles sont toutes les trois très-belles; même culture.

ÉPILOBE à épi, osier fleuri. *Epilobium spicatum.* Fam. des onagres. ♃. 4 à 5 pieds ; feuilles lancéolées, alternes; en juillet et août, épi de fleurs d'un rouge vif , assez grandes et à pédoncules rouges. Toute terre; de graines et de rejetons ; var. : *à fleurs blanches.* Belle plante pour les grands jardins.—On cultive l'E. *à feuilles étroites* et celui *à feuilles de romarin.* Le dernier est fort joli ; même culture.

ÉPIPHYLLE. *Epiphyllum.* ♄. Genre de la famille des cierges, établi par Hermann et contesté par d'autres botanistes. Tous les épiphylles se cultivent comme les cierges. On cite parmi les plus beaux l'*épiphyllum heterocaule,* à fleurs d'un rouge très-vif, — *semperflorens,* fleurit plus sieurs fois dans l'année , — *Quillardeti*, à fleurs encore plus brillantes que celles de l'*heterocaule*, —*Ackermanni*, — *speciosum*, à fleurs d'un beau rose, — *truncatum*, aussi à fleurs roses, un peu plus petites que celles du précédent.

ÉRABLE champêtre. *Acer campestre*. Fam. des érables. ♄. 25 à 30 pieds; écorce subéreuse; feuilles quintilo-bées : fleur verdâtre. Tout terrain; de graines; excellent pour les sols secs et pierreux. — On cultive aussi de la même manière l'E. *plane* et le *sycomore*, magnifiques arbres d'avenue, de première grandeur; — l'E. *rouge*,— ceux *à fruits cotonneux*, — *à sucre*, de l'Am. Sept., très-beaux arbres — les E. de *Tartarie*, — des *montagnes*, — *opale*, — *à feuilles d'obier*, — de *Montpellier*, — de *Crète*, toujours vert, sont de troisième grandeur. — L'E. de *Naples*, que l'on cultive chez M. Vilmorin, annonce devoir être un fort bel arbre. — L'E. *jaspé* et celui de *Lobel*, sont remarquables par les rayures de leurs troncs ; on devra les placer sur le bord des massifs ou les isoler; on les mult. par la greffe. — L'E. *négundo* ou à feuilles de frêne, est un bel arbre de première grandeur, à rameaux verts, à feuilles ailées; se multiplie de bout. en terre fraîche.

ÉRINE des Alpes. *Erinus Alpinus*. Fam. des pédiculai-res. ♃. Très-basse; feuilles obovales : fleurs pourpres , roses en grappe. Terre fraîche ombragée ; rocailles hu-mides ; de graines ou d'éclats. Jolie plante.

ÉRODIUM incarnat. *Erodium incarnatum*. Fam. des géraniers. ♄. Du Cap. Tiges rouges et grêles : feuilles lo-bées ; en juillet et août, fleurs incarnates ayant au centre un cercle blanc. Cult. des Pélargonium ; orang. près des jours ; par la division des racines. Plante charmante ; — en pleine terre, ceux *des Alpes*, — *Romain*,—*tardif*, très-joli ; de graines et d'éclats.

ÉRYTHRINE crête de coq. *Erythrina cristagalli*. Fam. des légumineuses. ♄. De 4 à 5 pieds; feuilles ternées; en juillet, grandes fleurs , du rouge le plus vif, disposées en longues grappes terminales. Serre temp. ; on peut même avec quelques précautions lui faire passer l'hiver en pleine terre ; elle craint l'humidité; de bout. étouffées prises sur les rameaux herbacés. — On traite de même l'E. *à feuilles de laurier*. Ces deux plantes sont magnifiques.

ESCALLONIE à fleurs blanches. *Escallonia floribunda.* Fam. des escalloniées. ♄. Nouv. Gren. De 3 à 5 pieds : touffu ; feuilles obtuses, à glandes visqueuses ; en automne, panicule compacte et terminale de nombreuses fleurs blanches. Terre de bruy. à bonne exposition, avec couvert. l'hiver ou orang. De graines et de bout. étouffées. — Les E. *à fleurs rouges*, — *visqueuse*, se cultivent de même.

ESCHOLTZIE de la Californie. *Escholtzia Californica.* ♃. 8 pouces à 1 pied : feuilles linéaires ; en été, grandes fleurs d'un beau jaune, marquées de rouge à l'onglet, terminales et s'ouvrant au soleil. Tout terrain ; de graines en place ou en pépinière. Très-jolie plante.

EUCALYPTE en corymbe. *Eucalyptus corymbosa.* Fam. des myrtes. ♄. Nouv. Holl. Feuilles lancéolées, subulées ; fleurs assez grandes, blanches terminales, en corymbes paniculés ; calice cylindrique : opercule hémisphérique, un peu mucroné. Terre de bruy. mélangée : serre temp. ; de graines et de bout. étouffées. Arbuste élégant. — On cultive encore l'E. *gigantesque*, — *résineux* et un assez grand nombre d'autres espèces.

EUPHORBE brillante. *Euphorbia splendens.* Fam. des euphorbiacées. ♄. Tige quadrangulaire, rameuse, garnie de longues épines ; feuilles spatulées, mucronées ; 4 à 8 grandes fleurs, d'un rouge très-vif, portées par de longs pédoncules. Terre franche ; serre chaude et tannée ; peu d'eau : de bout. — On cultive de même l'E. de *Bréon*, — *ponceau* — *mellifère*, orang. — *hétérophyle*. id. — les E. *meloniforme* et *tête de Méduse*, qui toutes les deux consistent en une masse charnue plus ou moins grosse, sont des plantes curieuses et se cultivent comme les cierges.

EUTAXIE à feuilles de myrte. *Eutaxia myrtifolia.* Fam. des légumineuses. ♄. Nouv. Holl. 2 à 3 pieds ; feuilles opposées, lancéolées ; au printemps, fleurs axillaires jaunes safranées, marquées de taches pourpres. Terre de bruy.

élangée; serre temp.; de graines et bout. Joli arbrisseau.

F.

FABIENNE imbriquée. *Fabiana imbricata.* Fam. des li-
erons. ♄. Pérou. De 5 à 6 pieds, fastigié; petites feuilles
épaisses recouvrant les jeunes rameaux; en mai, nom-
reuses fleurs blanches, tubuleuses. Tout terrain avec
couv. l'hiver ou orang. : de boutures. Bel arbrisseau.

FABRICIE glabre. *Fabricia glabra.* Fam. des myrtoïdes. ♄.
Nouv. Holl. Feuilles ovales, d'un vert terne, un peu co-
onneuses lorsqu'elles sont jeunes; fleurs blanches tachées
de rouge à l'onglet. Terre de bruyère; orang. aérée : de
graines sur couche, de boutures étouffées ou de marcottes
étranglées. Cet arbre est joli.

FERRAIRE ondulée. *Ferraria ondulata.* Fam. des Iris. ♃.
Du Cap. Racine tubéreuse; d'un pied; feuilles engaînan-
es, ensiformes, maculées de pourpre foncé; au printemps,
leurs terminales d'un pourpre brun violacé et velouté,
marquées d'un cercle blanc et tachées de points jaunes
sur les bords. Terre franche légère; serre temp. : mult. de
caïeux. Les fleurs sont belles mais ne durent que quelques
heures; la racine mère se repose un an avant de végéter
de nouveau. Très-belle plante.

FÉVIER d'Amérique. acacia triacanthos. *Gleditzia triacanthos.* ♄. De 40 à 50 pieds; branches et tronc épineux;
feuilles bipennées à folioles très-élégantes; fleurs de peu
d'apparence, verdâtres; grandes gousses brunes, rayées de
pourpre. Terre légère: de graines au printemps; var. *sans
épines* à gousses plus longues. — On cultive encore le F. à
grosses épines, excellent pour clôture, — *de la mer Cas-
pienne,* arbre très-élégant et rustique; — *de la Chine, —
verdâtre, — monosperme.* Le dernier demande quelques
précautions contre le froid. Tous ces arbres sont fort
beaux : de graines et de greffe sur l'espèce commune.

FICOÏDE glaciale, cristalline. *Mesembryanthemum crys-*

tallinum. Fam. des ficoïdes. ⊙. De 18 pouces à **2** pieds ; étalées ; feuilles ovales couvertes, ainsi que les rameaux, de petites vésicules transparentes et pleines d'eau, ressemblant à des parcelles de glace ; en été, petites fleurs blanches. Terre légère : de graines ; laisser quelques pieds sur couche pour obtenir des graines. On cultive de même la F. *annuelle* à grandes fleurs élégantes ; — celle *d'après-midi*, à belles fleurs jaunes, — *la naine*, — *la tricolore*, — *la nodiflore*, — *la glabre*, ♂, avec quelques précautions. — *F. remarquable, M. spectabile*. ♄. Feuilles triquêtres, connées, aiguës, glauques : de mai en octobre, grandes fleurs d'un rouge très-vif et très-brillant. Orang. sèche et éclairée. Terre légère sans engrais avec gravois au fond du vase ; peu d'eau l'été et point du tout l'hiver. Très-belle plante, ainsi que les suivantes. De boutures qu'on laisse sécher deux ou trois jours pour les espèces charnues. — On cultive ainsi *les F. blanchâtre*, — *à feuilles d'astère*, — *à feuilles en cœur*, — *dolabriforme*, — *pâle*, — *tricolore*, — *écarlate*, — *violette*, — *à petites feuilles vertes*, — *brillante*, — *hispide*, — *dentée*, — *en sabre*, — *comestible*, — *deltoïde*, — *nocturne*, — *dorée*, — *à fleurs aurores*. Il en existe encore un grand nombre d'autres espèces, mais nous croyons avoir cité les plus remarquables.

FIGUIER élastique. *Ficus elastica*. Fam. des artocarpées. ♄. De l'Inde. 15 à 20 pieds ; grandes feuilles, ovales, lancéolées, épaisses, luisantes ; le bourgeon renfermé dans une spathe membranée et rose. Terre d'oranger ; serre chaude : de marcottes et de boutures : il faut laisser sécher les plaies de celles-ci avant de les planter. D'un très-bel effet ainsi que les suivants : — F. *à feuilles de nénuphar*, — *des pagodes*, — *à grandes feuilles*, — *luisant*, — *benjamin*, — *rubiginum*. On peut risquer les deux derniers en bonne orangerie.

FILARIA. *Phillyrea*. Fam. des jasmins. ♄. De 12 pieds ; à feuilles toujours vertes. Demandent un abri les premières années et sont ensuite très rustiques ; d'un joli effet dans les massifs, surtout dans ceux d'hiver. On en cultive trois espèces : — à *feuilles larges, moyennes et étroites*. Terre légère ombragée : de graines aussitôt mûres ou de marcot-

...tes qu'il faut couvrir ou rentrer pendant la première année.

Frangipanier rouge. *Plumeria rubra.* Fam. des apocyns. ♄. Guadeloupe. De 10 à 12 pieds; feuilles ovales,
coriaces, au sommet des rameaux : en été, grandes fleurs
d'un beau rouge, odorantes, disposées en corymbe. Serre
chaude et tannée; terre de bruyère : de graines venues du
pays natal ou de boutures étouffées. Très-belle plante. —
Var. *jaune et blanche.*

Fraxinelle dictame. *Dictamnus albus.* Fam. des
rues. ♃. De 2 ou 3 pieds, visqueuses; feuilles ailées à
grandes folioles : en été, grandes fleurs rouges, rayées de
blanc ou de pourpre. Terre franche : de graines aussitôt
mûres ou d'éclats. Jolie plante très-rustique.

Frêne élevé. *Fraxinus excelsior.* Fam. des jasminées. ♄. De première grandeur; feuilles à folioles lancéolées : au printemps fleurs verdâtres; de graines aussitôt la maturité. Terre franche un peu fraîche: on cultive
encore ses var. *F. jaspé,—doré, — à feuilles panachées ,*
d'un charmant effet,—*pendant,—horizontal, —vert noir,*
très-curieux, — *à une feuille.* Ces variétés se multiplient
par la greffe. Les autres espèces de frêne sont les suivantes : — *à fleurs,* jolie espèce, — *blanc,* arbre magnifique, — *tomenteux,— quadrangulaire,— vert, — de lu
Caroline,—à larges fruits.* Tous arbres utiles et d'un grand
effet. Les deux derniers sont délicats. On en cultive encore beaucoup d'autres d'un moindre intérêt.

Fritillaire couronne impériale. *Fritillaris imperialis.*
Fam. des lis. ♃. Oignon assez gros exhalant une mauvaise odeur; hampe droite et épaisse; feuilles longues et
lancéolées; fleurs rouge capucine, renversées et disposées
autour du sommet de la tige. Terre légère: de graines
pour obtenir des variétés, ou de caïeux que l'on relève
tous les trois ou quatre ans, quand la plante a disparu;
replanter de suite. Voici les variétés les plus remarquables :—*la très-grande, — la rouge simple, — la double,—
couronne sur couronne,—jaune simple,—jaune double,—
orangée,— à feuilles panachées.—*On doit aussi cultiver

la F. *damier* à fleurs marquées de carreaux de diverses couleurs. Elle est fort jolie et demande un terrain léger mais un peu frais.—Celle de *Perse*, moins belle, demande l'orang.; du reste, même culture pour toutes les deux.

FUCHSIE écarlate. *Fuchsia coccinea.*Fam. des onagres. ♄. 4 à 5 pieds, très-rameuse; feuilles lancéolées persistantes: tout l'été, fleurs pendantes au bout d'un long pédoncule, à calice écarlate et corolle roulée d'un beau violet. Terre franche légère; orang.: de graines, de boutures étouffées, de rejetons. On peut avec quelques précautions lui faire passer l'hiver dehors. — On cultive de la même façon d'autres espèces, dont quelques-unes plus belles encore que la précédente. F. *lycioïde,* — *à feuilles opposées,* — *à feuilles dentées* — *ovale,* — *à dix étamines,* — *conique,* — *à petites feuilles,* — *à feuilles de thym,* — *globosa,* — *bacillaris,* — *virgata,* — *tenella,* — *venusta,* — *apetala,* — *arborescens,* — *parviflora excorticata,* — *barclayana,* nouvelle, très-jolie, chez MM. Cels. Même cult.

FUMETERRE bulbeuse. *Fumaria bulbosa.* Fam. des papavéracées. ♃. De 5 à 6 pouces; feuilles oblongues : fleurs suivant la variété, blanches, pourpres ou gris de lin, en grappes terminales; font un joli effet. De graines aussitôt mûres ou de séparation de bulbes tous les trois ou quatre ans. — On cultive encore la F. *jaune;* couv. l'hiver, fait très-bien dans les rocailles et croît même dans les joints des murailles; — *odorante,* — *fongueuse* de 5 à 6 pieds; volubile, très-jolie.—*Du Canada.* ⊙, se sème d'elle-même; — *de la Chine.* ♃, à fleurs très-grandes, — *gracieuse,* id. Même cult.

FUSAIN commun. *Evonymus Europeus.* Fam. des rhamnoïdes. ♄. De 12 à 15 pieds; feuilles ovales : fleurs blanchâtres et peu apparentes; fruit rouge à trois angles. Tout terrain; est très-propre à garnir le fond des massifs: de graines aussitôt mûres et de rejetons. — Var. *à feuilles panachées.*—On a encore les F. *à larges feuilles,* — *noir pourpre,* — *verruqueux,* — *du Népaul,* — *de la Virginie,* — *toujours vert,* — *nain,* — *de la Chine.* Les

..quatre derniers demandent quelques soins et la terre de
bruyère. Même cult. Jolis arbustes.

G.

GAILLARDE vivace. *Gaillardia perennis.* Fam. des radiées. Floride. ♃. 18 pouces; feuilles lancéolées découpées ou entières : en mai et décembre, grandes fleurs à
rayons d'un beau jaune, maculées de pourpre à l'onglet.
Terre sèche et légère, avec couverture l'hiver ou orang. ;
d'éclats, de boutures étouffées et de semences sur couche.
Jolie plante. — Les G. *bicolore*, — *aristée* sont charmantes, ainsi que la G. *peinte.* Même cult. La dernière
un peu plus délicate.

GAINIER de Judée, commun. *Cercis siliquastrum.* Fam.
des légumineuses. ♄. Du Midi. De troisième grandeur;
feuilles orbiculées cordiformes : au printemps, jolies
fleurs roses, très-nombreuses et poussant sur le vieux
bois. Terre légère; bonne exposition; de graines : couvrir le jeune plant pendant le premier hiver. D'un bel
effet lors de la floraison. Var. *à fleurs blanches.* — Le gainier *du Canada* est plus petit dans toutes ses parties et a
les feuilles pubescentes. Même culture.

GALANE barbue. *Chelone barbata, ruelloides.* Fam. des
bignones. ♃. Mexique. De 4 à 5 pieds : feuilles opposées, linéaires-aiguës, très-entières : en été et automne,
fleurs à corolle barbue, écarlates, penchées, disposées
en grappes. Terre franche légère; couverture sèche pendant l'hiver, ou orang.; d'éclats au printemps ou de
graines sur couche. Fort belle plante. — On cult. encore,
les G. *blanche*, — *oblique*, — *des bois*, — *campanulées*,
— *à grandes fleurs*, — *roses.* Les trois dernières sont très-
jolies. Même cult.

GALANGA zébrée, marante. *Maranta zebrena.* Fam. des
balisiers. ♃. Brésil. Feuilles lancéolées de 15 pouces de
longueur, larges de 6, rayées en dessus de brun velouté

et de jaunâtre, d'un beau violet en dessous : au printemps fleurs en épis, violâtres, rayées de bleu. Terre légère ; serre chaude, beaucoup d'eau en été, peu en hiver; de drageons. Le principal intérêt de cette belle plante se trouve dans ses feuilles. On cultive aussi la G. *à feuilles de balisier*, — *à deux couleurs*, — *de Malacca*, — *chevelue*. Toutes moins belles que la précédente. Même cult.

GALANTHINE, galanthe d'hiver, perce-neige. *Galanthus nivalis*. Fam. des narcissées. ♃. Oignon allongé, gros comme une noisette : 2 feuilles oblongues : en février, une fleur unique blanche, rayée légèrement de vert et pendante. Terre légère: de caïeux; relever tout les trois ou quatre ans en été et replanter en automne. Très jolie plante. Var. *à fleurs doubles*.

GALÉ, piment royal. *Myrica gale*. Fam. des amentacées. ♄. De 3 pieds : feuilles cunéiformes, oblongues; fleurs insignifiantes. Terre légère, humide ou marécageuse. De graines, de rejetons et de marcottes. — On cultive de même, les G. *de la Caroline*, — *de Pensylvanie*. Même culture. Leurs fruits donnent une cire verdâtre que l'on obtient en les faisant bouillir dans de l'eau.

GALÉGA oriental. *Galega orientalis*. Fam. des légumineuses. ♃. 3 ou 4 pieds; feuilles ailées : en été, grandes fleurs d'un beau bleu. Tout terrain; de graines. Très-belle plante, de culture facile. — Le G. *commun* est aussi d'un grand effet. — On cultive en serre le G. *pulchella*.

GANDAZULI à longues feuilles. *Hedychium coronarium*. Fam. des balisiers. ♃. De l'Inde. Feuilles ovales allongées : en été, long épi terminal, de fleurs rouges orangées, à étamines écarlates. Terre d'oranger, légère ; serre chaude; de rejetons. Belle plante. — Le G. *à bouquets;* moins beau, se cultive de même; ainsi que le G. *de Gardner,* le plus beau du genre.

GARDÉNIE à grandes fleurs, jasmin du Cap. *Gardenia florida*. Fam. des rubiacées. ♄. De 4 à 5 pieds : feuilles elliptiques d'un beau vert, très-brillant : pendant tout l'été, fleurs blanches, à odeur de gérofle. Terre de bruyère

mélangée ; serre chaude ; beaucoup d'eau en été : de graines, de marcottes. Très-bel arbuste ; ses fleurs blanches
ressortent admirablement sur le vert foncé des feuilles.
Beaucoup de chaleur pour fleurir. Var. *à fleurs doubles*
qui se mult. par la greffe, par marcottes ou boutures. —
On cultive encore la G. *rampante,* — *à longues fleurs,* —
à fleurs tubuleuses, — *de Thunberge,* — *à larges feuilles,*
— *campanulée,* — *épineuse,* — *verticillée ,* — *agréable.*
Toutes sont fort belles, surtout la dernière. Même culture.

GATTILIER commun, arbre au poivre. *Vitex agnus cas-
tus.* Fam. des gattiliers. ♄. Du Midi. De 8 à 10 pieds :
feuilles digitées, cotonneuses en dessous : en été, petites
fleurs en épis, blanches, violettes ou gris de lin, suivant
la variété. Terre sèche et légère, à bonne exposition ; de
graines et de marcottes ; reçoit les greffes des autres espèces. — On a les G. *en arbre,* — *hybride,* — *incisé,* — *à
trois feuilles.* Même culture. Le dernier demande
l'orang.

GAULTHÉRIE du Canada. *Gaultheria procumbens.* Fam.
des bruyères. ♄. De 5 à 6 pouces, traçant : feuilles ovales
arrondies , d'un vert brillant en dessus et pourpre en dessous, persistantes : pendant presque toute l'année, fleurs
d'un beau rouge, auxquelles succèdent des baies de la
même couleur. Cult. des bruyères. Joli arbuste. — On
cultive de même la G. *droite.*

GAURA bisannuel. *Gaura biennis.* Fam. des onagres.
♂. Virginie. De 4 ou 5 pieds ; feuilles ovales allongées ,
d'un beau vert, avec la nervure médiane blanche : en automne, grandes fleurs disposées en épis, rouges d'abord,
et blanches après l'épanouissement ; le calice reste rouge.
Terre franche et légère, un peu fraîche : de graines ; se
sème d'elle-même.

GEISSOMERIE à longues fleurs. *Geissomeria longiflora.*
Fam. des acanthes. ♄. Brésil. De 3 à 4 pieds : feuilles
obovales, ondulées : fleurs tubuleuses, pourpres coccinées
en dehors, jaunes en dedans, d'un pouce de longueur,
disposées en épis. Orang. ou serre temp. Terre à oran-

ger ; beaucoup d'eau en été et petits vases ; de boutures étouffées et de marcottes.

GELSÉMIER luisant, jasmin odorant de la Caroline. *Gelsemium nitidum*. Fam. des apocyns. ♄. Volubile ; feuilles lancéolées : en été, fleurs en entonnoir, assez grandes, d'un jaune vif, à odeur suave. Terre légère, bonne exposition, couverture l'hiver ou orang. De graines tirées de son pays natal.

GENÊT des teinturiers. *Genista tinctoria*. Fam. des légumineuses. ♄. D'un à 2 pieds. Tout le monde connaît les genêts, dont la culture est des plus faciles ; tous font un bon effet. Outre celui déjà indiqué voici les plus remarquables. — G. *de Sibérie*, — *à rameaux sagittés*, — *à feuilles ovales*, — *à rameaux pendants*, — *courbé*, — *poilu*, — *soyeux*, — *d'Angleterre*, — *allemand* : — les G. *blanchâtre*, — *trigone*, — *de Portugal et d'Espagne* demandent une bonne exposition et quelques précautions pendant les grands froids. L'arbuste que l'on nomme ordinairement genêt d'Espagne est un *spartium* ; on trouvera sa description et sa culture sous ce mot.

GENÉVRIER de Virginie, cèdre de Virginie. *Juniperus Virginiana*. Fam. des conifères. ♄. De 40 à 50 pieds, à rameaux un peu horizontaux ; feuilles ternées, les plus jeunes imbriquées, les vieilles étalées et piquantes ; au printemps, fleurs blanchâtres et en été baies de la même couleur. Tout terrain ; craint pourtant la trop grande humidité ; de graines aussitôt mûres, en terre de bruyère au nord ; d'une croissance lente ; pour le faire croître on retranche les branches inférieures. Arbre d'un bel effet.— Le G. *commun*, très-rustique et venant partout, est un arbuste très-pittoresque et qui doit trouver place dans tous les jardins paysagers. Var. *de Suède*, fort jolie et rustique.—On cultive encore les *sabines*, d'un bel effet.—Les G. *d'Espagne*,— *des Bermudes*, —*de la Chine*,— *élevé*,— *couché*, — *cade*,—*Morven*,— *lycien*,— *drupacé*, — *d'Orient*,— *du Cap*. Ces genévriers demandent quelques précautions contre le froid pendant les premières années, et le dernier veut l'orangerie. Même culture et même mult. que les premiers. On les greffe aussi sur celui de Virginie ou sur le commun. Nous ne conseillons que l'emploi de ces deux-ci et des sabines, au moins dans l'est, le nord et le centre de la France.

GENTIANE jaune, grande gentiane. *Gentiana lutea*. Fam. des gentianes. ♃. Des Alpes. De 4 ou 5 pieds; feuilles obovales; en été grandes fleurs du jaune le plus vif. Terre légère et un peu ombragée; de graines aussitôt mûres et de drageons. Plante magnifique.—La G. à *fleurs pourpres*, celles *sans tiges* et *printanière* à fleurs du plus beau bleu, ainsi que la G. *saponaire* et celle *à feuilles d'asclépiade*, doivent trouver place dans tous les jardins, qui ne peuvent avoir de plus beaux ornements; presque toutes aiment l'ombre et la terre légère ou de bruyère.— On cultive en orangerie le premier hiver et l'on repique ensuite en pleine terre la G. *visqueuse* ♂ à superbes fleurs jaunes.

GÉRANIER strié. *Geranium striatum*. Fam. des géraniers. ♃.d'Italie. Feuilles lobées : fleurs blanches striées de pourpre. Tout terrain ; de graines et d'éclats.—On cultive de même le G. *sanguin* et celui *à grosses racines ;* tous les deux indigènes.

GESNÉRIE brillante. *Gesneria rutila*. Fam. des campanulées. ♄. Du Brésil. De 18 pouces à 2 pieds; feuilles lancéolées, crénelées; épis terminaux de fleurs d'un rouge brillant, velues en dessus. Serre chaude : terre de bruyère; de boutures étouffées faites avec les tiges ou les feuilles.

GESSE odorante, pois de senteur, pois-fleur. *Lathyrus odoratus*. Fam. des légumineuses. ☉. Sicile. Il n'est personne qui ne connaisse ses fleurs superbes et de l'odeur la plus suave. De graines, au printemps, en pleine terre ou en pots sur couche pour hâter la floraison. M. Vilmorin en cultive une var. *à fleurs panachées.*— G. *à larges feuilles* ou *pois vivace.* ♃. Très-beau ainsi que sa variété à *grandes fleurs blanches.* Même cult.— G. *tubéreuse* ou *méguson.* ♃. Fleurs d'un rouge vif à odeur suave. De graines ou par la séparation des tubercules.—On cultive

encore la G. de *Tanger*. ⊙ à grandes fleurs d'un rouge
pourpre. Même cult.

Gilie à fleurs en tête. *Gilia capitata*. Fam. des polémoines. ⊙. De 2 pieds ; à feuilles ailées, à petites folioles :
de juin en octobre, petites fleurs nombreuses et terminales d'un beau bleu. De graines sur couche, au printemps ;
lever le plant en motte comme nous le conseillons pour
tous les repiquages — Même cult. pour la var. *blanche*
et pour les espèces *tricolore*, — *à feuilles d'Achillée*, —
bleue, — *laciniée*.

Ginkgo à 2 lobes. *Ginkgo biloba, Salisburia adian-
thyfolia*. Non classé. ♄. Japon. Pyramidale très-élevée ;
feuilles cunéiformes, bilobées ; monoïque ; fleurs jaunâtres
auxquelles succèdent des fruits en noix. Terre franche,
un peu fraîche ; ne craint pas le froid ; de boutures, de
marcottes et de rejetons ; cesse de s'élever lorsqu'il perd
sa flèche. Très bel-arbre, remarquable par son feuillage
tout particulier. On pourra bientôt le multiplier de graines
puisque nous possédons l'individu femelle.

Giroflée jaune, violier. *Cheiranthus cheiri*. ♂. Sur
les murs. 18 pouces, rameuse ; feuilles lancéolées, aiguës,
glabres ; en été fleurs jaunes, odorantes. Terre légère
substantielle ; de graines ; les variétés que nous allons
décrire se multiplient de boutures en pleine terre fraîche,
ombragée, ou de marcottes semblables à celles de l'œillet.
Var. à fleurs *doubles jaunes*, nommée *bâton d'or*, — à fleurs
simples très-grandes et d'un *rouge orange superbe*, — à fleurs
jaunes panachées de ponceau ou *de brun rouge*, — à fleurs
brunes doubles, — à fleurs *pourpres doubles*, — à fleurs *d'un
pourpre violacé*, — à fleurs *jaunes semi-doubles* ; celles-ci
donnent une petite quantité de graines qui la reproduisent
constamment ; — on a aussi une G. à *feuilles panachées* ; — il
en est aussi une var. à *fleurs jaunes très-doubles*, portant
des fleurons énormes, mais se développant mal. Dans du
terreau pur, mais très-consommé, on obtient des fleurs
admirables. J'ai greffé les variétés doubles sur la simple.
— G. *des jardins, grosse giroflée. Cheiranthus incanus*. ♂.
Espagne. De 1 à 2 pieds ; feuilles lancéolées, cotonneuses ;

en été et automne, fleurs très-variées en thyrses longs et terminaux, exhalant une suave odeur de gérofle. On en possède de *blanches*, *roses*, *couleur de chair*, *rouges*, *violettes*, *panachées* et *prolifères;* la plus belle est celle dite *cocardeau* à fleurs *blanches* ou *rouges*. De graines au printemps, sur couche ou plate-bande abritée; repiquer au mois de juin et mettre en pots en septembre. Ceux-ci doivent être rentrés dans l'orang. pendant l'hiver ou placés sous un châssis. Il faut donner de l'air souvent et mettre à l'abri de l'humidité. Très-belles plantes.— La G. *quarantaine* ou *quarantain* ne diffère de la précédente que par des dimensions plus petites et aussi parce qu'elle est ⊙. Elle compte un grand nombre de variétés; à fleurs *blanches*, *roses*, *lilas*, *couleur de chair*, *rouges*, *brunes*, *violettes*, *bleu porcelaine*, *bleu clair*, *bleu cendré*, *cuivré foncé*, *gris cendré*, *ardoise*, *presque noires*, *rouge d'acajou*, etc. Toutes font un effet charmant dans les plates-bandes qu'elles ornent pendant tout l'été et l'automne. On les sème en février ou mars sur couche tiède; on repique le plant en place et en pépinière. On continue les semis jusqu'en juin pour obtenir une succession de fleurs non interrompue jusqu'aux gelées. On peut aussi semer avant l'hiver, sous châssis, et l'on a ainsi des·fleurs très-hâtives; il est alors utile de repiquer en pots, que l'on replace sous le châssis ou en orang. On doit, pour mettre en place, attendre que les plantes commencent à marquer, afin de ne planter que des individus à fleurs doubles.— La G. *grecque* ou *kiris* est annuelle ou bisannuelle; dans le dernier cas, elle se cultive comme la giroflée des jardins, et dans le premier comme la quarantaine, dont elle ne diffère que par ses feuilles glabres des deux côtés. On en a de *rouges*, *de violettes*, *de cuivrées*, *de brunes foncées*, *de blanches*, *de rouge clair à grands rameaux*, *et de blanches naines*.— On cultive encore les espèces suivantes; G. *fénestrelle*,— des *Alpes*,— *triste*,— *à fleurs changeantes*, — *à longues feuilles*,— *à feuilles étroites;* les trois dernières demandent l'orang. Même cult.

GLAYEUL commun. *Gladiolus communis.* Fam. des iridées. ♃. Midi. De 18 pouces; feuilles ensiformes, nervées; au printemps fleurs en entonnoir, disposées en épi unilatéral, de couleur rose, blanche, carnée, rouge, suivant la variété. Terre substantielle et légère; bonne exposition et couverture de litière sèche pendant les froids; de caïeux que l'on sépare tous les 3 ou 4 ans et que l'on replante de suite. Jolie plante.—Le G. *de Constantinople,* plus grand dans toutes ses parties et à fleurs plus belles, mérite la préférence. Même cult. — Les espèces suivantes sont toutes fort belles, mais demandent le châssis et la culture des Ixias. (Voir ceux-ci).—G. *bigarré* ou *triste—cardinal,—violacé,—rose,—ailé,—délicat,—plissé,—nervé,—à fleurs de safran,—transparent,—jaune soufre,—nain,—à grandes fleurs,—à plusieurs couleurs,—blanc,—paniculé,—à 3 taches,—à 2 taches,—à fleurs en tube,—à fleurs nombreuses,—cuivré à longues fleurs,—silénoïde,—à feuilles de plantain,—élevé,—flatteur,—perroquet,—velu,—charmant,* nouveau, très-joli. Toutes ces plantes sont fort belles.

GLOBBA penché. *Globba nutans.* Fam. des balisiers. ♃. De 4 à 5 pieds; longues feuilles, lancéolées, ciliées; de juin en septembre fleurs pendantes, à corolle blanche, renfermant un espèce de cornet jaune rayé de pourpre en dedans. Terre de bruyère mélangée; serre chaude ou temp. beaucoup d'eau pendant la végétation, très-peu pendant le repos; de rejetons. — Le G. *droit* plus petit dans toutes ses parties se cultive de même.

GLYCINE de la Chine. *Glycine sinensis.* Fam. des légumineuses. ♄. Tige sarmenteuse et très-rameuse; feuilles ailées; au printemps, grandes fleurs d'un bleu pâle, en longues grappes pendantes et exhalant une odeur très-suave. Terre légère : bonne exposition avec couverture sur le pied ou orangerie : j'en ai vu résister à 15 degrés de froid ; de marcottes et de boutures ; elle fleurit plusieurs fois dans l'année. Arbuste magnifique.—La G. *tubéreuse.* ♃. Est assez jolie. Dans le nord, il faut couvrir ses racines de litière sèche: lever la plante tous les trois ans pour fumer ou renouveler la terre.—La G. *frutescente* ou *haricot en arbre,* est fort belle et se cultive comme les précédentes; fleurit plus abondamment le long d'un mur ; ses tiges ont au moins 15 à 18 pieds.

GNIDIENNE à tige simple. *Gnidia simplex*. Fam. des thymélées. ♄. Du Cap. Tige droite à rameaux érigés ; feuilles
linéaires aiguës ; en été et en automne, vingt ou trente
fleurs, d'un jaune pâle, odorantes et disposées en tête terminale. Terre de bruyère : orangerie près du verre : de
graines, de boutures et de marcottes ; redoute l'humidité.
Arbrisseau charmant. — On cultive de même les G. *à
feuilles opposées*, à fleurs blanches, très-jolie,—*à feuilles
de pin*,—*à fleurs dorées*,—*soyeuse*. Toutes d'un bel effet.

GOMPHRÈNE globuleuse, amaranthine, immortelle violette. *Gomphrena globosa*. Fam. des amaranthes. ⊙. De
18 pouces ; feuilles molles lancéolées et cotonneuses ; tout
l'été fleurs en boule, d'un beau rouge violet, très-durables.
Terre franche légère ; bonne exposition ; de graines sur
couche ; repiquer sur couche et mettre en place en juillet.
Var. *à fleurs blanches, couleur de chair et fleurs panachées*.

GOODYÈRE de deux couleurs. *Goodyera discolor*. Fam.
des orchis. ♃. De 8 à 9 pouces ; feuilles vertes en dessus,
violettes en dessous ; au printemps fleurs blanches, pédonculées, disposées en épi. Terre de bruyère ; serre chaude :
de bulbes ou turions. Jolie plante.

GOODIA à feuilles rétuses. *Goodia retusa*. Fam. des
légumineuses. ♄. De 3 pieds ; feuilles trifoliées, grandes ;
fleurs pourpres terminales ; l'étendard marqué d'une tache
jaune à la base. Terre fraîche légère ; serre temp.: de
graines et de boutures. Très-bel arbuste. — On cultive
encore le G. *à feuilles de lotus*. Même culture.

GORDONIA à feuilles glabres. *Gordonia lasianthus*. Fam.
des orangers. ♄. De la Floride. Dans nos orangeries de
15 pieds au plus ; feuilles coriaces, ovales et persistantes ;
en automne fleurs blanches, velues, portées par de longs
pédoncules. Terre franche légère ; orang.: de graines ou
marcottes. Fort bel arbuste. — On cultive de même le G.
pubescent à fleurs odorantes ; il est délicat et demande
beaucoup de chaleur pour fleurir.

GORTHÈRIA à grandes fleurs. *Gortheria rigens*. Fam.
des radiées. ♃. Du Cap. De 8 à 10 pouces ; feuilles lancéo-

lées, cotonneuses en dessous; en été fleurs grandes, solitaires, longuement pédonculées; rayons d'un jaune vif marqués à l'onglet d'une tache noire. Terre légère substantielle; serre temp., sèche et éclairée; pendant l'été au midi et beaucoup d'eau: de graines sur couche, de boutures et de marcottes. Belle plante. — Les G. *pectinée*, — *à fleurs de pavonia*, — *à une seule fleur*, demandent les mêmes soins et sont aussi fort belles, surtout la dernière.

GRENADIER, *Punica granatum*. Fam. des myrtoïdées. ♄. Nous renverrons, pour les détails. à l'art. *Grenadier* des arbres fruitiers, et nous nous contenterons d'énumérer ici les espèces ou variétés purement d'agrément. Le G. *à fleurs doubles*, — *prolifère*, à fleurs très-grandes et durant longtemps, — *à fleurs doubles jaunes*, — *à fleurs blanches*, — *nain*, très-abondant en fleurs; l'espèce naine à fleur simple donne de très-bonne heure des fruits qui mûrissent dans le centre et l'est de la France, — *à fleurs doubles rouges*, — *à fleurs doubles blanches*; les feuilles de cette dernière variété sont d'un vert moins foncé. Toutes les espèces ou variétés demandent un peu plus de soin et de chaleur que l'espèce ou variété à fleur simple.

GRENADILLE bleue, fleur de la passion. *Passiflora cœrulea*. Fam. des passiflorées. ♄. Du Brésil. Volubile de 20 à 25 pieds; feuilles palmées: en été fleurs blanches glanduleuses avec une couronne frangée, pourpre à sa base et bleuâtre à son extrémité; filets de la corolle plus courts que celle-ci; fruit mangeable, gros comme un œuf, devenant jaune en mûrissant. Très-bel arbuste. Terre douce, abritée et couvert. l'hiver sur le pied; si on empaille les tiges elles ne périssent pas, autrement elles gèlent, mais sont remplacées par de nouvelles l'année suivante; fait très-bien en tonnelle: de graines, de boutures, de marcottes et de rejetons: sert de sujet pour les autres espèces; rentrer le jeune plant pendant 2 ou 3 ans.—Les autres espèces, toutes magnifiques, demandent la serre chaude et se cultivent de même.—G. *à feuilles dentelées*,— *pommiforme*,— *quadrangulaire*,— *ailée*,— *à feuilles de laurier*,— *perfoliée*, — *rouge*, — *lunulée*,— *ponctuée*,— *naine*,— *tubéreuse*,— *glauque*,—*soyeuse*,—

*incarnate,— orange,— à feuilles pédiaires,— violacée,
— du Brésil, — à grappes, — à feuilles palmées, — de
Loudon, — pourpre, — à deux couleurs, — Murucuja, à*
fleurs rouges feu. Toutes font l'ornement des serres, où
on les palisse contre les murs ; quelques-unes donnent
des fruits exquis, au moins dans les régions tropicales.

GREUVIER occidental. *Grewia occidentalis.* Fam. des
tilleuls. ♄. Du Cap. De 3 à 4 pieds ; feuilles obovales,
dentées : de juin en septembre, nombreuses fleurs rosées.
Terre de bruyère mélangée ; orang : arrosements fréquents en été, peu nombreux en hiver ; de graines, de
boutures et de marcottes. Fort joli.

GROSEILLIER doré. *Ribes aureum.* Fam. des groseilliers.
♄. De 5 à 6 pieds ; feuilles à trois lobes ; au printemps,
jolies fleurs jaunes, tubulées, tachées de rouge ; odeur
très-suave. De graines, d'éclats, de boutures et de marcottes.— Le G. *palmé* est un fort bel arbrisseau, plus grand
que le précédent dans toutes ses parties. Même culture.
— Celui à *fleurs rouges* ou plutôt *roses* est aussi fort joli.
— On cultive encore les G. *à petites fleurs, — élégant, —
triste, — à feuilles de vigne, — des rivages, — divariqué,
— des rochers, — porte-cire, — des Alpes,* qui végète
bien au milieu des massifs et sous les grands arbres, —
à fleurs de fuchsia, terre de bruyère et couvert. l'hiver.
Ces arbustes, d'une culture facile et d'un bel effet, méritent
d'être multipliés.

GUIMAUVE à feuilles de chanvre. *Althœa cannabina.*
Fam. des malvacées. ♃. De 7 à 8 pieds : feuilles rudes et
tomenteuses. ressemblant un peu à celles du chanvre :
en automne, fleurs roses d'un effet agréable. Tout terrain
un peu profond : de graines au printemps et d'éclats en
automne.— On cultive de même la G. *officinale,* en usage
en médecine et celle de *Narbonne.*

GYROSELLE de Virginie. *Dodecatheon meadia.* Fam. des
lysimachies. ♃. Feuilles obovales, radicales, glabres,
étalées : au printemps, une douzaine de fleurs d'un rose
pourpre, pendantes, disposées en ombelle au-dessus d'une
hampe d'un pied. Terre franche, légère, ombragée ; cou-

verture l'hiver ou orangerie : de graines aussitôt mûres, en terrines et d'éclats en automne. Jolie plante.

H

HALÉSIE à quatre ailes. *Halesia tetraptera*. Fam. des plaqueminiers. ♄. De la Caroline. De 12 à 15 pieds : feuilles allongées ; fleurs campanulées d'un beau blanc et pendantes. Terre légère ou de bruyère ombragée : de graines en terrines souvent arrosées ou de marcottes avec du bois de deux ans, et que l'on ne relève qu'au bout de trois.— H. *à deux ailes* ne diffère que par son fruit. Même culture.

HAMAMÉLIS de Virginie. *Hamamelis Virginica*. Fam. des hamamélidées. De 4 à 5 pieds ; rameuse ; feuilles presque semblables à celles du noisetier ; en septembre fleurs latérales, à 4 pétales longs et tortillés, d'un blanc jaunâtre. Terre légère un peu humide ; de marcottes ou de graines aussitôt mûres, en terre de bruyère.

HARICOT d'Espagne. *Phaseolus coccineus*. Fam. des légumineuses. ⊙. De 10 à 12 pieds, volubiles : à feuilles semblables à celle des autres haricots ; fleurs en grappes du rouge le plus vif. Tout terrain ; préfère le midi : de graines en place ou en petits pots sur couche pour avoir des fleurs de meilleure heure. Plante charmante. Variétés à *fleurs blanches* et à *fleurs panachées* ou *tricolores*. Les trois variétés donnent des fruits ou graines comestibles. —On cultive encore, mais en serre chaude, le haricot *caracolle* ou à grandes fleurs. ♄. On peut en mettre quelques pieds contre un mur, où ils feront de l'effet, mais ils périront aux premières gelées. — Le H. *à grand étendard* est ⊙, ne doit pas quitter la serre chaude. Sa fleur est odorante. Ces deux dernières espèces se sèment sur couche en mars.

HEBENSTRETE dentée. *Hebenstretia dentata*. Fam des gattiliers. ♂. De 2 pieds, en buisson ; feuilles linéaires ;

entières et glabres : de mai en janvier, petites fleurs blanches, disposées en épis au bout des rameaux : odeur fétide
pendant la journée, devenant très-suave le soir et la nuit.
Terre légère substantielle; orang. ; de graines et de boutures étouffées. — On cultive de même l'H. *à feuilles en
cœur*. Jolies plantes.

HÉLÉNIE d'automne. *Helenium autumnale.* Fam. des radiées. ♃. De l'Amér. Sept. De 5 à 6 pieds : feuilles lancéolées ; pendant l'été et l'automne, corymbes de fleurs
d'un beau jaune. Tout terrain; d'éclats de racines. Mérite
une place dans les grands jardins. — Hélénie *à quatre
dents*.

HÉLIOTROPE du Pérou. *Heliotropium Peruvianum.*
Fam. des borraginées. ♄. De 3 à 4 pieds : feuilles lancéolées, un peu rugueuses ; pendant l'été et l'automne,
petites fleurs blanches, nuancées de bleu, en épis corym-
biformes, de l'odeur la plus suave. Terre légère substantielle; serre tempérée : de graines et de boutures sur
couche : craint l'humidité, et les tiges gèlent facilement,
mais repoussent sur les racines ; avec une bonne couverture sur celles-ci on le conserve l'hiver en pleine terre.
Arbuste charmant. — L'H. *à grandes fleurs*, n'a d'autres
différences avec le précédent que celles indiquées par
son nom. Son odeur est plus faible. Demande plus de
chaleur.

HELLÉBORE noir, rose de Noël. *Helleborus niger.* Fam.
des renoncules. ♃ De 10 pouces; assez grandes feuilles
digitées : pendant tout l'hiver, grandes fleurs d'un rose
tendre. Terre légère substantielle, à l'ombre ; d'éclats :
cette plante se met souvent en pots pour être rentrée l'hiver dans les appartements. Fort jolie. — L'H. *d'hiver* à
fleurs jaunes, odorantes, se cultive de la même façon et
fleurit en février et mars.

HÉLONIAS rose. *Helonias bullata.* Fam. des colchicées.
♃. Maryland. Feuilles persistantes, lancéolées, engaînantes ; au printemps, fleurs roses, en épi court, porté
par une hampe d'un pied. Terre de bruyère, ombragée ;
de graines et d'œilletons en automne : quelques pieds

en orangerie.— On cultive de même, mais en orangerie, les H. *asphodéloïde* et *à feuilles étroites*.

HÉMANTHE écarlate. *Hæmanthus coccineus.* Fam. des narcissées. ♃. Du Cap. Gros oignon ; hampe de 6 à 8 pouces : en été, grandes folioles d'un rouge vif, renfermant vingt ou trente fleurs écarlates, disposées en ombelles; feuilles larges, charnues, étalées. Terre de bruyère; serre chaude, au moins pour fleurir ; peu d'eau ; de graines et de caïeux, relevés tous les deux ans. — On cultive de même les H. *multiflore*, — *à fleurs blanches*, — *pourpre*. Plantes superbes, surtout les deux premières.

HÉMÉROCALLE jaune, lis asphodèle. *Hemerocallis flava.* Fam. des liliacées. ♃. Racines fibreuses et tubéreuses : feuilles oblongues, carénées ; tige de 2 pieds se ramifiant au sommet : 3 ou 4 grandes fleurs terminales, odorantes, d'un jaune doré. Tout terrain ; séparation des œilletons ou éclats des racines. Jolie plante. — On cultive de la même façon, les H. *graminée*, — *fauve*. — Les H. *distique*, — *du Japon*, — *bleue* demandent l'orang. On pourrait en risquer quelques pieds en pleine terre avec bonne couverture sèche.

HÊTRE commun, foyard. *Fagus sylvatica.* Fam. des amentacées. ♄. Arbre magnifique et du plus bel effet. Sa culture très-détaillée se trouve au *Livre du Forestier.* Variétés. H. *à rameaux pendants*, *à feuilles d'un vert cuivré*, *à feuilles pourpres*, *à feuilles en crête*, *à feuilles de comptonia* et *à feuilles panachées.* Les variétés se greffent en approche sur le hêtre commun. — Le Hêtre *ferrugineux* est une espèce de l'Amér. Sept. à tronc plus gros que dans le précédent, mais un peu moins élevé. Les feuilles sont pubescentes en dessous. Même cult. ; — de même pour celui de *la Terre de feu.*

HIBBERTIE grimpante. *Hibbertia volubilis, dillenia scandens.* Fam. des dilleniacées. ♄. Volubile et sarmenteuse : feuilles obovales, mucronées, luisantes en dessus, tomenteuses en dessous : de juin en octobre, grandes fleurs d'un beau jaune. Terre de bruyère; serre temp.: de boutures étouffées et de marcottes au printemps. — Les

H. *à feuilles crénelées,* — *dentées,* se cultivent de même. Fort belles plantes.

Hortensia à feuilles d'obier. *Hortensia speciosa, opuloïdes.* Fam. des saxifrages. ♄. De la Chine. De 3 à 4 pieds; feuilles larges, obovales, dentées, à nervures saillantes ; en été et en automne, fleurs nombreuses en grosses têtes ombelliformes, d'un beau rose. Cultivé dans une terre ferrugineuse, l'hortensia donne des fleurs bleues. Terre légère fraîche et ombragée, et couverture sèche pendant l'hiver ; cultivée en pots, elle demande un rempotement annuel et beaucoup d'eau l'été : de boutures, de marcottes et de rejetons. Plante magnifique.

Houlhuynia à feuilles en cœur. *Houlhuynia cordata.* Fam. des urticées. ♃. Du Japon. 2 pieds : feuilles singulières, cordiformes. Terre pierreuse humide. D'un effet pittoresque, sur le bord des eaux et dans les lieux humides. De boutures et de marcottes.

Houx commun. *Ilex aquifolium.* Fam. des rhamnoïdes. ♄. De 20 à 25 pieds dans les bons terrains : feuilles aiguës, épineuses, luisantes, ondulées, persistantes : au printemps, fleurs insignifiantes. Terre franche, légère, un peu sèche; de graines aussitôt mûres. Variétés, *à feuilles ciliées, nain, à feuilles épaisses, épineux, à feuilles panachées de blanc ou de jaune, de rouge ou de violet, à fruit jaune, à feuilles variables, larges, de laurier, de myrthe, recourbées, en scie.* Toutes les var. se greffent sur le type et se cultivent de même. Tous ces arbres sont du plus bel effet. — On cultive encore en pleine terre, mais avec quelques précautions contre le froid, les H. *de Mahon,* — *à feuilles de troëne,* — *du Canada,* et en orang. les H. *de Madère,* — *safrané,* — *à feuilles caduques, de la Caroline,* — *à feuilles de myrthe,* — *d'été,* — *Cassiné,* — *émétique.*

Hovée à feuilles lancéolées. *Hovea lanceolata.* Fam. des légumineuses. ♄. Nouv. Holl. De 3 à 6 pieds : feuilles simples, alternes, mucronées, d'un vert luisant en dessus, ferrugineuses en dessous : au printemps, fleurs d'un beau violet, avec une petite macule blanche à la base de l'étendard. Serre temp. : terre de bruyère ; de marcottes et de graines : beaucoup d'eau l'été. — Même culture pour l'H. *à feuilles linéaires*, à fleurs d'un bleu vif.

HOYER charnu. *Hoya carnosa.* Fam. des apocyns. ♄. Sarmenteuse, radicante ; feuilles ovales, charnues, très-glabres, persistantes : fleurs blanches, nuancées de rose, réunies en ombelles, ayant avant leur épanouissement l'aspect de l'émail. Terre à oranger, serre chaude; de boutures et de marcottes. Plante magnifique.

HYDRANGÉE à feuilles de chêne. *Hydrangea quercifolia.* Fam. des saxifrages. ♄. Floride. De 5 à 6 pieds : feuilles quintilobées, tomenteuses en dessous : de juin en septembre, fleurs blanches paniculées. Terre franche, légère, un peu fraîche; de graines en terrines, de boutures, de marcottes et de drageons. Orang., ou pleine terre avec couverture l'hiver. Bel arbrisseau. — Les H. *de Virginie* et *blanche* se cultivent de même et ne demandent aucun soin particulier pendant les froids.

HYPOXIDE étoilée. *Hypoxis stellata.* Fam. des narcissées. ♃. Feuilles linéaires, courtes, glabres : fleur ouverte en étoile, jaune, bordée de vert et marquée à l'onglet d'une tache brune; ne s'ouvre qu'au soleil. Terre de bruyère ; bâche des ixias : de graines et de caïeux. — On cultive de même les H. *dorée,* — *blanche,* — *ovale,* — *velue,* — *élégante.*

I

IBÉRIDE vivace. *Iberis sempervirens.* Fam. des crucifères. ♄. Des Alpes. De 5 à 6 pouces : feuilles linéaires ; au printemps, corymbes de fleurs blanches. Terre légère substantielle ; orang., ou pleine terre sous le climat de Paris, avec quelques soins ; de graines, de boutures et de marcottes. Fait de charmantes bordures mêlée à l'alysse saxatile.— L'I.*de Perse* demande impérieusement l'orang., ainsi que celle des *rochers* et celle *de Gibraltar.* — On ultive aussi l'I. *ombellifère* ou *thlaspi*. ☉. De graines en place à diverses époques pour en avoir toute l'année. Var. *violette*, très-jolie. — I. *à petites fleurs*. ☉. — L'I. *ulienne* est une charmante variété à fleurs blanches. Même cult.

IF commun. *Taxus baccata*. Fam. des conifères. ♄. De 30 à 40 pieds : feuilles linéaires d'un vert foncé, persistantes. Terre franche légère ; de graines, boutures et marcottes ; se prête parfaitement à la taille. Var. *à feuilles panachées*. — On cultive encore les I. *nucifère*, — *verticillé*, — *à larges feuilles* et *à grandes feuilles*.

IMMORTELLE de Virginie, blanche. *Gnaphalium margaritaceum*. Fam. des flosculeuses. ♃. 18 pouces, tomenteuses ; feuilles lancéolées : en été, fleurs à calices blancs et à fleurons d'un beau jaune, disposées en corymbes. Terre sèche, bonne exposition ; de rejetons. — Les immortelles *des Alpes*, — *à feuilles de plantain*, — *pied de chat*, — *couchée* se cultivent toutes en pleine terre et de la même manière. — L'I. *des sables* est ☉, et se sème sur couche pour repiquer en motte. — Les suivantes sont toutes d'orangerie ; — *arborescente*, — *globuleuse*, — *à grandes fleurs*, — *arbrisseau*, — *à fleurs serrées*, — *à feuilles de bruyère*, — *citrine*, — *à feuilles épaisses*, — *maritime*, — *orientale*, — *cylindrique*, — *corymbifère*, — *puante* et *à feuilles luisantes*. Toutes sont ♄, excepté l'avant-dernière qui est ♂ et la dernière ♃.

INDIGOTIER austral. *Indigofera australis*. Fam. des légumineuses. ♄. Nouv. Holl. De 18 pouces : feuilles pinnées, à folioles oblongues, glabres ; en été, fleurs roses en grappes, très-odorantes. Terre légère substantielle ; orang. ou serre temp. ; de graines. Fort joli ainsi que celui *à longs épis*, en grappes allongées de grandes fleurs roses. Même cult.— Les I. *nu*, — *jonciforme*, — *écarlate*, — *courbé*, veulent la même culture et l'orang. — Les I. *noir pourpre*, — *anil* et *bilabié* exigent la serre chaude.

IPOMÉE à feuilles ailées, quamoclit. *Ipomea quamoclit*. Fam. des convolvulacées. ☉. De 5 à 7 pieds, volubiles ;

feuilles pinnatifides ; en été et en automne, fleurs du rouge le plus vif, presque solitaires. Terre légère substantielle, à bonne exposition ; de graines sur couche au printemps, repiquer avec la motte. Fort belle plante ainsi que les suivantes : — I. *écarlate*, fleur écarlate ; — *nil*, fleur bleue ; — *pourpre*, *volubilis* des jardins, couleurs variées ; — *à feuilles de lierre*, — *d'hépatique*, — *jaune*. Toutes sont annuelles et de pleine terre. — On cultive en serre chaude les suivantes : — I. *remarquable*, — *paniculée*, — *changeante*. Ces plantes à racines tubéreuses ou à tige frutescente sont magnifiques.

Iris. *Iris*. Fam. des iridées. ♃. Les plantes de ce genre sont très-nombreuses ; les unes se cultivent en pleine terre et les autres dans l'orangerie ou mieux dans la bâche des ixias. On les multiplie de graines et par leurs bulbes ou tubercules ; relever tous les deux ans, séparer les caïeux et renouveler la terre pour les espèces ou variétés bulbeuses. Nous allons rapidement les passer en revue, en énumérant sur chacune d'elles tout ce qu'il est nécessaire de savoir ; — Iris *naine*, fleurs variées du blanc au pourpre le plus intense ; fait de jolies bordures. Jolie ; — *jaune*, — *à crête*, fleur bleue à milieu jaune ; — *de Florence*, fleurs blanches veinées de rose, racines odorantes. Var. *à fleurs toutes blanches* ; — *odorante*, — *des sables*, — *à deux fleurs*, violettes, veinées de blanc ; — *à tige nue*, grandes fleurs pourpres ; — *panachée*, fleurs blanches, pourpres au sommet, veinées de pourpre ; — *sâle*, — *plissée*, — *de Swert*, fleurs blanches, rayées de pourpre, la raie barbue jaunâtre ; — *à odeur de sureau*, — *pâle*, fort belle ; — *germanique*, — *à fleurs pâles*, bleu-clair, — *dichotome*, d'un pourpre vif ; — *xiphium*, a des variétés nombreuses, de couleurs et de taille différentes ; — *xiphioides*, même réflexion que pour la précédente : toutes les deux, belles plantes de collection ; — *faux acore*, fleurs d'un beau rouge, terre marécageuse, couverte d'eau ; — *fétide*, d'un bleu obscur. Var. *à feuilles panachées de blanc* ; — *variée*, très-belle ; — *à longues feuilles*, d'un blanc très-pur ; — *à feuilles de safran*, — *printannière*, — *de Perse*, jolie, — *à feuilles menues*, à odeur suave ; — *ventrue*, à fleur bleu-pâle ; — *élégante*, jaune soufre bordé de bleu ; — *graminée*, fleurs violettes mêlées de bleu et de pourpre ; — *spatulée*, grandes fleurs bleues ; — *de Sibérie*, fleurs brunes et bleues ; — *des prés*, fort belle, surtout celle dite *odorante*, — *hermodacte ou tubéreuse*, fleur verdâtre, à divisions d'un pourpre velouté ; délicate. Toutes ces iris sont de pleine terre. Nous allons nous occuper de celles qui demandent la serre, ou plutôt le châssis des ixias.—I. *de Suze*, fleur très-grande et fort belle, d'un brun noir, veiné de pourpre ; — *du Japon*, — *spathacée*, — *rameuse*, — *onguiculée*, — *scorpioïde*, belle fleur très-curieuse ; *joncée*, — *du Cap*, — *étroite*, — *gladiée*, — *à plusieurs épis*, — *visqueuse*. Même cult. que les ixias. Plantes charmantes.

ITEA à grappes. *Itea racemiflora*. Fam. des rosages. ♄. De la Caroline. De 12 à 14 pieds ; feuilles lancéolées ; en été, fleurs blanches, nombreuses, en grappes. Terre marécageuse. Bel arbuste ; de graines et de marcottes. — On cultive de même l'Itea *de Virginie*, de 4 à 5 pieds. Terre légère, ou de bruyère, ombragée. Est aussi fort jolie.

IXIA. *Ixia*. Fam. des iridées. ♃. Ce genre de plante est nombreux et renferme une foule de plantes charmantes. Leur culture est assez difficile, et comme elle est la même pour un assez grand nombre d'espèces et de genres différents, nous allons la décrire *in extenso*. Les ixias redoutant également le froid et la chaleur doivent être placés en pleine terre de bruyère, sous un châssis ou bâche que l'on préserve de la gelée par une couverture de feuilles et de paillassons. La plantation s'exécute à la fin de l'automne, en plaçant chaque oignon à 1 ou 2 pouces de profondeur et à un intervalle de 3, 4 et 5 pouces. On enlève les vitraux aussitôt que les gelées ne sont plus à craindre, et l'on a dû donner de l'air pendant l'hiver, toutes les fois que le temps l'aura permis. Les arrosements seront très-modérés ; car l'ixia craint beaucoup l'humidité ; on les donnera au moyen d'une pomme d'arrosoir percée de très-petits trous, et on s'opposera à ce que la surface de la terre se durcisse. Tous les deux ans, et même tous les ans, on relève les oignons et on ajoute à la terre ancienne, moitié de nouvelle. Les oignons conservés dans un lieu bien sec se replantent en octobre. Il est quelques personnes qui cultivent les ixias dans de petits pots qu'ils placent dans une couche de terre de bruyère : on met dans ce cas au fond des pots quelques pierrailles, pour faciliter l'écoulement des eaux, et on finit de remplir avec de la terre de bruyère sableuse, bien pure. Ce mode est bon parce qu'il empêche de perdre de très-petits oignons, comme sont ceux de quelques variétés. Les personnes qui ne cultiveront que peu d'ixias les mettront de même dans des pots qu'ils placeront dans une serre tempérée près des jours, ou même dans un appartement éclairé et à l'abri de la gelée. Les ixias demandent un lieu très-éclairé, sec et aéré ; par conséquent à être près du verre qu'ils ne doivent pourtant jamais toucher. On multiplie les ixias de caïeux, qui fleurissent au bout de trois ans; on obtient des variétés en semant les graines en terrines de terre de bruyère. Les fleurs ont besoin de petits tuteurs; on se sert pour cet usage de petites baguettes de fil de fer, peintes en vert.

Voici la liste des plus beaux ixias, *menu*, — *rose*, — *bulbocode*, — *à fleurs jaunes*, — *odorant*, — *crucifère*, — *bas*, — *unilatéral*, — *velu*, — *orangé*, — *tricolore*, — *crispé*, — *cinnamone*, — *hyalin*, — *palmé*, — *en faisceau*, — *en corymbe*, — *maculé*, — *hétérophyle*, — *à fleurs d'anémone*, — *à plusieurs épis*, — *nain*, — *à fleurs vertes*, — *filiforme*, — *remarquable*, — *incarnat*, — *célestin*, — *ouvert*, — *à longues fleurs*, — *jaune citron*, — *flexueux*, — *radié*, — *à fleurs blanches*, — *coupé*. Il en existe encore un grand nombre d'espèces ou de variétés, nous conseillerons donc à l'amateur de s'en rapporter pour le choix à un jardinier probe et instruit. Tous les ixias sont jolis et plusieurs charmants.

Ixore écarlate, à grandes fleurs. *Ixora coccinea*. Fam. des rubiacées. ♄ . Inde. De 3 à 4 pieds : feuilles obtuses, mucronées, sessiles, un peu charnues ; en été, nombreuses fleurs écarlates en corymbes terminaux, d'une grande durée. Terre franche légère ; beaucoup d'eau pendant la floraison ; de boutures étouffées, marcottes et rejetons ;

serre chaude. Arbrisseau magnifique. — On cultive aussi les suivants qui sont tous très-beaux. I. *rose*,— *de l'Inde*, — *à fleurs jaunes*, — *fasciculé*, — *multiflore*,—*à feuilles ternées*, — *blanc*. Même culture. Craignent les cochenilles.

J

JACINTHE d'Orient, cultivée, des fleuristes. *Hyacinthus Orientalis*. Fam. des liliacées. ♃. Asie. Feuilles larges, érigées; hampe d'un pied, portant au printemps des fleurs nombreuses, disposées autour de la tige et d'une odeur suave. On ne cultive guère que les variétés doubles ou semi-doubles de cette charmante liliacée. On assure que les Hollandais en possèdent plus de deux mille. Les jacinthes veulent une terre composée d'un tiers de terre légère ou de bruyère, ou de terreau de feuilles, d'un tiers de sable fin, d'un tiers de terreau de fumier de vache, très-consommé. Le mélange de la terre ci-dessus indiquée, sera placé dans une fosse de 6 pouces de profondeur et de 18 pouces à 2 pieds ou 2 pieds 1/2 de largeur et sera exhaussé au-dessus du sol de 4 pouces, ce qui donnera 10 pouces d'épaisseur à la couche. Dans le mois d'octobre, on tracera sur cette plate-bande des raies qui se croiseront tous les 6 pouces à angles droits , et l'on plantera l'oignon à ce point d'intersection, en l'enfonçant plus ou moins suivant l'humidité et la consistance du sol , mais pas à moins de 3 pouces ni à plus de 6. On inclinera la partie supérieure de l'oignon en la tournant au nord; les deux lignes les plus rapprochées des bordures n'en seront écartées que de 3 pouces. On *paille* ensuite la planche et on la sème de coquilles d'huîtres brisées qui défendent par leurs parties coupantes l'accès aux limaces. Dans les contrées froides on doit, pendant l'hiver, placer sur la planche une couverture de paille ou de feuilles, ayant grand soin de l'enlever avant que la végétation commence. On donne quelques sarclages aux jacinthes

qui fleurissent de très-bonne heure : on les recouvre dans
les jardins soignés d'une toile ou de paillassons, soutenus
par des baguettes élevées ou par un bâtis disposé en berceau ; ces moyens sont employés pour les abriter du froid,
de la neige et des rayons solaires. On relève les oignons
des plantes doubles aussitôt que les tiges sont desséchées;
on les met en tas sur le sol pour qu'ils se ressuient, puis
on les dépose dans des casiers où chaque variété de jacinthes a sa case. C'est alors que l'on sépare les caïeux et
que l'on coupe dans le vif toutes les parties gâtées. Les
Hollandais laissent pendant quinze jours les oignons sur le
sol, les recouvrant d'un pouce de terre et les font ensuite
sécher sur des rayons. S'il vient à pleuvoir, ils les abritent
sous un paillasson incliné. On sème la graine de jacinthe
pour en obtenir des variétés; cette graine se récolte sur
les jacinthes simples et se répand sur une planche établie
comme nous l'avons dit plus haut; on la recouvre d'un
pouce de terreau ; on sarcle durant l'été, on couvre pendant l'hiver après avoir ajouté un nouveau pouce de terre;
on agit ainsi pendant trois ans, après lesquels on relève
les oignons. On les plante alors comme ceux des plantes
à fleurs, et ils fleurissent ordinairement la quatrième année. La plantation profonde fournit moins de caïeux,
mais conserve mieux la plante. On force quelquefois les
jacinthes, et alors elles ne demandent pas d'autres soins
que quelque plante que ce soit placée dans les mêmes
conditions : on en met aussi sur des flacons remplis d'eau où
elles végètent et fleurissent très-bien, au moins certaines
variétés. Nous indiquerons la maison Vilmorin, quai de
la Mégisserie, n° 30, comme une des plus richement
pourvue de jacinthes et en général de plantes bulbeuses.
On pourra avec confiance lui laisser le soin de former la
collection que l'on voudra cultiver. Les jacinthes simples
demandent moins de soins et se cultivent en assez grand
nombre afin de fournir des fleurs pour bouquets. — Les
Jacinthes *étalées* et *améthystes* sont deux très-jolies espèces, d'un joli bleu. Terre de bruyère, ombragée; ne
relever que tous les deux ans. Même culture.

JAMBOSIER à feuilles longues, pomme rose. *Eugenia*

jambos. Fam. des myrtoïdes. ♄ . De 10 à 12 pieds : feuilles longues et luisantes ; toute l'année grandes fleurs blanches à longues étamines dorées, disposées en panicule : fruit ayant une saveur de rose. Terre à orangers : beaucoup d'eau : serre chaude : de graines, de bout. étouffées et de marc. — Même cult. pour les J. *à grandes feuilles, — odorant, — uniflore, — divergent — à feuilles de myrte* ou *austral*. Les deux derniers se contentent de la serre temp.

JASMIN commun. *Jasminum officinale*. Fam. des jasminées. ♄ . De 10 à 12 pieds, volubiles: feuilles ailées à folioles aiguës ; tout l'été fleurs blanches exhalant l'odeur la plus suave. Terre franche légère, bonne exposition : fait très-bien en pallisade : tailler court : de marc. et de rej. Var. : *à feuilles panachées de blanc* ou *de jaune.* — On cultive de même en pleine terre les J. *jaune d'Italie* ; couv. l'hiver, —*triomphant.*—Les espèces suivantes demandent l'orang. ;—*à grandes fleurs ;—jonquille,— des Açores, — très-odorant;— genouillé, — sarmenteux, — glauque, — multiflore* ; la serre temp. est nécessaire aux quatre derniers et la serre chaude aux J. de *l'Ile-de-France — à feuilles étroites, — à feuilles variables.* Tous les jasmins sont de fort beaux arbrisseaux et l'on ne peut se dispenser d'avoir quelques pieds du commun, charmant par ses fleurs et délicieux par son odeur.

JOUBARBE. *Sempervivum*. Fam. des joubarbes. ♃ . Genre nombreux ; toutes se multiplient de bout. et demandent une terre légère; presque jamais d'eau : culture des plantes grasses. On cultive en pleine terre les J. *commune*, d'un joli effet sur les rocailles ; — *hérissée, —fil d'araignée, — globifère.* — En orang. ou serre temp. celles *à feuilles serrées, —en arbre;* var. : *à feuilles panachées* ou *pourpre noir, — en table, — visqueuse, — tortueuse.*

JULIENNE de Mahon. *Hesperis maritima*. Fam. des crucifères, ⊙. 3 à 4 pouces ; tout l'été, si l'on a soin de couper les tiges après la floraison, fleurs rouges, blanches ou lilas, d'une odeur agréable. De graines au printemps,

en été et en automne : jolies bordures : tout terrain. — J.
des jardins. ♂. De 2 ou 3 pieds : belles fleurs blanches
ou violettes, simples ou doubles. Bonne terre franche ;
peu d'eau ; d'éclats et de bout.

K

KALMIER à larges feuilles. *Kalmia latifolia*. Fam. des
rosages. ♄. De 5 à 6 pieds, très-rameux : feuilles obovales, coriaces, persistantes ; en été, nombreuses fleurs,
disposées en corymbes et d'un beau rose. Terre de bruy.
humide et à demi ombragée. Arbuste charmant. De graines, de marc. longues à s'enraciner, et de bout. : abriter
les jeunes sujets pendant trois ou quatre hivers. Var. *à
feuilles de saule* et *à fleur blanche*. — On cultive de la
même façon le Kalmier *à feuilles étroites* et *le glauque*.
Jolis arbustes ; demandant les mêmes soins que les rosages de pleine terre.

KENNEDIE rouge, à grandes fleurs. *Kennedia rubicunda*.
Fam. des légumineuses. ♄. De 6 pieds, volubile : feuilles ternées, soyeuses en dessous ; en été, grandes fleurs,
d'un rouge foncé. Serre temp. où on la met en pleine
terre ainsi que les suivantes : on en obtient par ce moyen
de beaucoup plus belles fleurs : de graines. — On cultive
de la même façon la K. *écarlate*, — *bimaculée*, d'un beau
bleu, — *couchée*, d'un rouge vif — *à longues grappes*, rose
tendre , — *à feuilles ovales* , fleurs bleues, — *à grandes
feuilles*, charmantes fleurs d'un bleu vif. Toutes sont très-
belles.

KÉTMIE des jardins. *Hibiscus Syriacus, althœa frutex*.
Fam. des mauves. ♄. De 6 à 7 pieds : feuilles en coin,
trilobées ; fleurs de couleurs différentes suivant la variété. Terre franche légère, bien exposée ; beaucoup d'eau
pendant l'été : de graines en terrines au printemps et préserver du froid pendant les deux premières années ; de
bout. étouffées, de marc. et de greffe pour les variétés.

Var. *à fleurs blanches simples*, maculées de pourpre à l'onglet; *à fleurs blanches doubles*; *à fleurs pourpres*; *à fleurs rouges simples*; *rouges doubles*; *à fleurs panachées*; *à feuilles* id.—Les quatre espèces suivantes toutes ♃ sont fort belles, rustiques et se cultivent, comme nous l'avons dit plus haut. —K. *moscheutos*, — *des marais*, — *rose*, — *militaire*. — La K. *coccinée* veut la terre de bruy.; ses fleurs ont 5 pouces de largeur et celles des quatre précédentes 4 pouces; toutes demandent un peu de litière sur les racines pendant l'hiver; — la *vésiculeuse* est annuelle et se cultive comme la balsamine. — Le charmant arbuste K. *rose de la Chine*, a besoin de la serre temp. ainsi que la *musquée*, — celle *à fleurs changeantes*, — *à long pédoncule*, — *à feuilles de manihot*, — *à feuilles variées*, très-belle espèce. Même cult.

KITAIBÉLIE à feuilles de vigne. *Kitaibelia vitifolia*. Fam. des mauves. ☉. De 6 à 7 pieds; de juin en novembre grandes fleurs blanches. Tout terrain: de graines en place et sur couche. Plante très-pittoresque.

KOLREUTÈRIE paniculée. *Kœlreuteria paullinoïdes*. Fam. des savoniers. ♄. De 10 à 12 pieds: feuilles ailées, folioles découpées; en été fleurs d'un beau jaune. Terre franche légère et franche: de rej., de graines, de bout. étouffées et de marc.: rentrer les jeunes sujets le premier hiver. Joli arbuste.

L

LACHENALIE ponctuée. *Lachenalia punctata*. Fam. des liliacées. ♃. Feuilles linéaires, droites, maculées; fleurs pendantes, blanches en dedans, avec macules rouges et incarnates en dehors, avec points d'un rouge vif. Culture des ixias. Les plus remarquables Lachenalies sont celles *à une feuille*,— *tricolore*,—*à pétales égaux*,—*à fleurs pendantes*, —*pourpre*,—*lancéolée*,— *à fleur de lis*,— *étalée*—*quadricolor*, — *à fleurs jaunes*,— *à fleurs bleu pourpre*,— *naine*, — *glauque* — *à plusieurs couleurs*. Plantes très-jolies.

LACHNÉE ériocéphale. *Lachnæa eriocephala.* Fam. des thymelées. ♄. Du Cap. De 2 à 3 pieds; feuilles linéaires couchées sur les rameaux; au printemps fleurs en tête, blanches ou roses. Terre de bruy.; serre temp.; de bout. et de marc. Arbuste charmant.

LAGERSTROEMIE des Indes. *Lagerstrœmia Indica.* Fam. des salicaires. ♄. De 7 ou 8 pieds; feuilles ovales; tout l'automne assez grandes fleurs, d'un rose foncé et à pétales frisés, disposées en panicule. Terre légère substantielle: orang.: de rej.; tailler court; avec couv., on peut lui faire passer l'hiver dehors, dans l'Ouest et le Midi. Joli arbuste.

LAGUNÉE écailleuse. *Lagunea squamosa.* Fam. des mauves. ♄. De 8 à 10 pieds; feuilles lancéolées, coriaces, farineuses en dessous; en été larges fleurs d'un violet tendre. Terre de bruy. mélangée; serre temp.; de graines ou de marc.

LAMBERTIE à feuilles de romarin. *Lambertia rosmarinifolia.* Fam. des protées. ♄. De la Nouv. Holl. De 4 à 5 pieds: feuilles lancéolées linéaires, blanches en dessous; au printemps fleurs roses disposées en têtes coniques, au milieu d'écailles rouges. Terre de bruyère: orang. De boutures. Bel arbuste.

LAMIER orvale. *Lamium orvala.* Fam. des labiées. ♃. De 2 pieds; nombreuses: feuilles cordiformes rugueuses; au printemps très-grandes fleurs blanches, nuancées et maculées d'orange vif. Tout terrain; de graines sur couche ou d'éclats. Très-jolie plante.

LANTANA camara. *Lantana camara.* Fam. des gattiliers. ♄. De 3 à 4 pieds: feuilles persistantes, obovales; presque toute l'année, fleurs d'abord jaunes, puis rouges, en tête ombelliforme. Terre à oranger; serre chaude; beaucoup d'eau l'été: de graines ou de boutures. Arbuste charmant, ainsi que les suivants : —*L. à collerette,* fleurs blanches et roses, — *odorant,* — *à fleurs blanches,* — *cendré,* — *violet,* — *piquant.* Même culture.

LAPEYROUSIE joncée. *Lapeyrousia juncea.* Fam. des

ii iridées. 2/. De 15 à 18 pouces : feuilles ensiformes ; fleurs
b d'un beau rose en épi. De caïeux. — Lapeyrousie *à grandes
\ fleurs*, très-jolie. Culture des ixias.

LATANIER rouge. *Latania rubra*. Fam. des palmiers. ♄.
Ile-de-France. Feuilles palmées, plissées en éventail, à folioles épineuses sur les bords. Terre à oranger un peu
forte : serre chaude, où il ne doit pas quitter la tannée ;
de graines. Fort beau.—On cultive aussi le L. *de la Chine ;*
même culture.

LAURIER franc, d'Apollon, commun, sauce. *Laurus
nobilis*. Fam. des lauriers. ♄. De 15 à 20 pieds : feuilles
obovales, ondulées, persistantes et coriaces ; au printemps
fleurs dioïques, jaunâtres, remplacées par des baies violâtres. Terre franche, bonne exposition et couverture
l'hiver ou orang. dans le nord : de graines, de rejetons,
de boutures étouffées et de racines. Var. : *à feuilles
étroites, crispées, panachées*. — On cultive de même
en pleine terre, un peu fraîche, mais sans soins particuliers, le Laurier *faux benjoin,*—*sassafras,* tous les deux
d'un joli effet. En orang. les L. *royal,* — *fétide,* — *Bourbon,* — *de la Caroline,* — *genouillé,* terre constamment
humide, — *camphrier,* — *de Madère.* En serre chaude :
le L. *cannelier,* — *cassia,* — *avocat.*

LAURIER ROSE commun, Nerion. *Nerium oleander.*
Fam. des apocyns. ♄. De 7 à 10 pieds : feuilles lancéolées, étroites, à nervure saillante ; en été et en automne,
fleurs roses, disposées en corymbes. Terre à oranger ;
orang.; en été bonne exposition: de boutures, de rejetons et de marcottes ; de graines pour obtenir des variétés : beaucoup d'eau l'été, peu ou point en hiver. Arbuste
superbe ainsi que toutes ses variétés, *à fleurs blanches,
à fleurs doubles,* celle-ci demande plus de chaleur pour
fleurir, *à feuilles panachées, à fleurs panachées, à fleurs
blanches odorantes, à feuilles maculées, carné double,
remarquable, noir pourpre, élégant, radicans,* superbe,
chez M. Lémon. — Le laurier rose *odorant* ou *de l'Inde à
fleurs roses* demande beaucoup de chaleur pour fleurir,
et veut la serre tempérée ; du reste, il se cultive comme

le précédent et compte ainsi un grand nombre de variétés :
les plus remarquables sont celles, *d'Hacville*, superbe,
éclatant, *Ragonot*, *à feuilles panachées*, *remarquable*, *à
fleurs pleines variées*, *magnifique*, *de Ricciardi*, fleurs
très-grandes, *de l'Inde*, *à pétales ondulés*, *du Saulget*, *à
grandes fleurs*, *à odeur d'aubépine*, *jaune d'ocre*, *orangé*, *jaune pâle*. Tous les lauriers-roses sont de magnifiques arbustes et demandent la même culture.

LAVATÈRE à grandes fleurs, mauve fleurie. *Lavatera tri-
mestris*. Fam. des malvacées. ⊙. De 2 à 3 pieds : feuilles
en cœur ; de juin en novembre, grandes et nombreuses
fleurs du plus joli rose, rayées de rouge vif. Bonne terre
franche ; de graines sur couche et en place. Plante charmante et rustique. Var. : *à fleurs blanches.* — Le L. *de
Thuringe*, ♂, se cultive de même. Belle plante. — Les L.
d'Hières,—*de Ténériffe* et *des Canaries*, veulent l'orangerie. Toutes les trois sont très-jolies.

LABRETONNIE écarlate. *Labretonia coccinea*. Fam. des
mauves. ♄. Du Brésil. De 3 à 4 pieds : feuilles simples,
alternes, cordiformes, allongées, ciliées ; pendant longtemps fleurs axillaires, d'un rouge très-vif. Pendant l'été
dans une position chaude, mais aérée ; en hiver, serre
temp. : terre franche légère ; beaucoup d'eau pendant la
végétation.

LECHENAULTIE élégante. *Lechenaultia formosa*. Fam.
des campanules. ♄. De 2 à 3 pieds : feuilles éparses, subulées : pendant l'hiver, fleurs assez grandes, d'un rouge
vif. Terre de bruyère ; serre temp. De boutures.

LEDON à larges feuilles, Thé du Labrador. *Ledum la-
tifolium*. Fam. des rosages. ♄. De 18 pouces : feuilles roulées sur les bords ; au printemps fleurs blanches, disposées en corymbes. Terre de bruyère fraîche et ombragée :
de rejetons et de marcottes. D'un joli effet. — On cultive
de même les L. *des marais*, — *incliné*, — *à feuilles de
thym* ou *léiophylle*.

LIBERTIE élégante. *Libertia pulchella*. Fam. des commelines. ♃. Nouv. Holl. Feuilles lancéolées linéaires ;

d'avril en juin, fleurs blanches. Terre de bruyère : de graines et d'éclats. Jolie plante.

LIERRE grimpant. *Hedera helix.* Fam. des chèvre-feuilles. ♄. Grimpantes, traçantes et radicantes, s'étendant à plus de 40 ou 50 pieds ; feuilles d'un beau vert luisant, persistantes ; fleurs verdâtres, baies noires. Excellent pour tapisser des murailles ou envelopper des troncs d'arbres. Tout terrain : de graines, boutures ou marcottes. Var. : *à feuilles panachées de blanc* ou *de jaune, à larges feuilles,* plus délicates que le type. Même culture.

LILAS commun. *Syringa vulgaris.* Fam. des jasminées. ♄. De 15 à 18 pieds : feuilles cordiformes, acuminées : au printemps fleurs en thyrse d'un rose violet, exhalant l'odeur la plus suave. Tout terrain : de graines, de rejetons, de marcottes et de boutures. Arbuste magnifique et du plus bel effet. Var. : *à fleurs blanches, à fleurs blanches doubles, à feuilles panachées, à fleurs pourpres, à fleurs tardives, à fleurs pâles, de Marly,* variété superbe, *royal,* le plus beau de tous.—Le L. *de Perse* a les feuilles plus petites. Var. : *à fleurs blanches, à feuilles laciniées, roulées.* On a obtenu deux hybrides du lilas de Perse et du lilas commun, l'un est le *Varin* et l'autre le *Saulget,* tous les deux très-beaux. —Le L. *josika* est une espèce intéressante, introduite depuis peu ; même culture.—Le L. *du Japon à fleurs jaunes* demande la serre tempérée.

LIMODORE de la Chine. *Limodorum Tankervillœ.* Fam. des orchidées. ♃. Feuilles radicales, longues, nerveuses et plissées ; hampe de 2 pieds ; au printemps grandes fleurs rousses en dedans, d'un blanc pur en dehors, disposées en grappes, labelle pourpre en cornet. Terre légère substantielle ; serre chaude près des verres et tannée qu'elle ne doit pas quitter ; beaucoup d'eau pendant la végétation : de drageons. Plante magnifique. On en cultive encore quelques espèces mais inférieures à celle que nous venons de décrire

LIN vivace. *Linum perenne.* Fam. des lins. ♃. De 10 à

15 pouces ; petites feuilles lancéolées : en été fleurs d'un
bleu charmant. Terre franche ; d'éclats ou de graines.
Fort jolie. — On cultive de la même façon, mais en oranger., les Lins *campanulés* , — *sous-arbrisseau* ,—*à trois
styles;* tous d'un très-bel effet.

LINAIRE des Alpes. *Linaria Alpina.* Fam. des scrophulaires. ♃. De 4 à 6 pouces ; feuilles obovales, lancéolées,
quaternées : au printemps, fleurs d'un bleu clair, à palais
saillant, rouge vif, disposées en grappes. Terre de bruyère ombragée l'été et sous châssis l'hiver : de graines et
de boutures. Plante charmante. — Le L. *à feuilles d'orchis* est une plante ☉, et se sème en place.

LINNÉE boréale. *Linnea borealis.* Fam. des chèvrefeuilles. ☉. Des Alpes. Très-basse formant gazon ; petites
feuilles arrondies ; fleurs en grelots, blanches en dehors,
roses en dedans, à odeur suave. Terre de bruyère ombragée, un peu de mousse en couverture l'hiver : de marcottes et de boutures. Joli arbuste.

LIPARIA sphérique. *Liparia spherica.* Fam. des légumineuses . ♄ Du Cap. De 3 à 4 pieds ; feuilles redressées,
piquantes, lancéolées : de juin en septembre, fleurs en
tête d'un beau jaune. Terre franche légère ; serre tempérée : de graines et de boutures.— On cultive encore la L.
lancéolée et *la velue;* cette dernière est charmante mais
fort délicate. Même culture.

LIQUIDAMBAR copal. *Liquidambar styraciflua.* Fam. des
amentacées. ♄ . De l'Amér. Sept. De 35 à 40 pieds, d'une
belle forme à cime pyramidale ; feuilles quintilobées : en
mai, fleurs verdâtres. Terrain humide, mais bien exposé :
de graines, rejetons ou marcottes, en terre de bruyère
ou légère. Cet arbre est fort beau et odorant dans toutes
ses parties.—Le *Liquidambar du Levant* ressemble beaucoup au précédent, mais demande moins de soins contre
le froid.

LIS. *Lilium.* ♃. Ce genre de plantes renferme un grand
nombre d'espèces magnifiques qui demandent toutes une
terre légère, qui ne doit jamais recevoir d'engrais avant que
celui-ci ne soit devenu terreau et parfaitement décom-

..oosé. Les lis se multiplient presque tous de caïeux, que l'on sépare tous les trois ans, quelques-uns de bulbilles, enfin de graines si l'on veut obtenir des variétés, et d'éclats du pied pour les espèces à racines fibreuses. Nous allons maintenant passer à l'énumération et à la description des espèces ou variétés.— Lis *blanc commun*, superbe et que l'on doit trouver dans tous les jardins ; replanter, à 5 pouces de profondeur, les oignons aussitôt qu'ils sont relevés, si l'on veut les voir fleurir la même année. Var. : *à fleurs doubles, ensanglanté, de Constantinople, à feuilles panachées, bordées,* — *du Japon*, magnifique ; terre de bruyère, — *bulbifère*, de bulbilles ; var. : *à feuilles doubles, à fleurs panachées, petit bulbifère,* — *orangé,* — *de Catesby,* — *de la Caroline,* — *de Philadelphie*, terre de bruyère, — *gracieux,* — *turban* ou de *Pompone*, terre ombragée ; var. : *à fleurs rouges,* — *à feuilles étroites,* — *de Chalcédoine,* — *Martagon*, beaucoup de variétés, — *du Canada*, terre de bruyère, — *des Pyrénées,* — *superbe*, terre de bruyère, couverture l'hiver ; change de place tous les ans, ce qui force à le cultiver en pot si on veut le retrouver ; se mult. au moyen de ses caieux et des écailles de son oignon ; — *maculé,* — *du Kamchatka,* — *tigré,* — *Monadelphe,* — *concolore,* — *Lebroussart,* — *magnifique.* Tous les lis indiqués demandent la terre de bruyère, excepté le lis commun et l'orangé qui s'en trouverait au reste fort bien, si on lui ajoutait un quart de terre franche. Il est prudent de les couvrir pendant l'hiver, excepté toujours les deux que nous venons de nommer.— On cultive en orangerie ou avec couverture épaisse et sèche le Lis *à longue fleur* et celui *à feuilles creuses*. J'ai vu chez un amateur la collection complète de tous les lis, cultivée au pied d'un mur exposé au midi, et dans une plate-bande de terre de bruyère avec un quart de terreau de feuilles et et un quart de terre franche : les plantes étaient magnifiques. On les couvraient au mois de novembre de 8 à 10 pouces de feuilles sur lesquelles on plaçait un paillasson incliné.

LISERON tricolore, belle de jour. *Convolvulus tricolor.* Fam. des liserons. ⊙. Feuilles ovales, spatulées ; en été et en automne, nombreuses et grandes fleurs bleues sur les bords, blanches au milieu et jaunes à la gorge. Tout terrain : de graines sur couche ou en place. Var.: *à fleurs blanches, à fleurs panachées.* Fort belle fleur, très-répandue. — On cultive en orangerie *le Liseron satiné,* arbuste charmant; de graines et de boutures : peu d'eau. — *Le L. linéaire* se cultive de même.

LOBÉLIE cardinale. *Lobelia cardinalis.* Fam. des campanules. ♃. De 3 pieds : feuilles ovales, acuminées : tout l'été, longue grappe de fleurs assez grandes, d'un beau rouge. Terre légère, un peu substantielle, un peu fraîche et ombragée : couvert. l'hiver ou orangerie : de graines sur couche, aussitôt mûres, et rentrer le plant la première année; d'éclats à l'automne, et de boutures au printemps. Plante fort belle. Var. *à fleurs roses.* — On cultive de même les Lobélies *éclatante,—brillante,* toutes les deuxsuperbes;— *siphilitique,* à fleurs bleues; —*à deux couleurs,* — *crinole,* peut se cultiver en pleine terre,— *d'Italie.* Ces trois dernières. ⊙ et à jolies fleurs bleues.— En serre tempérée, celles de *Brandt,—à feuilles de saule,* — *de la nouvelle Espagne,* — *hérissée,* — *à feuilles de pin.* — En serre chaude, — *glabre,* — *à longues fleurs.* Les lobélies demandent la terre légère et douce dans la serre, et au-dehors un sol un peu plus substantiel, mais frais. Elles craignent beaucoup l'humidité pendant l'hiver.

LOPÉZIE à grappes. *Lopezia racemosa.* Fam. des onagres. ⊙. Feuilles ovales, acuminées ; tout l'été et l'automne, petites fleurs roses en grappes. Terre légère : de graines sur couche au printemps; repiquer en motte.

LOPHOSPERME à fleurs roses. *Lophospermum scandens.* Fam. des bignones. ♄. Mexique. Volubile de 7 à 8 pieds: grandes feuilles en cœur, cotonneuses; de juin en septembre, grandes fleurs roses d'un bel effet. Terre à oranger : serre chaude l'hiver : de graines et de boutures.

LOTIER rouge. *Lotus erubescens.* Fam. des légumineuses. ⊙. D'un pied : feuilles ternées; en été, fleurs d'un rouge cramoisi très-vif. Terre franche, un peu abritée:

ge graines sur couche.—Le L. *de St-Jacques* est ♂, a des fleurs brunes ou mordorées. Orang.

LUCULIE parfumée. *Luculia gratissima.* Fam. des rubiacées. ♃. Népaul. de 15 à 18 pouces : feuilles opposées en croix, glabres en dessus, velues en dessous, longues de 5 à 6 pouces ; de septembre en février, 9 à 25 fleurs d'un beau rose, disposées en corymbe terminal et à odeur suave; reste longtemps en fleur. Terre de bruyère mélangée : serre tempérée : de boutures étouffées. Très-jolie plante. Chez M. Jacquin.

LUNAIRE annuelle. *Lunaria annua.* Fam. des crucifères. ♂. De 3 pieds : grandes feuilles en cœur; au printemps, nombreuses grappes de fleurs blanches, rouges ou panachées suivant la variété. Tout terrain : de graines : se sème d'elle-même.

LUPIN. *Lupinus.* Fam. des légumineuses. Ce genre renferme un grand nombre d'espèces ou de variétés dont la culture s'étend tous les jours, surtout en Angleterre. Elles demandent la terre de bruyère mélangée. J'en ai pourtant vu réussir dans une terre calcaire substantielle, mais non argileuse. On sème en place les espèces annuelles et vivaces : ces dernières peuvent aussi être semées dans de petits pots, puis remises en place avec la motte. Les frutescentes se cultivent comme les vivaces. Quelques-unes demandent l'orang. ou le châssis. Lupins. ⊙ *blanc,* — *à bractées,* fleurs bleues ; — *varié,* bleu et blanc; — *velu,* rose; — *hérissé,* bleu; — *à feuilles étroites,* bleu ; — *jaune,* — *à feuilles de lin,* bleu; — *à petit fruit,* bleu ;— *d'Egypte,* blanc ;—♃, *polyphylle,* bleu superbe. Var. : *à fleurs blanches,* — *à fleurs larges,* bleu rosé; — *à fruit jaune,* rose ;— *vivace,* bleu ;—*argenté,* fleurs blanches;— *orné,* bleu rosé;— *aride,* bleu rouge; —*à poil,* rosé;—*de Nootka,* pourpre;—*soyeux,* pourpre;—*sabinien,* jaune;— ♄ — *en arbre,* jaune pâle; — *de Marshall,* bleu, orang. ainsi que les suivants; — *joli,* bleu pourpre; — *versicolore,* bleu et rose;—*tomenteux,* rose et bleu;—*multiflore,* bleu; — *arbousier,* rose;— *changeant,* bleu et jaune, fort beau, annuel en pleine terre, ou serre chaude, où on l'empêchera de fleurir la première année; var. : *de Cruik-sank*, magnifique, même cult.

LUZERNE en arbre. *Medicago arborea.* Fam. des légumi-neuses. ♭. Du Levant, de 3 à 4 pieds : feuilles à trois fo-lioles, persistantes : tout l'été, fleurs d'un jaune vif. Terre légère : orang., de graines, boutures et marcottes. Bel ar-buste.

LYCHNIDE croix de Jérusalem. *Lychnis Chalcedonica.* Fam. des cariophyllées. ♃. De deux à trois pieds : feuil-les obovales; en été, fleurs en cimes, du rouge le plus vif. Terre franche légère : de graines pour le type et de boutures ou d'éclats pour les variétés, *à fleurs doubles, à fleurs roses, blanches, safranées.* Couvrir la double pen-dant l'hiver.—Cultiver de la même façon la Lychnide *fleur de coucou;—des Alpes,* fort jolie, rocailles un peu fraîches; —*dioïque* et ses variétés;—*brillante,* très-belle;—*à gran-des fleurs,* charmante, mais terre de bruyère et couvert. l'hiver ou orang.—On couvre aussi la Lychnide *visqueuse;* —en serre tempérée, *lychnis Bungeana :* nouvelle et jolie.

LYCIET à feuilles lancéolées. *Lycium barbarum.* Fam. des solanées. ♭. De 7 à 8 pieds : fleurs d'un blanc rosé. Tout terrain; de graines et de traces. Fait de jolies haies ainsi que le Lyciet *de la Chine,* à fleurs violettes et à baies rouges; — le Lyciet *d'Afrique* demande l'orang.

LYCOPODE denticulé. *Lycopodium denticulatum.* Fam. des lycopodes. ♃. S'étale et fait un effet charmant sur les rochers et les plates-bandes humides des serres. D'é-clats et de boutures étouffées.

LYSIMACHIE à feuilles de saule. *Lysimachia ephemerum.* Fam. des lysimachées. ♃. De 4 à 5 pieds : feuilles linéai-res, glauques : longues grappes spiciformes de fleurs blanches. Terre franche, légère, humide, bien exposée : de graines sur couche, aussitôt mûres et d'éclats. — On cultive de même les Lysimachies *à fleurs en thyrse,—à qua-tre feuilles, — ponctuée, — verticillée,* la plus belle de toutes. Terre de bruyère humide. — En orang. on cul-tive la L. *d'Orient.*

M

MACLURE doré, bois d'arc. *Maclura aurantiaca*. Fam. des urticées. ♄. Du Missouri. Sous notre climat, buisson élevé, a croissance rapide : bel arbre dans son pays natal : rameaux épineux : feuilles alternes : fleurs femelles et mâles de peu d'apparence : fruit ayant près de 6 pouces de circonférence. Terre franche un peu sèche : de marcottes et de tronçons de racines. Fera de très-bonnes haies quand il sera multiplié.

MACROCNÉMON élégant. *Macrocnemum speciosum*. Fam. des rubiacées. ♄. De 5 à 6 pieds : feuilles entières : nombreuses fleurs, roses en dehors, rouges en dedans, disposées en panicules et accompagnées de bractées roses. Terre légère : serre chaude : de marcottes et de boutures étouffées. Arbrisseau charmant.

MAGNOLIER à grandes fleurs. *Magnolia grandiflora.* Fam. des magnoliers. ♄. De la Caroline. Le plus beau des arbres que nous puissions cultiver en pleine terre. De 40 à 50 pieds : tige droite, cime arrondie et régulière : grandes feuilles obovales, entières, persistantes, coriaces, d'un beau vert luisant en dessus et quelquefois revêtues en dessous d'un duvet brun : grandes fleurs, du blanc le plus pur, de 6 à 8 pouces de diamètre, nombreuses, renfermant des étamines d'un jaune très-brillant : cônes blanchâtres renfermant des graines d'un rouge vif. Terre franche, profonde, substantielle et bien exposée : dans les terres humides et dans le Nord on couvrira les racines pendant l'hiver, d'une couche épaisse de feuilles sur laquelle on placera un paillasson incliné : de graines en terrines de terre de bruyère, placées sur couche tiède ; rentrer le plant pendant trois ou quatre ans ; de marcottes par incision ou strangulation : les variétés se greffent sur le type. Variétés nombreuses et intéressantes. Le magnolier, qui devrait occuper la première place dans nos cultures, mérite d'être plus répandu qu'il ne l'est : on le voit presque toujours relégué dans les serres, tandis qu'il résisterait partout avec les précautions indiquées plus haut : il devient commun dans les environs de Nantes et d'Angers, où on ne lui donne aucuns soins particuliers. M. Noisette, directeur du Jardin des Plantes de la première de ces deux villes, en a établi une avenue qui croît admirablement et du plus bel effet. M. de la Bretèche possède à la Maillardière l'individu le plus vieux de cette espèce qui existe en France. Très-près de cette terre, M. Ursin, savant distingué, en a fait une fort belle plantation qui a résisté aux froids de l'hiver de 1829 à 1830, ainsi qu'une riche collection de végétaux exilés des serres qu'on leur croyait nécessaires et dont ils peuvent très-bien se passer. M. Charles Mellinet père en avait aussi de fort beaux et qui savaient attirer l'attention, malgré les remarquables cultures de camélias, de rosiers, de rosages et de plantes de serre qui les avoisinaient. En Bourgogne, j'en ai planté plusieurs qui ont très-bien résisté à des hivers rigoureux. A deux lieues de Genève, sur les bords du lac on en voit un pied de près de cinquante ans ayant 30 pieds au moins de hauteur, et qui n'a jamais souffert du froid. Nous croyons avoir cité assez d'exemples pour convaincre de la rusticité du *Magnolia grandiflora*, et nous tairons un grand nombre de faits qui tous corroborent notre opinion.—Les autres espèces à feuilles persistantes demandent l'orangerie; ce sont les *Magnoliers à fleurs brunes*, — *nain* et *très-odorant*. — Les espèces à feuilles caduques sont presque toutes très-rustiques et se multiplient comme les magnolias à grandes fleurs. Nous allons d'abord décrire celles que l'on peut regarder comme forestières et ne demandant d'autres soins qu'un abri pendant les premières années.— M. *parasol*. 30 à 40 pieds; feuilles de 15 à 18 pouces, rassemblées en ombelle; grandes fleurs blanches. Terre fraîche; — *acuminé*, de 80 pieds; feuilles grandes, pubescentes en dessous; fleurs jaunes bleuâtres, de 3 à 4 pouces; cônes d'un beau rouge; — *auriculé*, de 25 à 40 pieds; feuilles de 10 à 15 pouces, ovales, spatulées et auriculées à la base; fleurs de 5 à 6 pouces, d'un blanc jaunâtre, odorantes. Le *pyramidal*, plus petit que l'auriculé, ne semble en être qu'une variété; — *à feuilles en cœur*, fleurs jaunes verdâtres; — *strié*, a beaucoup de rapport avec le précédent; chez M. Cels; — *à grandes feuilles*, de 25 à 30 pieds; feuilles de 18 pouces à 2 pieds de longueur, obovales spatulées; fleurs larges de 6 à 7 pouces, pétales inférieurs, tachés de pourpre à la base : terre un peu humide. Arbre pyramidal et de la plus grande beauté. On doit l'abriter un peu des grands vents qui déchirent ses feuilles gigantesques; — *yulan*, de 30 à 40 pieds; feuilles ovales de 7 à 8 pouces; au printemps, grandes fleurs blanches, odorantes. Orang. pendant les premières années, puis pleine terre avec couvert. sur le pied Très-belle espèce; — *glauque*, de 10 à 12 pieds, feuilles obtuses, glauques et d'un blanc bleuâtre en dessous; en été, fleurs blanches, exhalant une odeur suave. Terre de bruyère un peu humide; —*de Thompson*, ressemble au précédent; il est pyramidal, et ses fleurs ont 5 à 6 pouces. Terre un peu moins humide; — *discolore*, 3 à 4 pieds; feuilles aiguës, persistantes dans la serre, caduques en pleine terre; de bonne heure et pendant tout le printemps, grandes fleurs bien ouvertes, blanches à l'intérieur et pourpres au dehors. Terre sèche et chaude à bonne exposition; couvert. l'hiver; reprend facilement de bouture;—*grêle*, de 2 à 3 pieds; petites feuilles lancéolées; en mai, grandes fleurs blanches en dedans, violettes en dehors. Cult. du précédent;—*de Soulange*, superbe hybride obtenu du discolore et de l'yulan, par M. Soulange. Ses fleurs, de l'odeur la plus suave, sont blanches en dedans et rouges à l'extérieur. Nous renverrons ceux qui désireraient de plus grands détails à notre *Livre du Forestier*.

MALOPE à grandes fleurs. *Malopa grandiflora*. Fam. des mauves. ⊙. 2 à 3 pieds : feuilles semblables à celles de la mauve : grandes fleurs d'un rose vif. Très-rustique; semer en place. Fort jolie plante, préférable au malope *à trois lobes*. La variété *blanche* de cette dernière espèce est fort belle.

MALPIGHIER à grandes feuilles. *Malpighia macrophylla*. Fam. des malpighiacées. ♄. De la Guadeloupe. de 7 à 8 pieds : grandes feuilles, coriaces, soyeuses en dessous : fleurs blanches en ombelles : fruit mangeable. Terre légère substantielle : serre chaude : de graines et de bout. étouffées.—On cultive de même les Malpighiers *glabre,— piquant,— à feuilles de grenadier,— à feuilles de houx,—d'yeuse.*

MAMILLAIRE. *Mamillaria.* Fam. des cierges. ♄. Cierges arrondis ou cylindriques, mammelonnés en spirale, hérissés de soies et d'épines. Même cult. que les cierges proprement dits. Les plus remarquables sont les Mamillaires *simple,—prolifère,—discolore,—à couronne étoilée.*

MANTISIE du Bengale. *Mantisia Saltatoria.* Fam. des balisiers. ♃. Racine tubéreuse : au printemps, fleurs bleues en grappes, remplacées par des feuilles lancéolées assez longues. Serre chaude : terre légère substantielle : d'éclats. Plante fort jolie et curieuse.

MARGUERITE vivace, paquerette. *Bellis perennis.* Fam. des radiées. ♃. Une de nos plus jolies fleurs indigènes. On cultive surtout ses variétés, qu'il faut relever tous les ans : d'éclats : tout terrain un peu ombragé. Var. *blanche, rouge, rose, panachée, à cœur vert, à tuyaux rouges, blancs, prolifère.* Fait de charmantes bordures.

MARICA bleu. *Marica cœrulea.* Fam. des iridées. ♃. de l'Amér. Mérid. Grandes feuilles radicales, ensiformes : hampe de 3 pieds, portant plusieurs grandes fleurs du bleu le plus vif. Terre douce, un peu humide : serre chaude : de graines et d'éclats. Plante superbe.

MARRONNIER d'Inde. *Œsculus hypocastanum.* Fam. des acérinées. ♄. De 80 à 100 pieds : feuilles fort grandes et digitées : au printemps, grandes fleurs blanches, panachées de rouge, en bouquets pyramidaux. Tout terrain : de graines. Var. *panachée de jaune* ou *de blanc.* Arbre magnifique. — Le *M. rubicond,* a le feuillage d'un vert plus noir et plus gaufré que le précédent : ses fleurs sont d'un beau rouge : il est fâcheux qu'il reste plus petit

nque l'espèce commune, car sans cela on ferait de magnifiques avenues en les entremêlant.

MASSETTE à larges feuilles. *Tipha latifolia*. Fam. des
typhacées. — ♃. Feuilles gladiées très-longues ; tige de
4 à 5 pieds, portant un épi brun lorsqu'il est mûr. Terrain inondé : d'éclats. Elle fait un fort joli effet dans les
pièces d'eau des jardins paysagers.

MATRICAIRE commune. *Matricaria parthenium*. Fam.
des radiées. ♃. de 1 à 2 pieds : feuilles bipinnées : en été
et automne fleurs blanches à cœur jaune. Tout terrain :
de graines pour le type, et d'éclats pour les variétés, *à
fleurs doubles, à feuilles frisées, à fleurs sans rayons.*
Plante odorante. — La Matricaire *mandiane* ♄ est plus
belle que la précédente, fleurit toute l'année, se rentre
au printemps ou reste dehors avec couvert. On la cultive
aussi comme les reines-marguerites.

MAURANDIE de Barclay. *Maurandia Barclayana*. Fam.
des scrophulaires. ♄. Volubile de 15 à 20 pieds : feuilles
hastées : en été et en automne grandes fleurs d'un rose
foncé, nombreuses. Terre de bruyère ou terre légère substantielle.; orang. ou couvert. l'hiver : de graines sur
couche ou de marcottes. Plante magnifique. — On cultive de même la Maurandie *toujours fleurie*, et celle *à
feuilles de muflier*, de 5 à 6 pieds : jolies, mais moins que
la précédente.

MAUVE frisée. *Malva crispa*. Fam. des malvacées. ⊙.
de 5 à 6 pieds : grandes feuilles, lobées, ondulées et frisées
sur les bords ; en été petites fleurs blanches. De graines
en place aussitôt mûres. Plante pittoresque. On emploie
ses feuilles pour dresser les assiettes de dessert. — La *M.
musquée* se cultive de la même façon ainsi que la Mauve
de l'*Ile-de-France*, très-jolie plante qui se sème sur couc.
et se replante en motte. — On cultive en orang. la *M.
divariquée*, charmante plante ; — *du Cap*, — *écarlate*. —
L'ombellée demande la serre chaude. Les 4 derniers sont
♄.

MÉDÉCINIER à feuilles en violon. *Jatropha panduræfolia*.

Fam. des Euphorbiacées. ♄. De Cuba. De 7 à 8 pieds; en été, corymbes de fleurs d'un rouge très-vif. Terre à orang.: peu d'eau; serre chaude: de graines, de marc. et de bout. étouffées.— On cultive de même le M. *multi-fide*, très-pittoresque. — *brûlant*, à fleurs fort jolies, — *à feuilles de napée*, — *à feuilles entières*, — *cassave*, four-nit la farine manioc, mais ne se recommande pas par sa beauté.

MÉLALEUQUE à feuilles de millepertuis. *Melaleuca hypericifolia*. Fam. des myrtoïdes. ♄. Des Indes. De 10 à 12 pieds; feuilles opposées, ovales; en été et pendant l'automne, épis de fleurs rouges à filaments nombreux, rangées autour des rameaux. Terre de bruyère mélangée, orang: rempoter tous les ans et donner beaucoup d'eau l'été: de graines, mûres seulement au bout de deux ans, de bout. étouffées, de marc. Arbuste magnifique. — On cultive encore le M. *armillaire*, fleurs blanches, — *à feuilles de thym*, pourpre violet, — *à feuille de diosma*, fleurs blanches, — *gentil*, pourpre clair, — *à feuilles con-tournées*, — *à feuilles étroites*, — *écailleux*.

MÉLASTOME malabathroïde. *Melastoma malabathrica*. Fam. des mélastomes. ♄. De Ceylan. De 4 à 5 pieds: feuilles lancéolées, ovales, rugueuses, d'un beau vert; en novembre et décembre, fleurs larges de trois pouces, d'un beau rose, disposées en panicule. Terre de bruyère; serre chaude; peu d'eau l'hiver, modérément en été: de bout. étouffées, de marc. et de rejetons: beaucoup de chaleur. — On cultive de même les Mélast. *soyeux*, — *du Népaul*, — *à fleurs en cimes*, — *de Fothergill*, — *granuleux*. Tous sont fort beaux.

MÉLÈZE d'Europe. *Larix Europea*. Fam. des conifères. ♄. De 120 à 140 pieds, pyramidal, à rameaux horizon-taux: feuilles linéaires, caduques: au printemps, fleurs femelles rougeâtres auxquelles succèdent les cônes. Réus-sit surtout dans les lieux froids et élevés, mais vient partout. Fort bel arbre. Tout terrain: de graines: se re-plante fort gros. Var. *à rameaux pendants, tortueux*. — Le Mélèze *d'Amérique* est plus petit que le précédent, auquel il ressemble beaucoup. Même cult.

MÉLIANTHE à grandes feuilles. *Melianthus major*. Fam. des rues. ♄. Du Cap. De 8 à 9 pieds : grandes feuilles pinnées, glauques, dentées profondément ; en été, petites fleurs rouges. Terre légère substantielle, bonne exposition, et couv. l'hiver ou orang. : de rejet., de bout. et de marc. étranglées. Plante très-pittoresque. — Le M. *à petites feuilles* est moins beau et se cultive de même.

MÉLIER trinerve. *Blakea trinervia*. Fam. des mélastomes. ♄. Des Antilles. De 10 à 12 pieds ; grandes feuilles : en été belles fleurs roses. Terre légère substantielle ; serre chaude ; beaucoup d'eau pendant la végétation ; de marc. et de bout. ; cult. des mélastomes. — Le M. *triplinerve* est aussi fort beau et se cultive de même.

MÉLILOT bleu, lotier odorant. *Melilotus cœrulœus*. Fam. des légumineuses. ☉. 2 pieds ; fleurs bleues très-odorantes. Terre légère ; de graines en place et sur couche.

MÉLISSE à grandes fleurs. *Melissa grandiflora*. Fam. des labiées. ♃. Nombreuses et grandes fleurs roses, en épis unilatéraux. Tout terrain un peu sec ; de graines et d'éclats. Var. *à feuilles panachées*.

MÉLITE à feuilles de mélisse. *Mellitis melissophyllum*. Fam. des labiées. ♃. Au printemps, grandes fleurs roses ou blanches, à lèvre pourpre. Terre légère ombragée ; de graines et d'éclats.

MÉLOCACTE commun. *Melocactus communis*. Fam. des cierges. ♄. Masse charnue, arrondie, de 7 à 8 pouces de diamètre, ayant seize à dix-huit côtes régulières, munie chacune d'une rangée de faisceaux d'épines ; cette base est surmontée d'un spadice cylindrique, laineux, épineux, sur lequel en été, s'épanouissent quelques fleurs roses, auxquelles succèdent des fruits rouges. Serre chaude ; de graines ; cult. des cierges. Plante fort curieuse.

MÉNISPERME du Canada. *Menispermum Canadense*. Fam. des ménispermées. ♄. Volubile ; feuilles en cœur ; en été, fleurs verdâtres. Tout terrain : d'éclats, de traces et de bout. ; très-propre à couvrir les tonnelles ainsi que les suivants: — *de la Caroline*, bonne exposition — *de Virginie*.

MENTZÉLIE rude. *Mentzelia aspera*. Fam. des onagres. ♄. De 3 pieds: feuilles obovales, dentées: en automne, fleurs d'un beau rouge safrané. Terre légère substantielle; serre temp.; de graines et de bout. sur couche. Bel arbuste.

MENZIÈZIE à feuilles de polium. *Menziezia poliifolia*. Fam. des rosages. ♄. En touffe basse; feuilles lancéolées, ovales, persistantes; fleurs d'un rose foncé. Terre de bruy. ombragée; de marc. et de graines. — Même cult. pour la M. *naine*.

MÈRENDÈRE bulbocode. *Merendera bulbocodium*. Fam. des colchicées. ♃. Feuilles lancéolées; au printemps, deux ou trois fleurs blanches, passant au rouge. Terre légère; bonne exposition et couvert. dans les grands froids. Jolie plante ainsi que la M. *tigrée*.

MÉTHONIQUE superbe, du Malabar. *Methonica superba, gloriosa superba*. Fam. des liliacées. ♃. Racine tubéreuse: tige simple, faible, de 5 à 6 pieds; feuilles longues, terminées par un vrille; en été et en automne, assez grandes fleurs pendantes, à pétales réfléchis, ondulés, du rouge aurore le plus vif. Terre franche légère : serre chaude et tannée, pour faciliter la floraison : arroser pendant la floraison et jamais pendant le repos; de graines sur couche. Plante magnifique. — La M. *du Sénégal*, à fleurs rouge et jaune vifs, se cultive de même; elle fleurit plus aisément, superbe. — Celle *à fleurs variables* est aussi très-belle. Même cult.

MÉTROSIDEROS cilié. *Metrosideros ciliata*. Fam. des myrtoïdes. ♄. Nouv.-Holl. 3 à 4 pieds; feuilles éparses, obtuses, coriaces, ciliées; de juillet en octobre, fleurs rouges disposées en corymbes terminaux; culture des mélaleuques. — On cultive de même les M. *en panache*, — *à feuilles de saule*, — *à feuilles courbes*, — *marginé*, — *ombellé*, — *agréable*, — *diffus*, — *hispide*, — *à côtes*, — *anomal*, — *à odeur de citron*, — *glauque*, — *à fleurs ver-*

tes, — *à feuilles épaisses* ; ce dernier fleurit plus facilement et à la hauteur de 2 pieds.

MICHAUXIE à fleurs de campanule. *Michauxia campanuloïdes*. Fam. des campanules. ♂. 3 pieds ; feuilles découpées et ciliées : de juin en septembre, grandes fleurs roses. Terre légère, bien exposée ; de graines sur couche, de bout. : rentrer à l'automne et mettre en place au printemps. Belle plante.

MICOCOULIER à feuilles en cœur. *Celtis cordata*. Fam. des amentacées. ♄. Amér.-Sept. De 60 à 80 pieds ; grandes feuilles cordiformes, cotonneuses et dentées ; petites fleurs verdâtres. Arbre magnifique du plus beau port. Terre substantielle, profonde et un peu fraîche ; de graines aussitôt mûres.—On cultive de même, le M. *austral ;* Var. *à feuilles panachées,* — *de Virginie,* — *d'Occident* — *Oriental,* — *du Mississipi.* — Les M. *de la Chine* et de *Tournefort* gèlent à 10 degrés au-dessous de glace. On greffe ceux qui ne donnent pas encore de graines.

MILLEPERTUIS à grandes fleurs. *Hypericum calycinum.* Fam. des hypéricées. ♄. D'un pied, rameuse ; feuilles obovales, à points transparents ; fleurs larges de 3 pouces, du plus beau jaune, solitaires et terminales. Terre franche légère, ombragée ; de graines sur couche et en place ; en automne, de bout., de marc. et de racines ; dans le Nord couvert. l'hiver.—On cultive de même en pleine terre les M. *à gros fruit,* ♃, très-beau ; — *pyramidal,* ♃, fort élégant ; — *de l'Olympe,* ♃, très-joli ; — *élevé,* ♄, joli ; — *fétide,* ♄, — *prolifère,* ♄, beau ; — *quadrangulaire,* ♃, — *douteux,* ♃, — *perfolié,* ♃, — *de montagne,* ♃, — *velu,* ♃, — *élégant,* ♃, joli ; — *à feuilles de romarin,* ♄.—On met en orang. en leur donnant la même cult. les M. *de Mahon,* — *de la Chine,* superbe, — *hétérophylle,* — *des Canaries,* — *d'Égypte et verticillé.* Les Millepertuis de pleine terre font pendant une partie de l'été de délicieux tapis ; le vert des feuilles et le jaune d'or des fleurs produisent un effet admirable. Nous en avons vu de charmants exemples dans les jardins qui entourent l'établissement thermal de Luxeuil. (Haute-Saône.)

Mimule de Virginie. *Mimulus ringens.* Fam. des scrophulaires. ♃. D'un à 2 pieds ; feuilles sessiles, lancéolées ; en été , fleurs solitaires , assez grandes , d'un bleu clair. Terre franche, légère, un peu fraîche, ombragée ; de graines aussitôt mûres ou d'éclats. — On cultive de la même façon, mais avec couvert. l'hiver et même orang. les **M.** *des rivages*, fleurs jaunes ponctuées de rouge , — *varié*, *ponctué*, — *musqué.* Le **M.** *glutineux* est ♄ et veut absolument l'orang. Jolies plantes.

Mitchelle rampante. *Mitchella repens.* Fam. des rubiacées. ♄. Feuilles cordiformes, ovales, persistantes ; fleurs blanches, très-odorantes : fruits d'un beau rouge. Terre de bruyère humide et ombragée : de branches enracinées.

Mogori sambac, jasmin d'Arabie. *Mogorium sambac.* ♄. Arabie De 10 à 12 pieds, grimpante : feuilles elliptiques, cordiformes, épaisses et persistantes : pendant tout l'été, nombreuses fleurs blanches à odeur des plus suaves. Terre de bruyère : serre chaude ou tempérée ; air libre en été : beaucoup d'eau pendant la végétation : de boutures étouffées ou de marcottes. Var. *à fleurs doubles et prolifères* , *à fleurs encore plus grandes et très-doubles* (jasmin du grand-duc de Toscane), même culture. Arbustes très-agréables et que l'on doit tailler.

Molène bouillon blanc. *Verbascum thapsus.* Fam. des solanées. ♂. De 5 à 6 pieds ; grandes feuilles cotonneuses ; en été, grandes fleurs jaunes odorantes. Tout terrain sec ; de graines aussitôt la maturité. Cette plante très-commune est d'un très-bel effet dans les jardins pittoresques. — La **M.** *purpurine* avec ses deux variétés *à fleurs pâles* et *à fleurs roses* se cultive de même.

Monarde écarlate, thé d'Oswego. *Monarda didyma.* Fam. des labiées. ♃. De 15 à 18 pouces ; feuilles glabres ; en été, fleurs d'un rouge vif, en têtes verticillées. Terre légère, substantielle, ombragée ; dans le nord, couvert. l'hiver ; d'éclats des racines ; changer de place tous les trois ou quatre ans. Belle plante.—On cultive encore de la même façon la **M.** *fistuleuse*, — *pourpre* , — *violette* , —

à fleurs roses, — *ponctuée.* ♂. De graines sur couche au printemps.

MONSONIE élégante. *Monsonia speciosa.* Fam. des géraniers. ♃. Du Cap. 2 pieds; feuilles à folioles; au printemps, grandes fleurs d'un rose très-pâle, rayées de pourpre et de carmin. Terre franche, légère; peu d'eau; petits vases; orang. près des jours; de graines en pots et de racines. — On cultive de même la M. *à feuilles lobées,* — *incisées,* — *ovale.*

MORÉE engaînée. *Morea northiana.* Fam. des iridées. ♃. Feuilles ensiformes et engaînantes; tout l'été, fleurs profondément divisées; les trois divisions extérieures, d'un beau blanc, jaunes à la base avec quelques macules pourpres; les trois autres, bleues, tachées de jaunes, ponctuées de pourpre à l'onglet. Terre légère, un peu substantielle; serre chaude; peu d'eau; de graines et d'éclats. Plante superbe; — les suivantes se cultivent comme les ixias, — *à grandes fleurs,* — *demi-deuil,* — *tricolore,* charmante, terre sèche; — *à feuilles d'iris,* — *de la Chine,* — *en ombelle.* — La M. *frangée,* plante fort belle, demande la serre temp.

MORELLE faux piment, amomum, cerisette. *Solanum pseudocapsicum.* Fam. des solanées. ♄. De 2 à 3 pieds; feuilles lancéolées, persistantes; en été, fleurs blanches en ombelles, auxquelles succèdent des baies rouges ou jaunes. Terre franche; orang. : de graines, de rejet. et de bout. — On cultive de même en orang. la M. de *Buénos-Ayres;* — *à feuilles de chêne,* fort belle plante; — *recourbée,* — *marginée,* — *laciniée,* — *vespertilion.* En serre chaude; — M. *à feuilles de bette,* — *de Madagascar,* — *écarlate,* — *hérisonnée,* — *des Indes,* — *de Quito.* — La M. *à feuilles glauques* conserve ses tiges dans la serre, mais les perd en pleine terre; à la vérité elle en produit d'autres et peut être considérée comme de pleine terre ainsi que *l'atrosanguine;* couvert. l'hiver, au moins dans le nord. Très-beau genre de plante.

MORINE à longues feuilles. *Morina longifolia.* Fam. des dipsacées. ♃. 2 pieds et demi; la partie florifère a un pied de hauteur et porte douze à quinze verticilles, composés chacun de vingt à vingt-cinq fleurs tubuleuses, blanches d'abord, devenant ensuite rose pâle à l'intérieur et rose vif au dehors. Terre légère un peu abritée ; de graines et d'éclats. Placée au dehors, elle a supporté deux hivers au Jardin-des-Plantes sans souffrir.

MOURON en arbre. *Anagallis fruticosa.* Fam. des lysimachies. ♄. De 18 pouces ; feuilles ternées ; fleurs d'un rouge écarlate, assez grandes. Terre légère, substantielle ; serre temp. ; de bout. étouffées. Joli arbuste. — Cultiver de même le M. *à feuilles étroites.* ♂. De graines aussitôt mûres. Très-joli.

MUFLIER des jardins, gueule-de-lion, mufle-de-veau. *Anthirrinum majus.* Fam. des scrophulaires. ♂ ou ♃. De 2 pieds ; feuilles lancéolées, étroites et lisses ; au printemps et en été, épis de grandes fleurs très-variées. Voici les principales variétés : M. *rouge, blanc, pourpre, panaché, feu, bicolore, à fleurs doubles.* Les variétés se mult. de bout. et le type de graines ; tout terrain, mieux substantiel. Plante charmante.

MUGUET de mai. *Convallaria maialis.* Fam. des asperges. ♃. Nous ne décrirons pas cette plante que tout le monde connaît ; nous recommanderons seulement d'en planter autant qu'on le pourra dans les bois ou bosquets qui avoisinent l'habitation ; la fleur est jolie et son odeur délicieuse. Var. *à fleurs rouges, doubles.* Le type est préférable aux variétés. Toute terre ombragée ; de graines, de rejet. ou de racines.

MURIER. *Morus.* Nous avons décrit les diverses espèces ou variétés de cet arbre au chapitre *des arbres fruitiers ;* plusieurs d'entre elles sont très-propres à la décoration des jardins.

MUSCARI à grappes. *Muscari racemosa.* Fam. des lis. ♃. Feuilles couchées ; fleurs en grelot, d'un beau bleu, disposées en grappes. Terre légère ; ne pas relever avant que la touffe soit grosse ; de graines et de caïeux. — On cultive comme les jacinthes, mais en ne relevant que tous les trois ans , les **M.** *odorant ,* — *chevelu ,* — *mons-trueux.*

MUTISIE élégante. *Mutisia speciosa.* Fam. des semi-flosculeuses. ♄. Volubile ; feuilles pinnées; fleurs termi-nales et solitaires d'un rose vif. Terre à oranger ; serre chaude ; de graines, de bout. étouffées et de marc.

MYOPORE à petites feuilles. *Myoporum parvifolium.* Fam. des myoporinées. ♄. Nouv. Holl. De 3 à 4 pieds ; feuilles étroites, charnues, spatulées ; en été, fleurs blan-ches. Terre légère , substantielle ; serre temp. ; de bout. et de marc.

MYRSINE à feuilles émoussées. *Myrsina retusa.* Fam. des myrsinées. ♄. De 1 à 2 pieds ; feuilles rétuses, den-tées en partie ; en mai, petites fleurs pourpres, en corym-bes axillaires. Terre à oranger; orang. : de graines, de bout. et de marc. — Même cult. pour la **M.** *à feuilles de myrte.*

MYRTE commun. *Myrtus communis.* Fam. des myrtoï-des. ♄. De 5 à 6 pieds, très-touffu : feuilles obovales, en-tières, luisantes, persistantes : en été fleurs blanches axil-laires. Terre à oranger : beaucoup d'eau l'été : arrosements suffisants en hiver; orang.; de graines, boutures, reje-tons et boutures. Var. *à feuilles larges* ou *romain, à fleurs doubles, de Belgique , à feuilles d'oranger, de Portugal , de Tarente, d'Italie , à feuilles mucronées.* Plusieurs de ses variétés ont des sous-variétés *à fleurs doubles, à feuil-les bordées* ou *panachées.* Tous ces arbustes sont char-mants. — On cultive de la même façon, mais en serre chaude ou au moins tempérée pour le premier, les espèces suivantes, — Myrte *tomenteux,* très-joli, — *en buisson,* — *distique,* — *aromatique,* — *piment.*

N.

NANDINE domestique. *Nandina domestica.* Fam. des berbéridées. ♄. De 3 ou 4 pieds : feuilles composées, à folioles, ternées : en été petites fleurs blanchâtres, disposées en grande panicule. Terre de bruyère : orang.; de drageons : délicate.

NAPÉE lisse. *Napœa levis.* Fam. des malvacées. ♃. De 5 à 6 pieds ; feuilles lobées profondément ; en été, fleurs blanches, nombreuses. Tout terrain ; de graines et d'éclats. — Cultiver de même la Napée *rude.*

NARCISSE des poètes, jeannette, porillon. *Narcissus poeticus.* Fam. des narcissées. ♃ Feuilles radicales, ensiformes, érigées; hampe de 8 à 10 pouces ; au printemps, grandes fleurs blanches à couronne très-courte, bordée de pourpre, odorantes. Var. *à fleurs doubles,* délicate. Terre franche un peu fraîche; de graines et de caïeux que l'on sépare en été et que l'on replante en automne : arrosements nécessaires pour déterminer la floraison : il faut relever tous les ans les variétés doubles qui, sans cela, dégénèrent promptement. — On cultive de même le Narcisse *à bouquets* et ses variétés, dont les principales sont : *de Constantinople, à fleurs doubles,* orang.; *de Chypre,* orang.; *grand soleil d'or,* couvert. l'hiver; *multiflore,* orang.; *grand primo,* couvert. l'hiver ; *grand monarque,* id.; *odorant,* id.—N. *à fleurs pendantes,* orang.;—*rayonnant,* — *jonquille,* terre franche sablonneuse, à bonne exposition : planter à 3 pouces de profondeur, en ayant soin de placer dessous une petite pierre ou d'incliner l'oignon pour l'enpêcher de s'enfoncer : relever quand les feuilles sont desséchées. Var. *à fleurs doubles,* très-délicate ; — *nompareil,* — *sauvage, aiault, fleur de coucou ;* Var. *à fleurs doubles,* — *bicolore,* — *musqué,* — *d'Orient,* — *petit,* — *du Pérou,* orang.; — *odorant,* — *à grande couronne,* — *à fleurs vertes,* orang.; — *tardif,* orang.; — *bulbocode,* terre de bruyère avec couvert. l'hiver, mieux orang.; — *fausse jonquille.* Toutes ces plantes sont fort belles et très-agréables par leur odeur.

NÉFLIER. *Mespilus.* Voir aux arbres fruitiers.

NÉNUPHAR blanc. *Nymphœa alba.* Fam. des hydrocharidées. ♃. Feuilles en cœur; en été, grandes fleurs blanches. Dans les pièces d'eau, en y jettant ses graines ou bien en y plantant dans la vase une portion de sa racine munie d'un œilleton; dans les bassins pavés, on le place dans un baquet rempli de terre que l'on maintient sous l'eau. Plante magnifique ainsi que les suivantes. — N. *jaune*, à feuilles très-grandes et à fleur du plus beau jaune; la variété *à petites feuilles*, fort jolie miniature, se rentre l'hiver en orangerie; — *à trois couleurs*, orang.; — *odorant*, fleurs blanches doubles, orang.; — *lotos*, superbe plante, serre chaude; — *bleu*, magnifique, serre chaude;—*Nelombo*, fleurs roses admirables, serre chaude. On place celle que l'on doit mettre en serre dans des baquets, au fond desquels on dépose 4 à 5 pouces de terre et que l'on remplit d'eau.

NÉOTTIE écarlate. *Neottia speciosa*. Fam. des orchidées. ♃. Feuilles ondulées; au printemps et quelquefois en automne, nombreuses fleurs roses, disposées en épi. Terre de bruyère; serre chaude; d'éclats.

NERPRUN alaterne. *Rhamnus alaternus*. Fam. des rhamnoïdes. ♄. 12 à 15 pieds; feuilles obovales, luisantes et persistantes; au printemps, fleurs verdâtres. Terre légère, ombragée; de graines aussitôt mûres, de boutures, de marcottes et de greffe pour les variétés; quelques-unes de celles-ci veulent être couvertes pendant les premières années. Var. *à feuilles étroites, d'Espagne, à feuilles panachées de jaune, de blanc, maculées, à feuilles caduques, à feuilles laciniées*. — On cultive de même les Nerpruns *purgatifs*, — *à feuilles d'aucuba*, — *des Alpes*, — *nain*, — *bourdaine*. — Tous ces arbrisseaux, et en particulier l'alaterne, font un très-bel effet dans les bosquets des jardins paysagers.

NÉSÉE à feuilles de saule. *Nesœa salicifolia*. Fam. des salicaires. ♄. De 5 à 6 pieds; feuilles ovales allongées; de juin en septembre, longs épis de fleurs jaunes. Terre légère; orang. ou pleine terre avec couv. l'hiver; restées dehors, les tiges gèlent, mais sont remplacées au printemps par d'autres qui fleurissent en automne. — On cultive encore la Nésée *à feuilles de myrte*.

NIGELLE de Damas, patte d'araignée, cheveux de Vénus. *Nigella Damascena.* Fam. des renoncules. ⊙. 15 pouces; feuilles à folioles très-menues; tout l'été, fleurs bleues. Terrain sec et léger; de graines en place. Var. *à fleurs blanches.* — On cultive de même la nigelle d'*Espagne* et celle de *Crète.* Très-jolies plantes, fort rustiques.

Nivéole de printemps, perce-neige. *Leucoium vernum.* Fam. des narcisses. ♃. Feuilles linéaires; hampe très-courte, portant en mars une fleur blanche, peu ouverte et tachée de vert à l'extrémité des pétales. Terre franche, ombragée; de caïeux relevés en juillet et plantés en automne. — Cultiver de même la Nivéole *d'été* ou à *bouquets.* Ces deux plantes sont très-intéressantes.

Noisetier. *Corylus.* (*Voir* aux arbres fruitiers.)

Noyer. *Juglans.* (*Voir* aux arbres fruitiers.)

Nyctère de l'Amazone. *Nicterium amazonium.* Fam. des solanées. ♄. De 4 à 5 pieds; longues feuilles, obovales, cotonneuses; en été, grandes fleurs bleues en corymbes. En serre l'hiver et en pleine terre l'été; de bout. étouffées. Belle plante.

O.

OEillet des fleuristes. *Dianthus caryophyllus.* Fam. des caryophyllées. ♃. De 18 à 30 pouces, verte, glauque comme les feuilles, qui sont longues, étroites et subulées; tout l'été, fleurs très-variées de formes et de couleurs, odorantes; on ne cultive que les doubles. On divise les œillets en quatre catégories : celle des *grenadins* ou *à ratafia*, celle de ceux dits *à carte*, celle des *flamands* et celle des *bizarres.* Les Anglais, qui sont très-riches en œillets, ont adopté d'autres divisions mais également au nombre de quatre : les *bizarres*, à fleurs irrégulièrement panachées; les *flake*, à trois couleurs et à pétales bordés; les *picotés*, à fond blanc ou jaune piqueté de rouge; les *fardés*, à pétales rouges en-dessus et blancs en-dessous. Nous suivrons le mode de division français, que nous allons expliquer : 1° les *grenadins* ou *ratafias* ne sont jamais très-doubles, se fendent rarement et sont dentelés. Ils sont tous rouges, et recherchés des liquoristes à cause de la forte odeur de girofle qu'ils exhalent. 2° Les œillets *à carte* ou *prolifères* acquièrent d'énormes dimensions; ils crèvent facilement, ce qui force à les soutenir au moyen d'une carte trouée que l'on introduit avant la floraison et qui enveloppe le calice ; on peut aussi, en aidant uniformément à la séparation du calice, empêcher la déformation de la fleur; ils sont à fond blanc ou rouge, panaché ou piqueté de pourpre, de rouge ou de violet. 3° Les *flamands* sont moins grands et jamais prolifères; leur fond est blanc, violet ou rouge, panaché ou piqueté d'une couleur vive et tranchante; le sommet des pétales ne doit jamais être, dans une fleur bien faite, ni denté, ni crénelé, mais exactement arrondi; la fleur sera large et bien régulière. 4° Les *bizarres* n'ont pas de forme particulière, mais sont d'autant plus recherchés qu'ils se rapprochent des flamands; on subdivise cette catégorie en trois classes : dans la 1re, les fleurs sont jaunes, panachées ou piquetées d'une seule couleur, qui est violette, rouge, pourpre ou rose, les pétales presque toujours dentés ; la seconde renferme les bicolores, ou si l'on veut ceux à panachures de deux couleurs ; enfin la troisième ou des tricolores a des individus panachés de trois couleurs. Les plus recherchés des bizarres sont ceux qui ont du jaune, soit dans le fond, soit dans les panachures ou piquetures.

Les œillets se cultivent en pots de 6 à 8 pouces de diamètre ou en pleine terre; par le premier mode ils sont beaucoup plus beaux. On leur prépare une terre composée d'un tiers de terreau très-consommé, un tiers de terre franche et un tiers de terre de bruyère, ou de terreau de feuilles, ou mieux encore du terreau que l'on trouve dans le tronc des vieux arbres, en en exceptant cependant le chêne. On donne des tuteurs aux tiges trop faibles pour se soutenir seules; ce qu'il y a de mieux dans ce genre, ce sont les supports en gros fils de fer et à coulisse. Les œillets ne craignent pas le froid, mais bien l'humidité et la neige; on doit donc les couvrir sur place d'un paillas-

11.

son soutenu sur des perches, ou mieux dans une serre ou orang. éclairée et aérée ; ces deux conditions sont rigoureuses , car si elles manquaient la plante s'étiolerait et périrait. M. Duval , dont la décision est ici d'une grande importance , proscrit les châssis et recommande l'emploi d'un simple hangar bien abrité. On doit retrancher avec soin tout ce qui est gâté ou pourri , ainsi que les boutons qui dépasseront le nombre de 3 ou 4 ; on ne doit pas en laisser plus de 2 aux œillets à carte. Les perce-oreilles causent de graves préjudices aux œillets et on ne parvient à les prendre qu'en plaçant, au-dessus, des tuteurs, des ergots de moutons . de porcs , etc.; les insectes s'y cachent, et on les détruit alors facilement.

On multiplie les œillets, de graines lorsque l'on veut obtenir de nouvelles variétés, de boutures étouffées et de marcottes à talon quand on désire perpétuer celles déjà acquises. Les semis se font du 5 au 15 avril , avec des graines prises sur les variétés doubles et dans une terre légère un peu terreautée, ou en terre de bruyère. La jeune plante se relève en juillet ou août , pour être piqué en pot ou en pleine terre ; il demande a être mis à l'abri de l'humidité , du verglas , de la neige, et fleurit au mois de juin de l'année qui suit celle du semis. La marcotte est le moyen le plus employé pour multiplier les variétés obtenues ; nous donnons cependant la préférence à la bouture étouffée , qui permet de sauver une variété prête à dégénérer ; on emploie aussi pour obvier à la dégénérescence la plantation dans la terre franche pure ; quand les deux moyens indiqués échouent , il faut réformer l'individu ou ne plus lui demander que des graines , qui sont fort bonnes. On peut aussi greffer plusieurs variétés d'œillets sur le même pied, et l'on obtient ainsi une réunion charmante des plus jolies fleurs. La greffe est celle dite *herbacée*, pratiquée dans les aisselles des feuilles et des rameaux.

Beaucoup d'amateurs établissent leurs œillets sur des gradins qui permettent de saisir d'un seul coup-d'œil toute la collection. Là on recouvre les fleurs d'une tente qui les abritant du soleil prolonge la floraison. Le nombre

ɔdes variétés d'œillets est très-grand et nous engagerons
ɕl'amateur de ces plantes charmantes à s'en rapporter pour
ɖle choix à un jardinier probe et instruit.

On cultive encore beaucoup d'espèces d'œillets, toutes
ɖforts belles et très-répandues ; voici les plus remarquables :
ɖ—OEillet *de poète,—barbu,— bouquet parfait*, a beaucoup
ɖde variétés ; mult. de graines sur couche, de boutures, de
ɖmarcottes et d'éclats ; — *des chartreux,—de roche, —glau-*
ɖ*que, lacinié, mignardise*, plusieurs variétés charmantes,
ɖrustiques, fournissant de très jolies bordures ; —*superbe,*
ɖsemis annuel ;—*des Alpes,—bleu,— de mai,—éclatant,*de
ɖbouture ; — *d'Espagne,—de la Chine*. ⊙. ou en orang. ♃.
—On cultive en orang. l'OEillet *en arbre,— des bois*, très-
beau,—*du Japon,—à feuilles de paquerette*, très-joli, terre
de bruyère, a supporté dehors 10 degrés de froid avec une
légère couverture, peut aussi se cultiver comme ⊙.

OLIVIER odorant. *Olea fragrans*. Fam. des jasmins.
♄. De la Chine. De 5 à 6 pieds; feuilles ovales, coriaces
et luisantes ; en été petites fleurs blanches de l'odeur la
plus suave. Terre franche légère ; de graines et de marcottes.— On cultive de même la variété *à fleurs rouges* et
les espèces *d'Amérique,* de 35 à 40 pieds, pleine terre
dans le midi ; — de *Madère,— ondulé,— à feuilles de
saule*, tous d'orangerie. Nous ne dirons rien de *l'olivier
commun*, que l'on trouve aux arbres fruitiers.

ONOPORDE d'Arabie. *Onopordum arabica*. Fam. des
flosculeuses. ♂. De 6 à 7 pieds : grandes et larges feuilles
sinuées, dentées, mucronées, blanchâtres; en été fleurs
en grosses têtes. Tout terrain ; de graines. Très-pittoresque et propre aux grands jardins.

OPHRYS mouche. *Ophrys myodes*. Fam. des orchidées.
♃. Feuilles lancéolées; au printemps, hampe de 12 à 15
pouces, portant un long épi de fleurs a labelle d'un rouge
foncé, les divisions supérieures vertes et les latérales pourpres; ressemble à une grosse mouche brune. Terre rocailleuse pas trop humide. La culture de toute cette famille
est fort difficile, et nous allons parler dans cet article de
tout ce qui la concerne. Tous les genres, toutes les espèces

et toutes les variétés doivent se planter dans une terre semblable à celle où elles croissent naturellement; en les plaçant dans le vase, on doit conserver la motte toute entière; le pot que l'on a soin d'enterrer est ensuite placé à une exposition et dans des conditions semblables à celles où se trouvait le végétal qu'il s'agit de conserver; on dépote tous les deux ou trois ans et on replante les œilletons que l'on a rencontrés. Si pour conserver ou multiplier on emploie le semis, on l'exécute en le recouvrant avec un peu de mousse hachée très-fine, et l'on arrose avec grand soin pour ne pas durcir la terre. On ne doit jamais toucher ni remuer la terre qui entoure les plantes de la famille des Orchidées.

Pour rendre complète cette notice, nous croyons devoir transcrire ici un article des annales de la Société d'horticulture, communiqué par l'habile M. Neumann, du Jardin des plantes : « La culture des Orchidées dans les serres nous paraissait jusqu'à présent une chose presque impossible. En exceptant quatre ou cinq espèces qui vivent sur la terre et que l'on possède depuis longtemps, on ne croyait pas qu'on parviendrait à cultiver les nouvelles espèces de cette singulière et remarquable famille. Il n'y a guère que deux ans que j'ai commencé à essayer les nouveaux procédés de culture, et déjà je puis affirmer que le succès ne manquera pas aux personnes qui voudront prendre les soins convenables, soins qui, au reste, sont aussi minutieux que ceux qu'exigent les autres plantes de serre chaude. J'ai dû faire bien des essais avant de trouver les vrais moyens de réussir, et j'ai reconnu qu'il n'était pas nécessaire d'avoir une serre excessivement humide, ainsi qu'on le prétendait; une serre ordinaire, enterrée comme le sont communément les bonnes serres, suffit pour la culture de toutes les orchidées. Plusieurs espèces se cultivent sur des mottes de terre et d'autres appliquées contre des morceaux de bois.

« Pour les premières, on remplit la moitié environ du pot avec des tessons, et on les couvre de mottes de terre de bruyère que l'on dispose de façon à dépasser le pot d'à-peu-près 3 pouces. On donne à ces mottes le volume d'une grosse noix et on les fait tenir à l'aide de petits piquets de bois. On plante l'Orchidée sur ces mottes et on l'assujettit avec un tuteur proportionné. Les tessons ont pour but de laisser un libre passage à l'eau des arrosements, et les mottes de terre ont pour fonctions de permettre à l'air un accès facile auprès de toutes les racines : leur élévation au dessus du pot est nécessaire pour que ces mêmes racines ne végètent pas dans une obscurité trop profonde et pour que les espèces qui donnent leurs fleurs au milieu des mottes puissent les développer, ce qu'elles ne pourraient faire si elles étaient enfoncées dans un pot, ainsi que cela m'est plusieurs fois arrivé, lorsque dans le début je croyais pouvoir cultiver ces espèces comme celles anciennement connues. J'ai employé pour cette culture des petits paniers de fil de fer et de la mousse, et les résultats ont été les mêmes ; je préfère le précédent moyen, qui est le plus économique.

« Les espèces parasites n'offrent pas plus de difficultés. Il suffit de les fixer sur un morceau de bois de chêne revêtu de son écorce et garni d'un peu de mousse, qui conserve une humidité convenable jusqu'au moment où la plante est parvenue à s'attacher sur le bois au moyen de ses racines, qui s'implantent dans l'écorce. Voici tout le secret qui, comme on le voit, n'est pas d'une exécution difficile.

« Il faut avoir soin que le soleil ne frappe pas sur ces plantes avant de s'être assuré qu'elles peuvent le supporter, ce qu'un jardinier intelligent reconnaît par des épreuves multipliées ; car il est des espèces qui ne voient jamais le soleil, tandis que d'autres n'ont rien à en redouter. Lorsqu'on nous envoie des orchidées, on ne nous dit jamais si elles croissent à l'ombre, sous les arbres des forêts, ou si elles vivent au soleil sur les rochers qui, y sont exposés, et cependant il en existe dans ces deux circonstances.

« Dans un voyage que je viens de faire en Angleterre, je me suis spécialement occupé de ce genre de plantes, que j'ai trouvées chez presque tous les cultivateurs, et partout cultivées de la même manière. J'en ai vu qui, réunies dans des pots de 12 pouces, donnaient des brassées de fleurs dont l'odeur embaumait les serres. J'ai remarqué que chez les cultivateurs qui donnaient trop d'humidité à leurs orchidées, elles étaient moins belles que celles tenues en serre ordinaire. Il est aussi quelques espèces de serres tempérées que l'on met dans les endroits les moins chauds de la serre. Quelques-unes végètent également mieux si l'on mêle quelques tessons parmi les mottes de terre ; ce sont généralement celles originaires du Mexique. En hiver, lorsque l'on arrose, il faut autant que possible ne pas mouiller les feuilles, mais seulement les mottes, il n'est pas nécessaire non plus de tenir les pots dans les couches de tannée. Un plancher sous lequel passent des conduits d'eau chaude convient parfaitement : c'est au surplus le mode de chauffage généralement adopté aujourd'hui en Angleterre. En été, lorsque la chaleur est trop desséchante, il est bon d'arroser les sentiers. Les cloportes sont les ennemis les plus dangereux des orchidées, dont ils coupent les jeunes racines au fur et à mesure de leur développement. C'est une des causes qui ont fait supprimer la tannée dans beaucoup d'établissements, ce que probablement nous ferons chez nous incessamment. »

Nous avons cru devoir donner ici les règles complètes de la culture des orchidées parce que, jusqu'à l'apparition de la note de M. Neumann, on regardait, comme il le dit fort bien, cette culture comme impossible, et qu'en suivant les préceptes tracés on pourra jouir facilement de ces plantes admirables. — On cultive encore les Ophrys *homme pendu*, — *araignée*, — *jaune*, — *abeille*, plantes fort curieuses.

OPHIOPOGON du Japon. *Ophiopogon Japonica.* Fam. des asperges. ♃. Feuilles linéaires, érigées ; petites fleurs blanches, disposées en grappe et portées par une hampe très-courte; fruits d'un joli blanc. Terre franche légère : orang. : de graines et d'éclats. — Cultiver de même l'O. *en épi.*

ORANGER. *Citrus.* (*Voir* aux arbres fruitiers.)

ORCHIS. *Orchis.* Fam. des orchidées. ♃. Plantes d'un grand intérêt, mais d'une culture très-difficile et semblable à celle des ophrys. Voici les orchis les plus remarquables de pleine terre : — *à deux feuilles*, terre fraîche,

—*pyramidal*, terre sèche,—*punaise*, terre fraîche,—*mâle*, fraîche ombragée, — *pâle*, terre humide, — *de marais*, tourbeuse, —*militaire*, terre sèche mais ombragée, —*picta*, terre fraîche, —*singe*, terre sèche,—*varié*, fraîche, — *casque*, terre douce, — *à larges feuilles*, terre humide,— *maculé*, odorant, terre humide, — *incarnat*, terre douce, — *à long éperon*, marécageuse, — *avorté*, terre fraîche. En orang. ou serre temp. l'Orchis *de Suzanne*, très-beau,— *lacéré*,— *à fleurs vertes*,— *à grandes fleurs*, magnifique,—*de Robert*,—*capuchonné*,—*à deux cornes*. En serre chaude,— *à lanières*,— *de Roxburgh*.

ORIGAN dictame. *Origanum dictamnus*. Fam. des labiées. ♄. D'un pied : feuilles arrondies et cotonneuses : en été épis feuillés de fleurs purpurines : toutes les parties de la plante sont odorantes. Terre légère ; orang. : de graines, d'éclats et de boutures.

ORME champêtre. *Ulmus campestris*. Fam. des amentacées. ♄. De première grandeur : feuilles arrondies, acuminées, doublement dentées : au printemps, fleurs insignifiantes. Terre franche et profonde : de graines aussitôt mûres, de greffes pour les variétés qui sont nombreuses, *à feuilles larges*, *à feuilles étroites*, *à feuilles glabres*, *tilleul*, *à feuilles capuchonnées*, *maculées*, *panachées*, *tortillard*, *à feuilles crépues*, *pyramidal*, *pleureur*. L'orme est un arbre fort beau, très-propre à la plantation des avenues.—On cultive encore les espèces suivantes : *Orme de Hollande*, — *d'Amérique*, superbe, — *à feuilles de charme*,—*nain*, — *rouge*, — *à feuilles entières*. Même culture.— L'orme *de la Chine* craint le froid et demande l'orang.

ORNITHOGALE en ombelle, dame d'onze heures. *Ornithogalum umbellatum*. Fam. des liliacées. ♃. Feuilles étroites ; au printemps, corymbe de fleurs blanches, s'épanouissant à 11 heures, ce qui lui fait donner le nom cité plus haut. Terre franche légère, ombragée; de caïeux replantés aussitôt après la séparation. — On cultive de même les O. *pyramidal*, très-joli,— *à une fleur*, — *des bois*,— *des Pyrénées*, — *à fleurs penchées*. — Les espèces suivantes demandent les mêmes soins que les ixias : — *de neige*, — *de Buénos-Ayres*, — *roulé*, — *odorant*, — *à larges feuilles*, — *scilloïde*, —*à longues bractées*, —*du Japon*, —*délicat*, — *brun*, — *à feuilles de jonc*, — *d'Arabie*, — *en thyrse*, — *doré*, —*resserré*, — *en queue*, — *vermillon*.

OROBE printannier. *Orobus vernus*. Fam. des légumineuses. ♃. De 1 pied ; feuilles ailées à folioles obovales ; au printemps, nombreuses fleurs purpurines en grappe. Tout terrain ; de graines aussitôt mûres et d'éclats en automne ; on fait refleurir en automne en tondant la plante aussitôt après sa première floraison. — On cultive de même, mais avec quelques précautions l'hiver, l'O *à deux couleurs*, plante charmante. — L'O. *noir pourpre* et celui *à feuilles de galéga* veulent l'orang. Même culture. Très-belles plantes.

ORTIE cotonneuse. *Urtica nivea*. Fam. des urticées. ♃. De la Chine. De 2 à 3 pieds ; très-touffue ; feuilles très-larges, ovales, d'un blanc de neige en dessous ; fleurs insignifiantes. Terre franche ; de graines et d'éclats. Plante très-pittoresque.

OXALIDE pompeuse. *Oxalis speciosa*. Fam. des géraniers. ♃. Feuilles à trois folioles cunéiformes ; grandes fleurs solitaires, pourpres au bord du limbe et jaunes au fond. Très-belle plante. Serre tempérée ou châssis des ixias ; terre de bruyère : de graines ou de séparation des pieds ou tubercules.—Presque toutes les espèces, qui sont très-nombreuses, se cultivent de même ; quelques-unes pourtant résistent en pleine terre. De serre. —*variable*, — *à grandes fleurs*, — *hérissée*, — *laineuse*, — *à feuilles convexes*, — *de différentes couleurs* ou *bigarrée*, charmante, — *allongée* — *velue*, — *à petites feuilles*, — *à feuilles de fève*, — *violette*, —*pied de chèvre*, —*filiforme*, — *à feuilles nombreuses*, — *rampante*, — *tranchante*, — *incarnate*. — Celles de pleine terre sont les O. *à quatre feuilles*, — *violette*, — *des bois*, — *ramassée*, — *cornue* : ces dernières demandent la terre de bruyère ou au moins très-légère.

P.

Pachysandre couché. *Pachysandra procumbens.* Fam.
des euphorbiacées. ♃ De l'Amér. Sept. Couchées : feuilles
labiées; fleurs odorantes, carnées, disposées en épis.
Terre de bruyère; de rejet.

Paliure épineux, argalou, épine du Christ. *Paliurus
aculeatus.* Fam. des rhamnoïdes. ♄. De 6 à 7 pieds; tiges
et rameaux garnis de nombreux aiguillons; petites feuilles
ovales; en été, fleurs jaunes disposées en grappes. Terre
sableuse un peu fraîche, bonne exposition; couvert.
l'hiver ou orang. : de graines aussitôt la maturité, de rejetons; rentrer le plant la première année.

Pancrais maritime, lis de Mathiole. *Pancratium ma-
ritimum.* Fam. des narcissées. ♃. Feuilles longues et
plates ; en été, hampe d'un pied portant quatre à cinq
grandes fleurs blanches, odorantes. En pleine terre sableuse avec couvert. l'hiver et mieux orang. : de graines et
de caïeux. — On cultive de même le P. d'*Illyrie* et en
serre chaude le P. *caraïbe*, très-belle plante, — d'*Am-
boine*, — du *Mexique*, — *odorant*, — *élégant*, — *abaissé*,
— *à grand godet*, — *safrané*, — *écarlate*, — *distique*,
à fleurs vertes, — *à fleurs panachées*, — *à feuilles de narcisse*. Cult. des amaryllis. Fort belles plantes.

Panicaut des Alpes. *Eryngium Alpinum.* Fam. des
ombellifères. ♃. De 2 pieds : feuilles en cœur; fleurs en
tête et collerette d'un bleu magnifique. Terre légère à
bonne exposition : de graines aussitôt mûres; de rejetons; craint la transplantation. Jolie plante. — On cultive
de même le P. *amethyste*, moins beau que le premier.

Parnassie des marais *Parnassia palustris.* Fam. des
capparidées. ♄. De 7 à 8 pouces: feuilles en cœur; en été,
fleurs blanches, maculées de jaune. Prendre dans les marais et transplanter avec la motte dans de la terre tourbeuse toujours humide.

PASSERINE à grandes fleurs. *Passerina grandiflora.*
Fam. des thymelées. ♄. Du Cap. De 5 à 6 pieds; feuilles
linéaires, appliquées ; au printemps, grande fleur campanulée, terminale, blanchâtre et soyeuse à l'extérieur.
Terre franche légère ; orang. ; craint l'humidité : de boutures étouffées, de marcottes, de rejetons. — On cultive
de même la P. *filiforme,* moins jolie quoique élégante.

PATERSONIE à hampe longue. *Patersonia longiscapa.*
Fam. des iridées.♃. Nouv. Holl. Feuilles linéaires, radicales : hampes assez longues qui portent en mai de longues fleurs, bleu clair. Cult. des ixias.

PAVIER à fleurs rouges, rouge. *Pavia rubra.* Fam. des
acérinées. ♄. Amér. Sept. De 15 à 20 pieds; feuilles digitées ; au printemps, fleurs d'un très-beau rouge, ressemblant à celles du marronnier rubicond. Tout terrain
profond et abrité; de greffe sur le marronnier, de graines
et de marcottes; rentrer le jeune plant pendant les deux
premiers hivers. — On cultive de même le Pavier *jaune,*
plus rustique. Var. *à fleurs rouges* et *à folioles plus lon-*
gues, — *de l'Ohio,* fleurs blanches, — *hybride,* rouge
pâle, de 5 à 6 pieds; — *à feuilles cotonneuses,* — *écar-*
late, très-beau, quelques précautions contre le froid, —
à longs épis, nain, arbuste charmant, à feuilles cotonneuses en dessous et à fleurs fort longues et fort belles ; réussit sur le bord des eaux ; on peut en manger le fruit;
très-rustique : de graines aussitôt mûres et abriter le
jeune plant le premier hiver.

PAVOT des jardins. *Papaver somniferum.* Fam. des papavéracées.☉. De 2 à 4 pieds; feuilles glauques, incisées ; en
été, grandes fleurs variées de toutes les couleurs, moins le
bleu, doubles ou semi-doubles, panachées ou unicolores.
Tout terrain; de graines à l'automne et au printemps sur
place. Plante du plus bel effet. — On cultive de même le
P. *coquelicot,* ☉, à fleurs aussi très-variées; — le P.
jaune, ♃, de graines aussitôt mûres et de rejetons; —
des Alpes, ♃, même cult.; — *à tige nue,* id. — Les pa-
vots *d'Orient,* ♃, à très-grandes fleurs du plus beau

n rouge et *à bractées*, à fleurs encore plus grandes, se
n multiplient de graines que l'on sème, aussitôt mûres, en
il terrines que l'on rentre en orangerie pendant le premier
i hiver; ou de rejetons à l'automne, ou en février. Plantes
il magnifiques, de pleine terre et très-rustiques.

PÊCHER. *Amygdalus persica*. (*Voir* aux arbres fruitiers.)

PEDYLANTHE tithymaloïde. *Pedilanthus tithymaloïdes*.
Fam. des euphorbiacées. ♄. De 2 à 3 pieds, charnué;
feuilles ovales, fleurs pourpres terminales. Terre légère;
serre chaude et tannée : de boutures. — On cultive de
même le P. *à feuilles carénées*.

PÉLARGONIUM, géranium. *Pelargonium*. Fam. des géraniers ♃. Ce genre, démembrement important de l'ancien
genre *géranium*, renferme environ deux cent vingt espèces,
toutes de serre tempérée. De nombreuses hybrides ont été
obtenues par les horticulteurs, nous ne pourrions toutes les
énumérer, et nous renverrons les amateurs au catalogue
de M. Lémon, dont les serres renferment les plus belles
et les plus rares plantes de ce genre. Les pélargoniums demandent une terre substantielle quoique légère, et des
pots assez grands pour que les racines soient à l'aise : il
leur faut aussi une serre très-éclairée, où la température
ne s'abaissera pas au-dessous de cinq degrés au-dessus de
glace, et ne s'élevera pas jusqu'en avril au-dessus de 11°;
on les mettra près du verre, ayant soin de les empêcher
d'y toucher; on donnera peu d'eau pendant le repos, seulement pour empêcher le dessèchement, et on retranchera
les feuilles sèches ou gâtées à mesure qu'elles le seront :
on ombrera par des toiles contre les rayons brûlants du
soleil, et on fera entrer de l'air toutes les fois qu'on le
pourra. La chaleur de la serre devenant plus forte, les
plantes fleuriront de la mi-avril à la fin de juin; il faut
alors redoubler de soins, ne point oublier d'ombrer et de
donner souvent de l'air. Aussitôt la floraison terminée on
sortira les pélargoniums de la serre et on mettra les pots
en pleine terre à demi-ombre, pour que le bois s'aoûte
bien. Il en est quelques espèces qui refleurissent en au-

tomne, il faut alors pour obtenir ce résultat retrancher les fleurs fanées aussitôt qu'elles le sont. On taille les pélargoniums et on les rempote à la fin de l'été. On les multiplie de graines pour obtenir des variétés et de boutures pour les conserver. Les semis se font en terre de bruyère ou légère et en terrines. Pour réussir dans cette opération, il faut que la terre soit toujours convenablement humide et que les vases soient sous châssis ou dans une serre. On repiquera le plant dans de petits pots, que l'on enterrera dans la couche. Les semis et boutures se font à la fin de l'été. Les pélargoniums de deux à trois ans étant plus beaux que ceux d'un âge plus avancé, on aura soin d'en bouturer souvent pour remplacer les vieux pieds que l'on détruira. Le séjour des pélargoniums dans la serre dure de la mi-septembre jusqu'après la floraison : on peut cependant les sortir pendant cette dernière période, mais alors les fleurs sont beaucoup moins belles.

PENTAPÉTÉS pourpre. *Pentapetes phœnicea*. Fam. des dombéyées. ⊙. De 4 à 5 pieds; en été, fleur d'un rouge vif, solitaire. Terre franche légère; de graines en pots, sur couche et repiquage aussi sur couche ou en pleine terre bien abritée ou dans la serre.

PERESKIE à grandes feuilles. *Pereskia grandifolia*. Fam. des cierges. ♄. De 12 à 15 pieds et par la taille de 3 ou 4; rougeâtre; feuilles d'un beau vert, assez longues; fleurs en corymbe terminale, de couleur rose et jolies. Cult. des cierges.

PERIPLOCA de la Grèce. *Periploca Græca*. Fam. des apocyns. ♄. De 20 à 25 pieds, volubile, très-rameuse; feuilles ovales, acuminées; fleurs brunâtres. Tout terrain; de graines, boutures, drageons et marcottes; propre à garnir les tonnelles à l'ombre. — On cultive en orang. le P. *à feuille étroites*.

PÉRONIE de la Caroline. *Peronia stricta*. Fam. des balisiers. ♃. Feuilles ovales soutenues par de longs pétioles : en août, tige de 2 pieds se terminant par une grappe de fleurs d'un pourpre foncé. Dans les bassins pendant l'été,

¿ et dans la serre tempérée l'hiver : terre marécageuse
¿ couverte d'eau; d'éclats.

PERSICAIRE du Levant. *Polygonum Orientale*. Fam. des
polygonées. ⊙. De 7 à 8 pieds; grandes feuilles obovales :
tout l'été et l'automne, longs épis terminaux, de fleurs
rouges ou blanches, suivant la variété, retombant avec
grâce. Tout terrain; en place de graines ausssitôt mûres
ou sur couche au printemps. D'un effet pittoresque.

PERVENCHE (grande). *Vinca major*. Fam. des apocyns,
♃. De 2 à 3 pieds, rampantes; feuilles ovales, coriaces,
lisses, persistantes ; au printemps et dans l'automne,
grandes fleurs bleues. Tout terrain ombragé; de graines
et de rejetons. Plante charmante, formant sous les arbres
de taillis, de délicieux gazons, ainsi que la suivante; —
petite pervenche, ne diffère de la précédente que par des
dimensions moins grandes. Elles ont toutes les deux des
var. *à fleurs blanches* ou *panachées*. La dernière a de
plus, var. *à feuilles panachées de blanc, de jaune, à
fleurs pleines, rouges, blanches, précoces.*—On cultive de
même et dans des conditions semblables la Pervenche
herbacée, à fleurs d'un bleu foncé; var. *à fleurs doubles.*
— La serre chaude réclame la P. *du Cap* ou *de Madagascar*, ♄, à fleurs violacées; il est préférable de la cultiver
comme ⊙, puisqu'elle mûrit ses graines dans l'année : il
faut alors la semer sur couche dès le mois de février et la
repiquer en motte. — P. *jaune*. ♄. Orang.

PÉTROPHILE à feuilles linéaires. *Petrophila linearis*.
Fam. des protées. ♄. De 3 à 4 pieds; feuilles à lobes linéaires et acuminées; au printemps, fleurs lilas, réunies
en têtes. Terre de bruyère, orang. ; de boutures et de
marcottes. Plante fort curieuse. — On cultive de même
la *Pétrophile trilobée*, à fleurs jaunes.

PÉTUNIE odorante. *Petunia nictaginiflora*. Fam. des
solanées. ♄. De la Plata. De 2 à 3 pieds; feuilles triner-
vées, ovales : de juin en octobre, grandes fleurs infundi-
buliformes, blanches et odorantes. Terre douce ; rentrer
dans l'orangerie l'hiver, et lancer en pleine terre au printemps : on pourrait avec une légère couverture la risquer

en pleine terre pendant les froids ; de graines, d'éclats, de boutures. — On cultive de même la P. *pourpre* et les nombreuses hybrides données par ces deux espèces. Plantes fort belles.

Peuplier. *Populus.* Fam. des amentacées. ♄. Genre nombreux et renfermant plusieurs espèces magnifiques et très-propres à l'ornement. On multiplie presque tous les peupliers de boutures. Ceux qui se refusent à ce mode de multiplication se greffent sur l'ypréau ou le pyramidal. On peut aussi employer la mult. par racine. — P. *ypréau*, 100 pieds, tout terrain, très-beau, — *d'Italie*, pyramidal, 120 pieds, tout terrain, mieux profond et frais, superbe, — *blanc de neige*, 80 pieds, feuilles d'un vert foncé en dessus, blanches en dessous, intéressant, — *cotonneux*, 70 pieds, — *de l'Ontario*, 70 pieds, très-grandes feuilles, terre fraîche, — *de Virginie*, Suisse, 120 pieds, élégant, terrain humide, — *à grandes dents*, 55 pieds, — *d'Athènes*, 80 pieds, magnifique, — *noir*, 120 pieds, terre fraîche, — *de la Caroline*, 120 pieds, magnifique, mais très-cassant, demande un abri, craint un peu la gelée, de greffe sur le peuplier d'Italie, ou de très-petites boutures en terrain frais, — *argenté*, 70 pieds, beau feuillage, mais bois cassant, terrain frais, — *à feuilles lisses*, 100 pieds, très-pittoresque. — On cultive encore les P. *plombé*, — *du Canada*, — *tremble*, — *à feuilles de tremble*, — *de la Vistule*, tous grands arbres et les arbrisseaux P. *liard*, — *baumier*, — *odorant* et *de Sibérie à rameaux pendants*, très-joli. Tous ces arbres sont du plus grand intérêt et très-propres à orner les parties basses des jardins paysagers ; ils font surtout très-bien en avenues et en groupes. Ceux à feuilles blanches produisent un effet charmant au milieu de feuillages plus foncés.

Phalangère lis de Saint-Bruno. *Phalangium liliastrum.* Fam. des lis. ♃. Racine en griffe ; feuilles radicales, linéaires ; en été, grandes fleurs blanches, en épi soutenu par une hampe de 10 à 15 pouces. Terre franche, légère, bien exposée, couvert. l'hiver ; d'éclats en automne. Fort joli. — On cultive de même mais sans couvert. les P. *fleur de lis*, — *bicolore*, terrain ombragé, — *rameuse*, très-basse et jolie.

PHLOMIS lacinié. *Phlomis laciniata.* Fam. des labiées. ♃. 5 à 6 pieds; feuilles très-grandes à découpures profondes; en été, grandes fleurs lavées de pourpre. Tout terrain; de graines et d'éclats. D'un effet pittoresque, Couvert. dans les grands froids. — On cultive de même le P. *tubéreux*, ayant soin de rentrer le jeune plant dans l'orang., — *frutescent*, fleurs jaunes, serre temp.; risquer quelques pieds en pleine terre avec couvert. — *Lychnide*, même cult. — *de Samos*, id., — *queue de lion*, charmant; orang. près des jours, craint l'humidité. — *d'Ibérie*, très-beau et très-rustique, de pleine terre.

PHLOX paniculé. *Phlox paniculata.* Fam. des polémoines. ♃. De 3 pieds; feuilles lancéolées; en automne, beau panicule de fleurs lilas. Terre franche, légère, un peu fraîche, d'éclats, de bout. rentrées le premier hiver, de graines pour obtenir des variétés. Var. *à fleurs blanches* et *à feuilles panachées*, cette dernière, délicate, demande une couvert. l'hiver. — On cultive comme la première les P. *ondulé*, fleurs bleuâtres; — *blanc*, — *virginal*, — *maculé*, — *de la Caroline*, pourpre; — *à grandes fleurs panachées*, blanc et rouge; — *en croix*, — *lilas*, — *divariqué*, bleu clair; — *ovale*, rouge vif; — *agréable*, rose pourpre; — *glabre*, pourpre clair; — *rampant*, lilas violet ou bleu pâle; — *subulé*, fleurs roses et pourpre violet; — *pyramidal*, d'un beau rouge; — *rose à trois fleurs*, carné; — *de neige*, blanc; terre de bruy., — *à feuilles réfléchies*, pourpre violet très-vif; — *à tiges couchées*, violet clair; — *à grandes feuilles*, magnifique. On cultive comme ⊙ le *Phlox de Drummond*, très-jolie espèce nouvellement acquise; sur couche. Toutes ces plantes sont d'un très-bel effet et M. Lémon en entretient une collection très-complète, qu'il augmente tous les jours.

PHORMIUM tenax, lin de la Nouv.-Zélande. *Phormium tenax.* Fam. des lis. ♃. Feuilles de 4 à 5 pieds, engaînantes, radicales, d'un beau vert et persistantes; en août, quand la plante est forte, hampe de 7 à 8 pieds, portant un panicule fort grand , de fleurs jaunâtres. Terre franche, légère ; orang. ou pleine terre avec couvert. ; ce dernier moyen ne réussit pas toujours ; de graines qui s'obtiennent rarement et de rejet., sur couche pour la reprise. Fort belle plante.

PHYLIQUE bruyériforme , bruyère du Cap. *Phylica ericoïdes*. Fam. des rhamnoïdes. ♄. De 2 pieds ; petites feuilles linéaires ; en automne et en hiver , petites fleurs blanches , réunies en têtes serrées de 2 à 3 lignes de diamètre. Terre de bruy. ; serre temp. ; de marc. et de bout. Très-jolie plante. — On cultive de même les P. *à feuilles de romarin*, — *plumeuse*, — *ériophore*, — *à épis*, — *squireuse*, — *stipulaire*, — *à feuilles de buis*, — *de lédon*, — *de thym*, — *de myrte*, — *à grappes*.

PHYTOLACCA commun, raisin d'Amérique. *Phytolacca decandra*. ♃. Fam. des atriplicées. Grosses racines : tiges de 5 à 6 pieds ; grandes feuilles obovales, rouges et vertes ; en automne, petites fleurs rougeâtres, fruit en baies d'un rouge violâtre. Terre sableuse, bien exposée ; de graines en terrines sur couche et d'éclats. Propre aux grands jardins.

PICRIDIE tingitane. *Picridium Tingitanum*. Fam. des semi-flosculeuses. ☉. 2 à 3 pieds ; feuilles longues et étroites ; grandes fleurs jaunes à fond noir. Terre franche, légère ; de graines sur couche et en place.

PIGAMON noir pourpre , colombine plumeuse. *Thalictrum atropurpureum*. Fam. des renoncules. ♃. De 2 à 3 pieds ; feuilles rougeâtres ; au commencement de l'été, fleurs en tête à longues étamines blanches, terminées par des anthères jaunes. Terre franche à demi-ombragée ; mult. de racines. Var. *à étamines rose vif et lilas*. Plantes agréables.

PIMELÉE à feuilles de lin. *Pimelea linifolia*. Fam. des thymélées. ♄. Nouv. Holl. De 18 pouces ; feuilles lancéolées , linéaires ; au printemps et en été, nombreuses fleurs blanches, réunies dans un involucre. Terre de bruy. ; serre temp., de mar. et de bout. Var. *à fleurs roses ;* toutes les deux très-jolies.—On cultive de même les P. *à feuilles en croix*, — *drupacé*, — *des bois*.

PIN. *Pinus*. Fam. des conifères. ♄. Ce genre renferme de grands arbres utiles et même nécessaires dans les jardins paysagers. Il réussissent dans les terres sableuses les plus arides, dans les terres franches et ne redoutent que l'argile ou l'humidité permanente, au moins pour le plus grand nombre. On les mult. de graines et de greffes pour les espèces rares, ou qui ne donnent point encore de graines. Voici les principales espèces : — P. *sylvestre*, 130 pieds ; — *de Corse* ou *Laricio*, 140 pieds ; — *maritime*, 110 pieds. Var. *à feuilles panachées* ; autre *à trochets*, — *rude*, 110 pieds ; — *blanc du Canada*, *du lord*, *Weymouth*, de 160 à 180 pieds ; — *Cembro*, 15 à 16 pieds ; — *inops*, 20 pieds ; — *mugho*, 10 à 12 pieds ; — *nain*, 4 à 5 pieds, — les P. *pignon*, à fruit comestible ; — *d'encens*, — *de Jérusalem*, — *de Monterey*, demandent quelques soins l'hiver ou au moins une position abritée, dans le nord, le centre et l'est. — Le Pin *des Marais*, le plus beau du genre par ses feuilles très-longues, croissant partout, s'élève rapidement en pleine terre, où il a résisté à l'hiver de 1829 à 1830, au moins dans l'ouest et dans le centre. (1) Les P. d'Amérique et notamment le *rigida*, *le mitis*, *le pungens* et *l'inops* ont la singulière propriété de repercer facilement de leurs troncs, de manière que l'on peut en faire de belles palissades vertes, en les rabattant à 3 ou 4 pieds de hauteur. Ces palissades sont bien garnies et se taillent au croissant. — Les P. *à longues feuilles* et des *canaries* demandent l'orang. (Voir le *Livre du Forestier*.)

PINCKNEYA pubescent. *Pinckneya pubens*. Fam. des rubiacées. ♄. De la Géorgie. De 3 à 4 pieds ; grandes feuilles ovales, acuminées, cotonneuses en dessous ; en été, fleurs blanches rayées de rouge. Terre de bruy., fraîche ; de graines, de bout. étouffées et de marc. ; rentrer le plant les premiers hivers.

(1) M. Ursin, que nous avons déjà eu occasion de citer, nous apprend que cet arbre perd de sa beauté en vieillissant. Nous engagerons néanmoins à le cultiver, ne serait-ce que pour le juger dans des circonstances différentes.

PISTACHIER. *Pistacia.* (Voir aux arbres fruitiers).

PITCAIRNE à longues étamines. *Pitcairnia staminea.* Fam. des lis. ⚥. Feuilles gladiées, de 18 pouces de longueur, pulvérulentes en dessous ; en été, fleurs du rouge le plus vif, en épi lâche, porté par une hampe de 2 pieds. Terre franche, substantielle ; serre chaude ; de graines ou d'œilletons. Plante superbe ainsi que les suivantes : — P. *à feuilles entières, — à fleurs blanches,* odorante, — *écarlate, — à feuilles larges.* Même cult.

PITTOSPORUM ondulé. *Pittosporum undulatum.* Fam. des pittosporées. ♄. Des Canaries. De 4 à 5 pieds ; feuilles obovales, ondulées ; en mai, fleurs blanches, odorantes. Terre franche, légère ; orang. ; de graines et de marc. — Cultiver de même les P. *à feuilles épaisses, — réfléchies, — à fleurs vertes.*

PIVOINE en arbre. *Pæonia moutan.* Fam. des renoncules. ♄. De la Chine. De 2 à 3 pieds ; très-rameuses ; grandes feuilles, bipinnées, glauques et rougeâtres ainsi que les rameaux ; au commencement de l'été, fleurs semi-doubles, de 5 à 6 pouces de diamètre, à pétales pourpre vif à la base, et d'un rose tendre au sommet ; étamines blanches et anthères dorées. Plante admirable et que l'on ne saurait trop multiplier. Terre franche, substantielle ; elle ne craint point le froid, surtout si l'on a soin de mettre un peu de litière sèche sur le pied ; cependant pour en avoir plus tôt en fleurs, on en place quelques pieds en orangerie ; mult. d'éclats des racines, de marcottes, qui ne sont reprises qu'au bout de deux ans, de greffes en fente ou à la pontoise, sur la pivoine herbacée, de boutures étouffées et de graines pour obtenir des variétés : celles-ci sont nombreuses ; voici les principales : *papavéracée,* fleur blanche simple, sous-var. : *rose ; à fleurs doubles, rouge, odorante, à fleurs violettes, fleurs blanches doubles, à feuilles panachées, pompon,* très-jolie et nouvelle, chez M. Mathieu. Toutes magnifiques et du plus grand intérêt. — La P. *officinale* est herbacée et ⚥. Elle est très-rustique ; tout terrain ; d'éclats et de graines. Fort belle ainsi que toutes ses variétés ; *blanches, roses, rouges, cramoi-*

sies, à feuilles variées, à feuilles d'anémone, éclatante, safranée. M. Soulange Bodin possède une des collections les plus complètes de ces superbes plantes, et nous engageons les amateurs à s'adresser au château de Fromont. — On cultive encore d'autres pivoines remarquables, telles que celles *de la Chine*, à fleurs fort larges et fort belles, — *à feuilles découpées,* — *corail, mâle,* — *à feuilles menues,* — *anomale,* larges fleurs violettes — *de Sibérie,* — *à odeur de rose,* terre de bruyère, — *stérile,* terre de bruyère. Nous répétons encore ici que toutes les pivoines peuvent rester l'hiver en pleine terre; elles ont résisté plusieurs années chez moi, à l'extrémité nord de la Bourgogne, sans soins et sans couvertures.

PLANÉRE crénelée, Zelkoua. *Planera crenata.* Fam. des amentacées. ♄. Caucase. Arbre de première grandeur; écorce polie, feuilles dentées. De greffe en fente exécutée raz-terre sur l'orme commun; ne donne pas encore de bonnes graines. Bel et bon arbre; tout terrain. — Le P. *à feuilles d'orme* craint le froid ; même culture.

PLAQUEMINIER de Virginie. *Diospyros Virginiana.* Fam. des plaqueminiers. ♄. De 70 à 80 pieds ; feuilles ovales; en été, petites fleurs verdâtres. Terre franche, légère, exposée au nord ; de graines en terrines sur couche. — On cultive de même les P. d'*Italie,* au midi, — *luisant,* — *à grand calice,* — *à feuilles étroites.* — En serre temp. ou orang., le P. *kaki,* à fruits d'une très-bonne saveur; pleine terre dans le midi, et en serre chaude, — *ébénier :* c'est cet arbre qui fournit l'*ébéne* du commerce.

PLATANE d'Orient. *Platanus Orientalis.* Famille des amentacées. ♄. Tronc de 70 à 80 pieds, à écorce lisse et verdâtre; grandes feuilles palmées; fleurs peu apparentes au printemps. Tous les terrains, mieux ceux profonds et frais; de graines, de marcottes, de boutures avec un talon de bois de deux ans. Arbre magnifique ainsi que le P. d'*Occident,* qui demande un peu plus de fraîcheur dans le sol. — On cultive encore les P. *à feuilles cunéiformes,* — *ondulées,* — *laciniées.* Les P. font de fort belles avenues et peuvent être taillés et tondus.

PLATYCHILIER de Cels. *Platychilum Celsianum*. Fam. des légumineuses. ♄. De la Nouv. Holl. De 4 à 5 pieds; feuilles lancéolées, elliptiques; au printemps, nombreuses grappes de fleurs d'un beau bleu, durant longtemps. Terre de bruyère; serre temp.; beaucoup d'eau pendant la belle saison; mult. difficile de marcottes et de graines.

PLATYLOBIUM élégant. *Platylobium formosum*. Fam. des légumineuses. ♄. Nouv. Holl. De 3 à 4 pieds; feuilles en cœur, allongées : en été, grandes fleurs d'un beau jaune orange. Terre de bruyère; orang.; point d'humidité; tenir dans des vases étroits : de graines et de marcottes. — On cultive de même les P. *à feuilles lancéolées* et *scolopendre*. Ce dernier très-curieux.

PODALYRE biflore. *Podalyria biflora*. Fam. des légumineuses. ♄. De 4 à 5 pieds; feuilles blanchâtres: en hiver, grandes fleurs du blanc le plus pur. Terre de bruyère; orang., près du verre; de graines et de boutures. — On cult. de même la P. *soyeuse*, à fleurs roses. Toutes les deux sont très-jolies.

PODOLÉPIS à fleurs roses. *Podolepis gracilis*. Fam. des flosculeuses. ☉. 2 pieds; feuilles assez longues, glabres et lancéolées : en été, larges fleurs variées du rose au blanc de lait. Tout terrain; de graines sur couches ou en place. — En orang., le P. *à fleurs jaunes*.

PODOPHYLLE en bouclier. *Podophyllum peltatum*. Fam. des papavéracées. ♃. Grandes feuilles lobées : au printemps, fleurs assez grandes, blanches. Terre douce, ombragée; de graines ou de rejetons.— Même culture pour le P. *palmé*, à fleur odorante.

POINCILLIADE très-belle, macata. *Poinciana pulcherrima*. Fam. des légumineuses. ♄. De 7 à 8 pieds; feuilles ailées; fleurs en grappe terminale, du plus beau rouge orangé rayé de jaune ou de jaune rayé de rouge; odeur très-suave. Terre légère substantielle; serre chaude : de graines et de marcottes. Arbuste charmant.— On cultive de même, mais en serre tempérée et mult. de boutures, la *Poincilliade de Gillies*. Magnifique.

POIRIER. *Pyrus sativa*. (*Voir* aux arbres fruitiers).

POLÉMOINE bleu, valériane grecque. *Polemonium cæru-*
leum. Fam. des polémoines. ♃. De deux pieds ; feuilles pinnées : au commencement de l'été, fleurs bleues, fort
jolies. Tout terrain, de graines en automne ou d'éclats.

POLYGALE à feuilles de myrte. *Polygala myrtifolia*. Fam.
des polygalées. ♄. De 4 à 5 pieds : tout l'été, fleurs violettes, imitant un papillon. Terre de bruyère substantielle ;
serre temp. ; de graines qui lèvent très-vite sur couche,
de boutures et de marcottes. — On cultive de même les
P. à feuilles opposées, rouge ; — *à feuilles de bruyère*,
blanc et rouge ; — *à feuilles de buis*, jaunes ; — *à feuilles
lancéolées*, violet et pourpre ; — *à bractées*, très-jolies ;
— *à belles fleurs*, violet pourpre, superbe ; — *à feuilles
en cœur*, pourpre et rose, charmante.

POLYPODE doré. *Polypodium aureum*. Fam. des fougères. ♃. Grandes feuilles pinnatifides. Serre chaude et
tannée ; de traces et d'éclats ; terre de bruyère substantielle, un peu fraîche. Orne beaucoup la serre ainsi que le
P. *à feuilles épaisses*. Même cult.

POMMIER. *Malus*. (*Voir* aux arbres fruitiers.)

PONTÉDERIE à feuilles en cœur. *Pontederia cordata*.
Fam. des iridées. ♃. Feuilles cordiformes, épaisses, portées par de longs pétioles : au printemps, épi droit, de
fleurs d'un beau bleu. Terre tourbeuse recouverte d'eau,
ou en pots plongés dans un baquet : rentrer l'hiver : de
graines et d'éclats. Très-belle plante.

POPULAGE des marais, Bassineu. *Caltha palustris*.
♃. Feuilles cordiformes : fleurs au printemps et en automne, d'un jaune d'or, très-brillant. Terre franche, humide ; d'éclats et de boutures. Var. *à fleurs doubles*. —
On cultive de même le P. *à grandes fleurs*, de dimensions
plus grandes. Chez M. Lémon, à Belleville (Seine).

POTENTILLE élégante. *Potentilla formosa*. Fam. des rosacées. ♃. Feuilles à cinq divisions : tout l'été, nombreuses fleurs d'un carmin brillant. Tout terrain un peu

ombragé; d'éclats. Plante très-jolie, ainsi que la P. *noir pourpre*, qui se cultive de même, et la P. *frutescente* à fleurs jaunes.

POURPIER à grandes fleurs. *Portulaca grandiflora*. Fam. des portulacées.⊙.D'un pied; feuilles charnues, subulées; en automne, larges fleurs, d'un pourpre violet très-riche. Terre de bruyère sableuse : de graines et de boutures en serre chaude : le plant repris se repique en été au pied d'un mur au midi. Très-belle plante ainsi que le Pourpier *de Gillies* qui se cultive de même.

PRENANTHE à fleurs blanches. *Prenanthes alba*. Fam. des semi-flosculeuses. ♃. Amér. Sept. De 4 à cinq pieds; grandes feuilles en cœur; en automne, nombreuses fleurs blanches nuancées de rose. Terre franche légère, ombragée : de graines et d'éclats. Belle plante.

PRIMEVÈRE commune et P. élevée. *Primula veris et P. elatior*. Fam. des lysymachies. ♃. Ces deux espèces ont fourni une grande quantité de variétés. Voici à quelles conditions les amateurs les admettent dans leur collection. Tige forte d'au moins 6 pouces de hauteur; corolle nuancée de trois ou deux couleurs bien tranchées; *l'œil* ou la gorge de la corolle parfaitement arrondi; les anthères ou *paillettes* ne dépassant pas l'ouverture de l'œil, enfin le limbe bordé de blanc, de rose ou de feu; le pistil ou *clou* doit être apparent. On obtient les variétés de semis faits en terre légère au levant ou en terrines. La graine étant très-fine doit être très-peu couverte; on repique en place en automne. Les variétés acquises se mult. par l'éclat des pieds à l'automne. Terre légère un peu substantielle à demi-ombre. — La Primevère *oreille d'ours*, plus belle que les deux précédentes, demande aussi plus de soins : les belles variétés seront mises en pots et abritées des pluies continues, des neiges ou du verglas. On sème en terrines, remplies de terre de bruyère et placées en levant; on repique en septembre dans de nouvelles terrines aussi de terre de bruyère, et l'on rentre pendant l'hiver. Au printemps, toutes ces plantes fleurissent et l'amateur fait son choix. Voici quelles sont les qualités exi-

...gées pour qu'une P. oreille d'ours soit belle : tige droite et se soutenant bien; *œil* bien arrondi et s'étendant sur une partie du limbe, qui doit être d'une couleur tranchante, veloutée et plus foncée vers le centre; les plus belles fleurs ont le limbe bordé d'un petit cercle d'une autre couleur : si le limbe n'était pas large, plat, mais plissé et chiffonné, on rejeterait la plante; enfin les fleurs seront nombreuses et disposées en ombelle régulière. On distribue toutes les variétés dans trois catégories. La première renferme les *Françaises ou Flamandes*, à couleurs vives, veloutées, sans poussière sur le limbe; la deuxième est celle des *Poudrées ou Anglaises* qui sont comme saupoudrées d'une espèce de farine ou poussière blanche; elles sont ordinairement fort irrégulières et ne réunissent habituellement aucune des conditions que nous avons indiquées plus haut; cependant l'œil est toujours blanc mais non arrondi, et le limbe est panaché de couleurs presque toujours foncées; la troisième catégorie est celle des *Doubles;* elle est peu estimée; on n'en recherche même que deux, *la mordorée* et *la jaune.* On doit mettre en pleine terre les primevères qui semblent souffrir, les recouvrir d'un châssis et les préserver du froid , puis les remettre en pots au printemps; si les pluies se prolongent et qu'on ne puisse rentrer les plantes, on couche les pots sur la terre; on doit retrancher les parties pourries au fur et à mesure qu'elles paraissent, car sans cette précaution elles gâteraient toute la plante : il faut tenir tout l'été au levant ou au nord. — On cultive encore de même les Primevères *farineuse,* — *à grandes fleurs,* — *des neiges,* — *bordée ,* — *à feuilles entières ,* — *visqueuse,* — *gigantesque ,* — *très-petite.* En orang. la Primevère *de la Chine,* charmante fleur ainsi que sa var. *blanche,* — *à feuilles de cortuse,* — *à longues feuilles,* fleurs lilas et jaunes; — *de Palinure.*

PRINOS verticillé, apalanche vert. *Prinos verticillatus.* Fam. des rhamnoïdes. ♄ . De l'Amér. Sept. De 6 à 7 pieds; feuilles ovales : en été, petites fleurs blanches, fruits rouges. Terre légère, un peu fraîche, ombragée; de graines et de marcottes. — On cultive de même les P. *glabre ,* —

lancéolé, — *luisant* et *à feuilles de prunier*. Ce dernier a une var. *à fruit blanc*.

PROSTANTHÈRE *à feuilles incisées*. *Prostanthera incisa*. Fam. des labiées. ♄. Nouv. Holl. De 2 pieds; feuilles très-menues; en été, jolies fleurs bleues. Terre de bruyère substantielle; serre temp.; de boutures étouffées et de marcottes. Arbuste élégant. — On cultive de même le P. *à fleurs velues*, en longues grappes, blanches ponctuées de rose.

PROTÉE cynaroïde. *Protea cynaroïdes*. Fam. des protéacées. ♄. Du Cap. D'un pied; feuilles glabres, arrondies, pétiolées; fleurs terminales, aussi volumineuses qu'un gros artichaut; calice blanc ou rouge, tomenteux. Arbuste magnifique ainsi que presque tous ses congénères, mais aussi comme eux très-délicat. Terre de bruyère amendée avec du terreau de feuilles très-consommé; placer dans un petit vase que les racines puissent remplir dans l'année; ne jamais rien retrancher de celles-ci quand on rempote; arroser souvent, mais très-peu à chaque fois, sans mouiller les feuilles; l'humidité les fait périr : orang., sèche, très-éclairée : de graines tirées du pays d'origine, mises une à une dans de petits pots, placés ensuite sur couche tiède : le semis est très-long à lever : on fait aussi des marcottes, qui mettent beaucoup de temps à reprendre. Les plus belles espèces de ce genre nombreux se cultivent toutes de même et sont ; — P. *argenté*, magnifique arbrisseau de 10 pieds, — *à feuilles d'anémone*, — *triternées*, — *élégant*, var. *à fleurs noires*, — *à larges feuilles*, superbe, — *sceptre*, — *à fruits coniques*, — *à feuilles cotonneuses*, — *en épi*, — *glomerulé*, — *courbé*, — *à grandes feuilles*, var. *à fleurs en sabot et pourpre ferrugineux*, — *à feuilles de pin*, — *canaliculé*, — *joli*, — *rampant*, — *chevelu*, — *blanc*, — *imbriqué*, — *sans tige*, — *agréable*, — *à longue fleur*, — *divariqué*, — *à feuilles cordiformes*, arbuste d'un pied, magnifique.

PRUNIER. *Prunus*. (*Voir* aux arbres fruitiers.)

PSORALÉE épineuse. *Psoralea aculeata*. Fam. des légumineuses. ♄. De 3 pieds; feuilles à trois folioles, lancéorlées : en été, fleurs terminales d'un joli bleu violacé. Terre franche légère ; beaucoup d'eau l'été, peu l'hiver ; orang., près du verre.—On cultive de même les P. *a bractées*, — *verruqueuse*, — *bitumineuse*, — *glanduleuse*, — *très-odorante*, très-jolie, — *à épis*, — *sans feuilles*.

PTELÉE à trois feuilles, orme à trois feuilles. *Ptelea trifoliata*. Fam. des térébinthacées. ♄. De 15 à 20 pieds ; feuilles ternées : en été, fleurs de peu d'apparence. Terre franche légère, ombragée ; de graines aussitôt mûres et de marcottes.

PULMONAIRE de Virginie. *Pulmonaria Virginica*. Fam. des borraginées. ♃. Feuilles obtuses, assez longues ; au printemps, fleurs en coupe, nombreuses, passant du bleu au rouge pourpre. Tout terrain ; de racines et de graines. — On cultive de même la P. *de Sibérie* à fleur bleue, et très-jolie, — *paniculée*, d'un bleu d'émail charmant.

PULTÉNÉE daphnoïde. *Pultenæa daphnoïdes*. Fam. des légumineuses. ♄. De 4 pieds ; feuilles en coin, brillantes, armées d'aiguillons ; au printemps, bouquets de petites fleurs jaunes. Terre de bruyère ; serre temp.; craint l'humidité ; de boutures étouffées ou de graines.— On cultive de même les P. *à stipules allongées*,— *velue*,— *serrée*, très-jolie.

PYROLE à feuilles rondes. *Pyrola rotundifolia*. Fam. des bruyères. ♄. Fleurs blanches, odorantes, disposées en grappes et portées par une tige de 5 à 6 pouces. Terre tourbeuse, ombragée ; de graines et d'éclats.— On cultive de même *la petite Pyrole*;— *la maculée*, veut la terre de bruyère fraîche et l'orangerie. Cette dernière est jolie.

Q

QUISQUALIS de l'Inde. *Quisqualis Indica*. Fam. des onagres. ♄. Volubiles de 10 à 15 pieds ; feuilles ovales, acuminées ; de juin en septembre, beau corymbe de fleurs d'abord blanches, puis d'un rouge vif. Terre substantielle ; serre chaude ; de graines et de boutures étouffées. Arbuste magnifique.

R

RAFNIE à 3 fleurs. *Rafnia triflora.* Fam des légumi-neuses. ♄. De 3 à 4 pieds; feuilles cordiformes; en été grandes fleurs, d'un beau jaune, paraissant toutes à la fois. Terre franche légère; serre temp. près du verre; de graines et de boutures étouffées. — On cultive de même la R. *émoussée,* à fleurs pourpres; fort bel arbrisseau ainsi que le précédent.

RAISINIER à grappes. *Coccoloba uvifera.* Fam. des po-lygonées. ♄. De la Guadeloupe. De 15 à 20 pieds dans nos serres; grandes feuilles cordiformes et coriaces; long épi de petites fleurs blanches ou rouges. Terre franche substantielle; serre chaude; de boutures étouffées. — On cultive de la même façon le R. *pubescent,* à feuilles larges de 2 pieds. D'un très grand effet dans la serre.

RAQUETTE nopal. *Opuntia cochinillifera.* Fam. des cier-ges. ♄. Tige rameuse composée d'articulations obovales, épaisses et charnues: un petit nombre d'épines; fleurs rou-ges, peu ouvertes. — On cultive de même la R. *très-épineuse,* — *hérissée,* — *féroce,* — *naine,* — *de Curaçao,* — *à feuilles de scolopendre,* — *tuna,* — *figuier d'Inde;* tous très-épi-neux; les fruits de la dernière sont comestibles. Terre très-sableuse dans un vase assez petit, dont on remplit le tiers avec des gravois ou cailloux; peu ou point d'eau; de boutures dont on laisse sécher la plaie. Elles font un fort bel effet, greffées sur les cierges. Serre tempérée.

RENONCULE des jardins. *Ranunculus asiaticus.* Fam. des renonculacées. ♃. De 8 à 10 pouces; feuilles ternées ou biternées, à folioles incisées; au printemps grandes fleurs terminales, très-variées, de toutes les couleurs excepté la bleue. On ne cultive guère que les semi-doubles qui fournissent les graines, et les doubles. La R. demande quelques soins pour conserver sa forme, la disposition et la beauté de ses nuances; nous allons les indiquer. On dé-foncera une planche de 10 pouces de profondeur sur 3 pieds de largeur et sur une longueur indéterminée; on la videra complètement et on la remplira avec une terre composée de moitié de bonne terre franche, un quart de terre très-consommée et un quart de terre de bruyère ou sableuse ; ce mélange sera passé à la claie ou même au crible à larges mailles ; il sera d'autant meilleur qu'il aura été préparé un an à l'avance, mais alors placé à l'abri de la pluie, qui entraînerait les parties substantielles et nutritives. La tenacité de la terre doit être plus grande dans le midi que dans le nord, et dans les sols légers et sableux que dans les terres fortes ou humides. En automne, dans le midi et au printemps, dans le reste de la France, on tracera sur cette planche des lignes qui se couperont à angles droits et qui seront d'autant plus rapprochées que la plante sera moins forte et devra moins se développer ; suivant les diverses circonstances, on éloigne de 4, 5 ou 6 pouces. On enfonce la griffe à 2 pouces de profondeur, ayant soin de placer *l'œil* en dessus, puis on remet la terre et on recouvre d'un pouce de terreau un peu pailleux. Si des gelées venaient au bout de 15 jours, elles pourraient faire périr la R., dont les racines sont alors gonflées; il faut dans ce cas jeter un paillasson sur la planche. On fait tremper quelques heures avant la plantation, et dans de l'eau mêlée de suie, les griffes de renoncules; ceci est surtout nécessaire pour celles que l'on met en terre au printemps. Aussitôt les fleurs passées et le feuillage desséché on retire les griffes de terre, on les débarrasse de celle-ci en les lavant et on les fait sécher à l'ombre; il faut ensuite renfermer chaque griffe dans un petit sac de gros papier étiqueté, que l'on place dans un lieu sec; les griffes conservées un an sans être plantées donnent ordinairement des fleurs plus belles. Les renoncules demandent pendant toute leur végétation des arrosements modérés, que l'on doit donner avec une pomme à trous très-fins; il faut aussi pendant la grande chaleur ombrer ou couvrir les plantes en fleurs, afin de jouir le plus longtemps possible du charmant coup-d'œil qu'offre une planche de renoncules en pleine floraison.

Les variétés de renoncules que l'on veut conserver se multiplient par la séparation des *griffes* ou racines tuberculeuses. La griffe est composée d'un faisceau de tuber-

cules allongés, nommés *doigts*, qui se réunissent à un
collet allongé, portant un ou plusieurs yeux. Ceux-ci donnent naissance à de nouvelles griffes qui remplacent leur
mère, car celle-ci périt après la floraison. Ce moyen est
bon, comme nous l'avons dit, pour conserver les variétés obtenues; mais si l'on veut en acquérir de nouvelles,
on se servira du semis. Les graines d'une année sont les
meilleures et se choisissent sur les semi-doubles les plus
méritantes; on sème au printemps en pleine terre, et en
tout temps si l'on opère en terrine. Le semis s'exécute
comme nous l'avons indiqué pour les anémones. Les semences seront très-peu recouvertes, et même dans les
terrines on ne le fera qu'avec un peu de mousse hachée;
ces jeunes plantes fleurissent la seconde et la troisième
année; elles passent le premier hiver en pleine terre et
quelquefois le second. On doit alors les couvrir, mais
donner souvent de l'air et faire aux limaces une chasse
assidue. Si les semis ont été faits au printemps, on peut
quelquefois lever les jeunes griffes à l'automne; on les
nomme alors *pucelles*. Après la floraison, on conservera
les belles variétés et on rejetera les autres. Voici quels
sont les signes distinctifs d'une renoncule à conserver. Le
feuillage sera abondant et élégamment découpé; *la tige*
ferme élevera la fleur au moins à 5 ou 6 pouces; la *corolle* devra être pleine, large d'un pouce et demi à deux
pouces et bien arrondie; les *pétales*, plus serrés vers le
centre et plus courts, légèrement appliqués les uns sur
les autres, surtout vers les bords; le *disque* sera légèrement bombé, pour ainsi dire lenticulé et de couleur
tranchante. On a des renoncules d'une seule couleur,
mais nuancées de teintes vives, ce sont les plus estimées;
il en est encore de fort belles à fleurs de plusieurs couleurs, mais alors celles-ci seront tranchantes et vivement
arrêtées. On force les renoncules, de même que les anémones, en pots sur couche. — La R. *d'Afrique* et ses variétés sont fort belles, plus rustiques que la précédente;
demandent une terre sèche et à être plantées avant l'automne; dans le Nord, légère couvert. pendant l'hiver. —
On cultive de même, mais sans les relever, les R. *à
grandes feuilles*, fort belle, terre couverte d'eau; — *gra-*

minée, terre humide ; — *à feuilles de parnassie*, fleurs roses ou blanches; terre légère et fraîche ; — *à feuilles de rue*, très-jolie; — *amplexicaule ;* — *à fleurs d'aconit*, bouton d'argent; — *rampante*, bassinet ; — *âcre*, bouton d'or; — *bulbeuse ;* var. *à fleurs doubles*, belle ; — *ficaire*, petite chélidoine.

RÉSÉDA odorant. *Reseda odorata.* Fam. des capriers. ⊙. d'Alger. Feuilles obovales; fleurs nombreuses, verdâtres, à odeur très-suave. Tout terrain ; se sème de lui-même ou en place à l'automne; dans la serre, il devient arbrisseau et vit plusieurs années.

RHÉXIE de Virginie. *Rhexia Virginica.* Fam. des mélastomes. ♃. De 2 pieds; feuilles obovales, lancéolées, nuancées de rouge ; en été, grandes fleurs rouges. Terre de bruyère tourbeuse, maintenue fraîche et à l'ombre ; de graines sur couche; le premier hiver dans l'orang. — On cultive de même, mais en serre chaude, la R. *veloutée*, très-belle plante.

RHINCANTHÈRE à cinq étamines. *Rhin. canthera pentandra.* ♄. De l'Amér. Mér. De 3 à 4 pieds; en été belles fleurs violettes. Serre chaude. Même cult. que les Rhexies.

RHODOCHITON volubile. *Rhodochiton volubile.* Fam. des bignones. ♄. Du Mexique. Feuilles cordiformes; grandes fleurs roses et d'un pourpre noir, portées par de très-longs pédoncules. Terre légère substantielle; serre temp.; de graines, de boutures étouffées et de marcottes.

RHODORA du Canada. *Rhodora Canadensis.* Fam. des rosages. ♄. De 3 à 5 pieds; feuilles obovales un peu cotonneuses en dessous; au printemps, fleurs nuancées de pourpre, à odeur suave. Terre de bruyère ombragée; de graines très-fines et par conséquent peu recouvertes, semées en terrines ou de marcottes.

RICIN commun, palma christi. *Ricinus communis.* Fam. des euphorbiacées. ⊙, en pleine terre ou ♃. en serre. De 6 à 7 pieds; grandes feuilles palmées d'un beau vert luisant nuancé de rouge; en été fleurs jaunâtres singulières.

Terre franche légère et substantielle, à bonne exposition ; mûrit ses graines que l'on sème sur couche au printemps. Très-belle plante, fort rustique. Var. *petit.* Même cult.

RINDÈRE ailé. *Rindera tetrapis.* Fam. des borraginées. ♃. Russie. De 2 pieds ; feuilles étroites, ovales, blanchâtres ; au printemps fleurs jaunâtres, disposées en grappe érigée, très-belle. Terre légère substantielle ombragée ; d'éclats et de graines.

ROBINIÈR faux acacia, blanc, acacia commun. *Robinia pseudo acacia.* Fam. des légumineuses. ♄. De 70 à 80 pieds ; feuilles ailées ; au commencement de l'été, longues grappes de fleurs blanches odorantes. Tout terrain ou mieux terre légère profonde ; de graines et de rejetons ; Var. *sans épines, remarquable, crépu, à grandes épines, à petites feuilles, en spirale, nain, à feuilles de sophora, monstrueux, penché.* — On cultive de même le R. *visqueux,* 30 à 40 pieds, à fleurs roses, et ses var. *pourpre et violette,* — *hispide,* acacia rose, 12 à 15 pieds, à très-grandes fleurs roses, magnifique, bifère, fleurit plus abondamment quand il est taillé, bois très-cassant ; — *parasol,* boule, d'un bel effet greffé sur le commun ; — *caragana,* 10 à 15 pieds, — *frutescent,* — *satiné,* — *barbu,* — *féroce,* — de la Daourie, — *pygmée,* — *épineux.* Ces derniers ne sont que des arbustes de 5 à 6 pieds. — On cultive aussi en orang. le R. *de la Chine* et en serre chaude, *l'écailleux,* — *le violet,* — *le cotonneux.* Les R. de pleine terre sont de très-beaux arbres d'un grand effet par leurs fleurs et leur feuillage ; leur bois est cassant, mais nerveux et agréablement nuancé.

ROCHÉA à feuilles en faux. *Rochea falcata.* Fam. des joubarbes. ♄. De 18 pouces à 2 pieds : feuilles charnues : en été larges corymbes de fleurs d'un beau rouge, à odeur suave. De rejetons et de boutures de rameaux ou de feuilles ; on doit laisser sécher la plaie de celles-ci : culture des crassules. Var. : *à fleurs blanches.*

RODRIGUÉZIE lancéolée. *Rodriguezia lanceolata.* Fam. des orchidées. ♃. Feuilles longues de 5 à 6 pouces : en automne long épi de fleurs roses. Terre de bruyère ; serre chaude : de bulbes séparées avec racines.

ROELLE ciliée. *Roella ciliata.* Fam. des campanulées. ♄. Du Cap. De 8 à 10 pouces : feuilles étroites, et ciliées : en été, grandes fleurs, campanulées, d'une belle couleur violette, tube d'un bleu foncé, séparé du limbe par un cercle blanc. Terre de bruyère; serre temp. ; de marcottes.

ROMARIN officinal. *Rosmarinus officinalis.* Fam. des labiées. ♄. 4 à 5 pieds : petites feuilles persistantes : au printemps, fleurs d'un bleu pâle. Terre légère, à bonne exposition : d'éclats, de boutures et de marcottes : beaucoup d'eau l'été. Aromatique dans toutes ses parties.

RONCE commune. *Rubus fruticosus.* Fam. des rosacées. ♄. A rameaux traînants et épineux : feuilles composées. On ne cultive pour l'agrément que les variétés : *à feuilles panachées, laciniées, sans épines, à fruits blancs, à fleurs doubles blanches* et *à fleurs doubles roses;* ces deux dernières sont charmantes, demandent la taille au printemps et à être palissées à l'ombre pour acquérir toute leur beauté ; elles aiment une terre légère un peu fraîche et demi-ombragée. Mult. d'éclats des pieds, de marcottes, de boutures et de greffe herbacée.— On cultive de même la R. *odorante* ou *framboisier du Canada,* très-belle par son feuillage et ses fleurs roses,—*du Nord,* terre de bruyère,—*à feuilles de noisetier;* var. *à fleurs doubles,*—*remarquable,* terre humide, — *de Pensylvanie,* —*tomenteuse.*— La Ronce *à feuilles de rosier,* espèce très-jolie, demande l'orangerie et la terre à oranger.—Celles des *Moluques* et de *Bourbon* veulent la serre au moins temp. Même cult.

ROSAGE pontique. *Rhododendrum ponticum.* Fam. des rosages. ♄. De 9 à 10 pieds : feuilles obovales, glabres, coriaces, persistantes : au printemps, grandes fleurs d'un rose violacé, réunies en corymbes. Terre de bruyère au nord ou au levant : de graines excessivement fines, semées en terrines remplies de terre de bruyère, couvertes seulement avec un peu de mousse hachée; arroser souvent, mais peu à chaque fois et avec une pomme très-fine :

on plonge la terrine dans un vase plein d'eau, assez longtemps pour que la terre s'humecte : placer les terrines sous un châssis et ombrer : a l'automne ou au printemps suivant repiquer le jeune plant en plate-bande : de marcottes assez longues à prendre, ou de boutures étouffées : quelques espèces rares se greffent sur celles qui le sont moins. Beaucoup de variétés parmi lesquelles les plus remarquables sont : *le blanc, à feuilles étroites*, *à feuilles boursouflées, à fleurs doubles, à feuilles panachées, maculées, bordées, ondulées, moyen, à grandes feuilles, à feuilles de kalmia, rose, à feuilles de saule, semidouble.* — On cultive de même les espèces suivantes : R. *ferrugineux,* 18 pouces,—*hybride,* 4 à 5 pieds, magnifique, —*du Kamchatka,* joli rose, 2 à 3 pieds,—*velu,* 15 à 18 pouces, d'un beau rouge, — *à fleurs jaunes,* 18 pouces, fort joli, —*à petites feuilles,* rouge vif, 8 à 10 pouces, charmant,—*ponctué,* carné, 4 pieds,—*de Daourie,* pourpre foncé, 2 pieds,—*du Caucase,* blanc, 1 pied,—*azaaloïde,* grandes fleurs roses très-belles, 3 pieds. Var. : *à fleurs violettes, odorantes,* — *d'Amérique,* grand rhododendron, de 5 à 6 pieds, fleurs roses,—*de Catawha,* très-grandes fleurs roses, 3 à 4 pieds, —*de Catesby,* 4 à 5 pieds, fleurs roses. — Le suivant demande la serre tempérée : Rosage *en arbre,* élevé, pyramidal, feuilles cotonneuses en dessous et vertes en dessus, de 5 à 6 pouces de longueur ; au printemps, de 15 à 20 fleurs d'un pourpre foncé, réunies en tête hémispherique. Var. : *à fleurs blanches, à fleurs rouges, à fleurs roses.* Même cult. Espèce magnifique.

Roseau à quenouilles. *Arundo Donax.* Fam. des graminées. ♃. De 10 à 12 pieds : feuilles longues, glauques : en été, grands panicules de fleurs pourprées. Terre profonde et humide : couvrir l'hiver les racines après avoir coupé les tiges : d'éclats que l'on fait reprendre en pots sur couche. Planté en groupe, il est d'un effet très-pittoresque. Var. : *à feuilles rubanées,* plus délicate.

Rosier. *Rosa.* Fam. des rosacées. ♄. Les fleurs admirables du rosier n'ont nul besoin de panégyristes, et nous dirons seulement qu'il est très-rustique ; il préfère, sans qu'elle

lui soit pourtant nécessaire, la terre franche légère, substantielle ; il aime le grand air et se multiplie de graines,
recueillies sur les doubles ou les semi-doubles, qui reproduisent les espèces ou donnent des variétés, de greffe
pour maintenir celles-ci, de boutures étouffées, de marcottes et de rejetons. Les greffes, ordinairement employées,
sont celles dites *à écusson* sur les jeunes rameaux, et *en
fente* sur les troncs. On prend pour sujet de la greffe *l'é-
glantier à fruit long* : les semis se font en pleine terre au
levant avec couverture l'hiver ou en terrines que l'on
rentre dans l'orang. On taille ordinairement les rosiers,
courts si l'on veut de belles fleurs en petit nombre, et longs
au contraire si l'on en désire une grande quantité. Dans
l'impossibilité où nous place l'exiguité de notre cadre,
nous ne donnerons que le nom des diverses espèces de
rosiers et non celui des variétés. La méthode que nous
suivrons est celle de LYNDLEY.

1re TRIBU. R. *à feuilles simples sans stipules.* — A
feuilles de vinettier, fleurs jaunes; délicat. 1 var.

2e TRIBU. R. *féroces.* — Du Kamtchatka, violet clair,
simple. 1 var.

3e TRIBU. R. *à bractées persistantes.* — A bractées,
6 var. — A petites feuilles, 1 var.

4e TRIBU. R. *cannelles.* — Turneps, 3 var. — Des
Alpes, 6 var. — Soufrée, 1 var. — Caroline, 1 var. — A
petites fleurs, 2 var. — Cannelle, 5 var.

5e TRIBU. R. *pimprenelle*, très-épineux, 30 var.

6e TRIBU. R. *cent feuilles.* — Cent feuilles, 30 var. §
1, mousseuses, 15 var. § 2, hybrides, 29 var.— Belgique,
3 var. § 1, hybrides, 18 var. — De Portland, 5 var. § 1,
bifères ou remontantes, 6 var. § 2, perpétuelles, 23 var.
— De Damas, 35 var.—De Provence, 26 var. — De Provins, 197 var. § 1, Provins à fleurs ponctuées, marbrées,
striées et panachées, 22 var.— De Bourgogne, 1 var.

7e TRIBU. R. *velus.* — De Francfort, 3 var. — Velu,
3 var. — Cotonneux, 2 var. — Blanc, 67 var.— Evratin,
2 var.

8ᵉ **Tribu. R.** *rouillés.*—Jaune, 3 var.—Rouillé, 22 var.

9ᵉ **Tribu. R.** *cynorodons.* — Églantier, 2 var.

10ᵉ **Tribu. R.** *indiens.* — Thé, 35 var. — Du Bengale, 68 var. § Iᵉʳ, hybrides, 97 var. — De Chine, 2 var. — De Laurence, 7 var. — De Bourbon, 2 var. — De Noisette, 59 var.

11ᵉ. **Triru. R.** *à styles soudés.* — A styles soudés, 1 var. — Toujours vert, 11 var. — Multiflore, 3 var. — Muscade, 6 var.

12ᵉ **Tribu.** *Rosiers de Banks.* — De Banks, 2 var.

Les dénominations de chaque variété de roses sont extrêmement variables et nous ne croyons nullement à l'avantage qu'il pourrait y avoir de les faire connaître. Nous engageons donc l'amateur à laisser le choix au jardinier qui lui fournira, en lui indiquant dans quelles conditions il veut placer chaque rosier, et quel est le résultat qu'il en attend. Il lui dira aussi quel est le maximum de froid, dans la contrée qu'il habite, si son but est de faire une collection complète ou seulement un choix plus ou moins étendu. Un mode encore meilleur est de visiter les collections commerciales de rosiers, lors de la floraison, et d'y marquer les variétés que l'on veut acheter. Nous recommanderons à tous les amis de l'horticulture les rosiers remontant ou fleurissant plusieurs fois dans l'année; on en rencontre dans plusieurs tribus. Nous conseillerons aussi d'élever les mêmes espèces franches de pied et greffées; on fera par ce moyen complètement connaissance avec elles ; on placera les pieds greffés, à fleurs plus belles, près de l'habitation et les francs de pieds le long des massifs des bosquets. Un petit nombre d'espèces ou de variétés de rosiers redoute un froid de plus de 10 degrés ; on doit dans ce cas couvrir avant les fortes gelées. On priera le jardinier qui fournira les rosiers de noter cette circonstance. Beaucoup de rosiers sont propres à couvrir les tonnelles, à faire des palissades ; l'expéditeur sera consulté à cet égard. Nous terminerons cet article en donnant les noms des horticulteurs avec lesquels nos relations ont été fréquentes et qui peuvent inspirer toute confiance aux amateurs. On y trouvera des collections complètes ou du moins bien choisies.

Cels, barrière du Maine, à Paris.

Jardin de Fromont, commune de Ris (Seine-et-Oise), arrondissement de Corbeil.

Jacquin frères, à Paris, quai de la Mégisserie, 14.

Noisette, rue du faubourg Saint-Jacques, 51, à Paris.

Noisette, à Nantes.

Simon, Louis, à Metz (Moselle).

Sifley Vandaël, rue de Vaugirard, 125, à Paris.

Verdier, à Neuilly, près Paris.

Vilmorin Andrieux, quai de la Mégisserie, 30, à Paris.

RUDBECKIE pourpre. *Rudbeckia purpurea.* Fam. des radiées. ♃. De la Virginie. De 3 pieds; feuilles ovales; en juillet et août, grandes fleurs, d'un pourpre pâle et disque noirâtre, anthères dorées. Terre franche légère; de graines et d'éclats. — On cultive de même les R. *lacinié,*— *multifide,—velu* ♂ et *à feuilles étroites* ♂; tous les deux de semis en pots faits en automne; on rentrera pendant l'hiver.

RUELLIE magnifique. *Ruellia formosa.* Fam. des acanthes. ♄. Du Brésil. Tiges grêles de 5 à 6 pieds; feuilles obovales; en tout temps, grandes fleurs d'un rouge magnifique. Terre franche, substantielle; serre chaude; de bout. étouffées; renouveler souvent. — On cultive de même les R. *variable*, à fleurs bleues, puis pourpres, très-belles; — *à feuilles de pêcher*, lilas clair;—*blanche,* ♃, — *ovale* ♃, bleue; de graines.

RUSSELLIE multiflore. *Russelia multiflora.* Fam. des scrophulaires. ♃. Du Mexique. D'un pied; feuilles lancéolées et dentelées; en été, plusieurs panicules de fleurs écarlates. Terre de bruy.; serre temp.; de graines et de marc.

S.

SAFRAN printanier, crocus des jardiniers. *Crocus ver-*

nus. Fam. des iridées. ♃. Petit oignon; feuilles linéaires, à raies blanchâtres; en février ou mars , fleurs de couleurs très-variées , suivant les variétés; celles-ci sont nombreuses. Planter en octobre dans une terre douce et légère; on doit les laisser sans les relever pendant deux ou trois ans. Les crocus font un effet charmant plantés çà et là dans les gazons. — Le S. *oriental* se cultive de même; il est aussi l'objet d'une culture en grand. Tous les crocus sont de très-jolies plantes, que l'on doit multiplier.

Sainfoin à bouquets, d'Espagne. *Hedysarum coronarium.* Fam. des légumineuses. ♃. De 2 à 3 pieds; feuilles ailées; en été longs épis de fleurs d'un pourpre foncé, rayées de blanc, odorantes. Terre légère, à bonne exposition; dans le nord couvert. l'hiver; de graines sur couche et repiquer avec la motte. Belle plante.— On cultive de même, mais sans soins particuliers pendant l'hiver et par semis en place : les S. *du Canada,* — *joncé,* — *de montagne,*— *du Caucase,*— *argenté* et le *commun* qui peut faire de beaux tapis, dans les endroits arides des grands jardins paysagers.— Le S. *capité.* ☉, se sème sur couche et se met en place en mai.—*L'oscillant,* ♂; fort curieux, demande la serre chaude et la même cult.

Salicaire effilée. *Lythrum virgatum.* Fam. des salicaires. ♃. D'Autriche. De 4 pieds; longues feuilles lancéolées; en été panicules de grandes fleurs roses. Terre humide; de graines et de rejetons.— On cultive de même la S. *commune.*

Salpiglossie intermédiaire. *Salpiglossis intermedia.* Fam. des scrophulaires. ♃. Du Chili. De 2 pieds; feuilles linéaires lancéolées; fleurs d'un violet foncé en dessus, d'un blanc soufré en dessous, à veines jaunes brillantes et violet pourpre. Terre de bruyère; de graines en terrines sur couche et rentrer le jeune plant la première année.— On cultive de la même manière les S. *pourpre,*— *changeante,*—*hybride,*—*peinte,*—*pourpre foncé,*—*blanche,*—*jaune,*— *élégante,*—*de Barclay,*— *bleue,*— *violette.*

Sanguinaire du Canada. *Sanguinaria Canadensis.* Fam.

d des papavéracées. ♃. Très-basse; une seule feuille très-
grande, radicale, cordiforme, marbrée de rouge; au printemps fleurs blanches. Terre légère un peu fraîche et ombragée; de racines.

SANSEVIÈRE de Guinée. *Sanseviera Guinensis*. Fam. des
liliacées. ♃. Racine tubéreuse; feuilles radicales fort
longues, planes, à taches blanchâtres; en été et pendant
l'automne, très-nombreuses fleurs blanches, fort odorantes et garnissant presque entièrement une hampe de
18 pouces. Terre légère substantielle; serre chaude; beaucoup d'eau seulement pendant la végétation; de graines
et d'éclats sur couche tiède.— On cultive de même les S.
de Ceylan et *laineuse*,— dans le châssis des ixias la *carnée*
et celle *à fleurs sessiles*.

SANTOLINE commune, petit cyprès. *Santolina chamæ-
cyparisus*. Fam. des flosculeuses. ♃. De 18 pouces; petites
feuilles blanchâtres persistantes; en été fleurs jaunes très-
odorantes. Terre pierreuse à bonne exposition; couvert.
dans le nord; de boutures et de marcottes.

SAPIN à feuilles d'if, commun, argenté. *Abies taxifolia*.
Fam. des conifères. ♄. De première grandeur, pyramidal,
branches et rameaux horizontaux; petites feuilles linéaires,
aplaties avec une forte nervure, disposées à droite et à
gauche des rameaux, vertes en dessus et blanches en dessous; fleurit au printemps; cônes très-longs. Tout terrain
pourvu qu'il ne soit pas complètement argileux; de graines
qui ne sont mûres qu'en mars, semées en terre légère.
D'un bel effet comme presque tous les autres conifères.—
On cultive de même *la Sapinette blanche*, 40 à 50 pieds.—
Sapinette noire, terre un peu plus humide, 70 à 80 pieds.—
Sapinette bleue, très-jolie,— *Sapin épicéa*, de première
grandeur; de bout. comme la sapinette, mais mieux de
graines,—*du Canada*, 20 à 25 pieds, souffre la taille, d'un
vert très-pâle,— *baumier*, 25 à 30 pieds,— *remarquable*,
du Népaul.

SAPONAIRE ocymoïde. *Saponaria ocymoïdes*. Fam. des
caryophyllées. ♃. De 2 à 3 pieds; en été nombreuses

fleurs roses. Tout terrain ; d'éclats et de traces.— On cultive de même la S. *officinale.*

SAPOTILLIER commun. *Achras sapota.* Fam. des sapotilliers. ♄ . Des Antilles ; feuilles coriaces, ovales allongées ; fleurs blanches ; fruit délicieux dans son pays natal. Terre à oranger ; serre chaude ; mult. de marcottes.

SARRACÉNIE pourpre. *Sarracenia purpurea.* Fam. des rosacées. ♃ . 1 pied ; feuilles radicales roulées en cornet et tachées de rouge ; en été grandes fleurs, pourpres en dehors et vertes en dedans. Terre de bruyère tourbeuse, maintenue constamment humide ; orang. ; de graines.— On cultive de même la S. *jaune,* qui demande encore plus d'eau que la précédente, fort belle,— la *rouge.*

SAUGE éclatante. *Salvia splendens, fulgens.* Fam. des labiées. ♃ . Du Brésil. De 2 à 3 pieds ; feuilles ovales ; tout l'automne longs épis de grandes fleurs du rouge le plus vif. Terre à oranger ; serre chaude ; arrosements fréquents en été, peu abondants en hiver ; d'éclats et de boutures. Plante magnifique ; de jeunes boutures enracinées mises en pleine terre au printemps s'y couvrent de fleurs jusqu'aux gelées. Var ; *plus grande.*— On cultive de même, mais en serre temp. ou bonne orangerie, les S. *pomifere,*— *citronnée,*— *écarlate,*— *dorée,* d'un beau jaune, belle espèce,— *à fleurs en grappes,*— *d'Afrique,*— *bicolore,* d'un beau bleu avec une tache blanche, jolie ; on peut la laisser en pleine terre avec couverture l'hiver ; — *paniculée ,* fleurs bleues, — *éblouissante ,* magnifique,— *à grandes bractées,* belle,— de *Graham,*— *cardinale,* superbe. — Les espèces suivantes réclament la pleine terre sèche et bien exposée. S. *de Crète,*— *élégante,* très-jolie, — *ormin,* ☉, d'un joli rose, en place,— *de l'Inde,* fleurs bleues, — *argentée,* ♂ , blanche,— *officinale* et toutes ses variétés.

SAULE. *Salix.* Fam. des amentacées. ♄ . Ce genre renferme un grand nombre d'espèces, dont plusieurs sont d'un très-bel effet dans les jardins paysagers ; presque toutes veulent un terrain profond sur le bord de l'eau et se multiplient de boutures et de marcottes. Voici les saules

les plus remarquables : — *blanc*, de 30 à 40 pieds, — *odorant*, élevé et très-beau, — *pleureur*, magnifique, — *marceau*, réussit dans les plus mauvais terrains et peut servir d'abri à des arbres de plus grande valeur ; var. *à feuilles panachées*, — *amandier*, — *à trois étamines*, — *osier jaune*, — *rouge*, — *vert ;* var. *noir*, — *blanc*, — *violet*, — *à feuilles de myrte*, — *cendré*, — *argenté*, — *à feuilles de prunier*. Ces 8 dernières espèces ne sont que des arbrisseaux, mais d'un fort joli aspect sur le bord des eaux.

SAXIFRAGE pyramidal. *Saxifraga pyramidalis, sedum.* Fam. des saxifrages. ♃. Feuilles radicales, étalées, disposées en rosette, obtuses et dentées ; au commencement de l'été hampe de 18 pouces, garnie dans toute sa hauteur de petites fleurs blanches, nombreuses, disposées en panicule immense. Terre fraîche ombragée ; quelques pieds en pots ; de graines en place et d'éclats. — On cultive de même les S. *de Sibérie*, — *sarmenteuse*, couvert. l'hiver, très-jolie, rocailles humides, — *ombreuse*, — *jaune*, — *granulée*, — *mousseuse*, formant gazon, — *fourchue*, — *à feuilles en coin*, — *rondes*, — *retuses*, — *cordiformes*, belle espèce.

SCABIEUSE fleur de veuve. *Scabiosa atrorpurpurea.* Fam. des dipsacées. ♂. De 2 pieds ; feuilles pinnées ou entières ; en été et pendant l'automne nombreuses fleurs pourpres, roses, plus ou moins veloutées, odorantes. Tout terrain ; semis en automne avec couvert. ou au printemps en place. — Même cult. pour les S. *étoilée*, — *des Alpes*, ♃, — *du Caucase*, ♃, fort belle, d'éclats, — *de Crète*, ♄, orang.

SCEAU DE SALOMON commun. *Polygonatum vulgare.* Fam. des asperges. ♃. Fleurs blanches penchées. Terre fraîche, ombragée, de graines et de racines ; var. : *à fleurs doubles*, odorante, presque seule cultivée. — Même culture pour les espèces suivantes : — *multiflore*, — *verticilée*, — *à feuilles larges*.

SCHINUS mou, poivrier d'Amérique. *Schinus molle.* Fam. des térébinthacées. ♄. De 10 à 12 pieds ; rameaux pendants ; feuilles ailées, persistantes ; en été, grappes de petites fleurs blanches. Terre légère, substantielle ; orang.; de marcottes et de boutures étouffées. Arbrisseau fort bizarre.

SCHISANDRE cocciné. *Schisandra coccinea.* Fam. des ménispermées. ♄. Volubile, rameuse ; feuilles ovales, étroites ; en été, petites fleurs écarlates. Terre légère substantielle ; couverture l'hiver ; de graines et de rejetons.

SCHIZANTHE à feuilles pinnées. *Schizanthus pinnatus.* Fam. des scrophulaires. ⊙. Du Chili. De 2 pieds ; feuilles pinnées, d'un vert gai ; en été, grande panicule de fleurs nombreuses, d'un beau violet ; le limbe de l'étendart est d'un blanc pur. Tout terrain ; de graines. Très-belle plante. — On cultive de même les S. *de Hooker,* — *à pétales tronquées,* — *étalé,* — *dressé.*

SCHLORANTHE à fleurs en épis. *Schloranthus inconspicuus.* Fam. des loranthées. ♄. De la Chine. D'un à 2 pieds ; feuilles glabres, ovales ; toute l'année, épis de très-petites fleurs jaunes à odeur délicieuse. Terre légère ; serre chaude ; de rejetons et de marcottes.

SCHUBERTIE distique, cyprès chauve, de la Louisiane. *Schubertia disticha.* Fam. des conifères. ♄. De 120 à 150 pieds ; très-petites feuilles distiques, linéaires, caduques ; fleurit en mars. Terre marécageuse, ou même continuellement inondée ; de graines en terrines de terre de bruyère maintenue continuellement humide ; rentrer le plant pendant trois ou quatre ans ; mettre en pleine terre en panier. Arbre magnifique, de la plus grande élégance, et au moyen duquel des terrains sans valeur pourront être rendus productifs : Var. *à feuilles crépues.*

SCHOTIE écarlate. *Schotia speciosa.* Fam. des légumineuses. ♄. Du Cap. De 3 à 4 pieds ; feuilles ailées ; pendant l'hiver, grandes fleurs d'un rouge très-vif, disposées en grappes. Terre de bruyère substantielle ; serre chaude, peu d'eau ; de graines, de marcottes difficiles et de boutures étouffées.

SCILLE du Pérou. *Scilla Peruviana.* Fam. des liliacées. ♃. D'Espagne. Gros oignon ; feuilles lancéolées ; au prin-

n temps fleurs d'un beau bleu, disposées en corymbe conique et régulier. Terre légère; orang. ou couvert. l'hiver;
de graines et de caïeux; var. *à fleurs blanches.* — On cultive de même les S. *campanulée* et *agréable.* Les suivantes
ne demandent aucuns soins pendant l'hiver, — d'*Italie*,
— *à deux feuilles*, — *de Sibérie à fleurs en ombelle*, —
maritime, terre sableuse imprégnée de sels, de peu d'effet : toutes les autres sont fort jolies et se relèvent tous les
trois ou quatre ans.

SCORPIONE des marais, souvenez-vous de moi. *Myosotis
palustris.* Fam. des borraginées. ♃. D'un pied, couchées
et radicantes; feuilles obovales; le printemps et l'été,
petites fleurs d'un beau bleu avec des taches jaune vif,
en épis courbés. Terre humide, sur le bord des eaux;
d'éclats et de graines.

SEBESTIER à feuilles rudes. *Cordia sebestana.* Fam.
des borraginées. ♄. De 8 à 10 pieds; grandes feuilles
obovales, acuminées; au printemps, grappes de grandes
fleurs orangées. Terre franche, substantielle; serre chaude,
beaucoup d'eau en été; de graines et de bout. étouffées.
— Même culture pour le S. *à larges feuilles*, fleurs blanches.

SEDUM orpin. *Sedum telephium.* Fam. des joubarbes.
♃. De 18 pouces; feuilles obovales; en été, corymbe
serré de fleurs rouges. Terre légère, bien exposée; d'é-
clats. — On cultive de même les S. *odorant, Rhodiole*,
jolies fleurs roses; terre ombragée, — *à feuilles de joubarbe*, fleurs d'un beau rouge. En orangerie, —*crête de coq*,
— *réfléchi*, très-singulier, — *à feuilles de peuplier*, —
à fleurs roses. Les deux derniers peuvent se cultiver en
pleine terre, avec couverture l'hiver. Rocailles sèches.

SÉLAGINE bâtarde. *Selago spuria.* Fam. des gattiliers.
♄. De 30 pouces; petites feuilles obovales; en été, nombreuses fleurs d'un joli blanc, disposées en corymbes.
Terre de bruyère substantielle; orangerie; de boutures
étouffées et de marcottes. Jolie plante. — Même culture
pour les S. *en corymbe*, — *fasciculée*, très-jolie.

SÉLINUM trompeur. *Selinum decipiens.* Fam. des ombellifères. ♃. De 2 pieds; grandes feuilles composées; en été, fleurs d'un beau rose lilacé, en larges ombelles. Terre à orang. ; de graines en terrines.

SÈNEÇON élégant. *Senecio elegans*. Fam. des radiées.⊙, en pleine terre et ♂, en serre. Du Cap. De 18 pouces; feuilles pinnatifides; en été, fleurs pourpres, à disque d'un jaune vif. Terre franche, légère, bien exposée; de graines en place ou sur couche et repiquer en place; var. *à fleurs doubles blanches* ou *pourpres*, se reproduisant de graines. — Les espèces suivantes sont, ♃ et se cultivent en pleine terre : — *du Levant*, — *doronic*, — *à feuilles d'adonide*, — *des marais*, terre humide, — *à feuilles d'auronne*, jolie; de graines et d'éclats. On cultive en orang. les S. *lilacé*, belle espèce, — *agréable*, qui demande beaucoup de chaleur pour bien fleurir.

SEPTAS du Cap. *Septas Capensis*. Fam. des joubarbes. ♃. Feuilles obtuses, disposées en rosettes; en été, fleurs rouges en dehors et en dedans d'un blanc rayé de rose. Terre légère; orang.; par la séparation au printemps de ses racines tuberculeuses. Jolie plante.

SERINGAT des jardins. *Philadelphus coronarius*. Fam. des myrtes. ♃. De 10 à 12 pieds; feuilles ovales, acuminées; en été assez grandes fleurs blanches, tres-odorantes. Tout terrain; de rejetons, de boutures et de marc. Bel arbuste, très-rustique; Var. *naine, à fleurs semi-doubles, à feuilles panachées*. — On cultive de même les S. *inodore*, à fleurs très-grandes et fort belles, — *pubescent*, — *à grandes fleurs*, — *moyen*. Tous ces végétaux font très-bien dans le jardin d'agrément, se taillent et se conduisent bien.

SÈRISSA à feuilles de myrthe. *Sœrissa fœtida*. Fam. des rubiacées. ♃. Du Japon; de 2 à 3 pieds. Petites feuilles ovales, persistantes; en été et pendant l'automne, fleurs blanches. Terre à oranger, orang.; de boutures étouffées et de marcottes; Var. *à fleurs doubles*.

SIDA réfléchi. *Sida reflexa*. Fam. des malvacées. ♃. Du Pérou. De 2 à 4 pieds; grandes feuilles cordiformes, blanchâtres; de juin en septembre, fleurs réfléchies, d'un rouge cocciné. Terre franche, substantielle, serre chaude; de graines, et difficilement de bout. — Même culture pour le S. *en arbre*, fleurs blanches.

Silène à fleurs roses. *Silene bipartita*. Fam. des caryophyllées. ☉. De 6 à 7 pouces; feuilles petites : en été, fleurs d'un beau rose. Tout terrain ; de graines en place à l'automne et au printemps. — Même culture pour les S. *à bouquets*, — *attrape-mouche*, — *à cinq taches*. Ces plantes sont agréables et font de jolies bordures. — On cultive encore le S. *de Virginie*. ♃. De graines aussitôt mûres, rentrer le premier hiver, puis en pleine terre. — Même culture pour celui *à feuilles de tagetès* ♂.

Silphium à feuilles laciniées. *Sylphium laciniatum.* Fam. des radiées. ♃. De 7 à 8 pieds; grandes feuilles ailées ; en été larges fleurs jaunes, disposées en grappes. Tout terrain ; de graines et d'éclats. — On cultive de même les S. *à feuilles en cœur*, — *perfolié*, — *à feuilles connées*, — *à feuilles ternées*. Ces plantes très-rustiques sont d'un bel effet dans les grands jardins.

Smilacine à grappes. *Smilacina racemosa*. Fam. des commelines. ♄. Feuilles obovales, pubescentes : en été, grappe en panicule de petites fleurs blanches. Terre de bruyère, ombragée; de marcottes et de boutures étouffées.

Solandre à grandes fleurs. *Solandra grandiflora*. Fam. des solanées. ♄. Antilles. De 12 à 15 pieds; sarmenteuse; feuilles obovales : au printemps, grandes fleurs blanches, lavées de pourpre dans l'intérieur, odorantes. Terre franche légère ; serre chaude, près des jours : peu d'eau : de graines ou de boutures étouffées. Bel arbuste; Var. *pubescent.*

Soldanelle des Alpes. *Soldanella Alpina*. Fam. des lysimachies. ♃. Racines vivaces ; feuilles radicales réniformes : au printemps, fleurs pendantes, violettes ou blanches. Terre de bruyère substantielle, ombragée; couv. l'hiver : de graines ou d'éclats de racines. Plante charmante.

SOLEIL à grandes fleurs. *Helianthus annuus.* Fam. des radiées. ⊙. De 8 à 10 pieds : feuilles cordiformes; fleurs très-larges, quelquefois d'un pied, à rayons et à disques jaunes. Terre franche, profonde; de graines en place; var. *à fleurs doubles, souffré.* — Les espèces ♃ suivantes se cultivent de même; on peut les mult. d'éclats; S. *multiflore,* d'un bel effet,— *cotonneux,*— *gigantesque,* de 10 à 12 pieds, — *élevé,* — *très-élevé,* 10 à 12 pieds, —*à feuilles étroites,*—*divariqué,*—*noirpourpre,* rameaux et feuilles pourprées. Tous propres aux grands jardins.

SOPHORA du Japon. *Sophora Japonica.* Fam. des légumineuses. ♄. Arbre élevé, bien droit; feuilles pinnées à folioles ovales : en été, grappes de fleurs blanches. Terre franche, bien exposée : les jeunes rameaux mal aoûtés gèlent quelquefois, mais jamais le tronc ni les branches; de graines, de rejetons, de racines et de marcottes. Très-bel arbre. Var. *pleureur,* très-joli, demande une place toute particulière et à être greffé très-haut.

SORBIER des oiseleurs. *Sorbus aucuparia.* Fam. des rosacées. ♄. De 25 à 30 pieds; feuilles composées : en mai et juin, corymbes de fleurs blanches, odorantes; fruits d'un beau rouge pendant l'automne et l'hiver. Terre franche; de graines aussitôt mûres et de greffe sur l'aubépine et le néflier. — Même culture pour le S. *domestique* ou *cormier* de 45 à 50 pieds, — *hybride,* — *d'Amérique,* — *à feuilles de sureau,* très-joli , — *bâtard.*

SOUCHET à papier. *Cyperus papyrus.* Fam. des cypéracées. ♃. D'Egypte. Tige de 6 à 7 pieds, terminée par unetlarge ombelle, avec collerette de huit folioles, composées de longs rayons se divisant encore en trois autres plus courts; épillets alternes et tubulés. Terre marécageuse, toujours recouverte d'eau : serre chaude au moins l'hiver; se mult. par la séparation des touffes. — On cultive de même, mais sans les sortir de la serre chaude, les S. *à feuilles alternes, — visqueuses.*

SOUCI commun. *Calendula officinalis.* Fam. des radiées. ⊙. 18 pouces; feuilles obovales : en été et pendant l'automne, grandes fleurs simples ou doubles, d'un jaune plus ou moins vif. Terre légère substantielle ; de graines en place à l'automne et au printemps, se ressème d'elle-même ; Var. *d'Espagne*, fleurs doubles, *de Trianon*, jaune plus clair, *à bouquets*, à fleurs réunies en grand nombre et dont la floraison dure longtemps. — On cultive de même les S. *pluvial* ou *hygromètre*, fleurs blanches en dedans, violettes en dehors, se fermant en l'absence du soleil, — *hybride* ; — les suivants sont. ♃. et se cultivent en orang.—*arbrisseau*,—*à feuilles de chrysanthème*, bel arbuste, — *à fleurs rougeâtres*. De boutures et de marcottes.

Sowerbée à feuilles de jonc. *Sowerbea juncea*. Fam. des liliacées. ♃. Nouv. Holl. Au printemps, hampe faible, terminée par des fleurs pourpres. Terre de bruyère ; orang. ; de drageons. Très-jolie, mais délicate.

Spaendoncée à feuilles de tamarin. *Spaendoncea tamarinifolia*. Fam. des légumineuses. ♄. De 7 à 8 pieds ; feuilles ailées persistantes : en automne, larges fleurs blanches, puis roses. Terre légère substantielle ; serre chaude ; de marcottes. Bel arbuste.

Sparaxide à grandes fleurs. *Sparaxis grandiflora, ixia grandiflora*. Fam. des iridées. ♃. Feuilles ensiformes, engaînantes : au printemps, grandes fleurs d'un beau violet, tachées de blanc. Culture des ixias, ainsi que pour la S. *bulbeuse*. Très-belles plantes.

Sparmannia d'Afrique. *Sparmannia africana*. Fam. des tilleuls. ♄. De 6 à 8 pieds : grandes feuilles cordiformes, acuminées : au printemps, nombreuses fleurs blanches, disposées en ombelles. Terre franche légère ; serre temp. : de boutures étouffées et de graine ; Var. *naine*, très-jolie, nouvelle.

Spartier joncé, genêt d'Espagne, des jardiniers. *Spartium junceum*. Fam. des légumineuses. ♄. De 6 à 7 pieds ; feuilles rares et lancéolées : en été et pendant l'automne, grandes fleurs odorantes, d'un beau jaune. Terre légère, bien exposée : de graines et de boutures ; Var. *à fleurs doubles*. Fort bel arbuste ; craint un peu la gelée. — On cultive de même les S. *étalé*, — *multiflore*, couvert. l'hiver, — *radié*,—*a balais ;* Var. *fleurs blanches*, —*feuilles panachées*. — En orangerie les S. *à feuilles de lin*, —*ombellé*.

SPHÉROLOBIER pliant. *Sphærolobium vimineum*. Fam. des légumineuses. ♄. Feuilles linéaires : au printemps, longue grappe de fleurs jaunes, tachées de rouges. Terre de bruyère ; orang ; de graines.

SPIGÉLIE du Maryland. *Spigelia Marylandica*. Fam. des gentianes. ♃. Feuilles ovales, lancéolées : au commencement de l'été, fleurs d'un rouge vif au dehors et jaunes en dedans, odorantes. Terre de bruyère, humide, ombragée : de graines et d'éclats.

SPIRÉE à feuilles de millepertuis. *Spirea hypericifolia*. Fam. des rosacées. ♄. De 4 à 5 pieds ; feuilles obovales : au printemps, fleurs en ombelles, de couleur blanche. Terre franche légère un peu fraîche : de graines, de boutures, de marcottes ou d'éclats. Jolie espèce. — On cultive de même les S. *des Alpes*, — *lisse*, — *tomenteux*, —*à fleurs roses*, — *à feuilles de chamédrys* , —*de saule* , fleurs rouges ; var. *fleurs blanches* , *roses* et *à feuilles panachées*, — *à feuilles d'orme*, — *crenelées*, —*d'ancolie*, — *d'obier*, — *de sorbier;* var. *des Alpes*,—*d'Aria*,—*bella*, à fleurs roses ;— *trilobé*. Tous ces arbrisseaux sont très-rustiques, d'un effet charmant, d'une multiplication facile et souffrent la tonte. — On cultive encore les espèces ♃ suivantes : S. *barbe de bouc* , —*filipendule;* var. *à fleurs doubles*, — *reine des prés;* var. *à fleurs doubles, à feuilles panachées*, *blanchâtre*,— *lobé*, à fleurs roses, — *trifoliée*, fleurs très-grandes. Même culture. Très-jolies plantes.

SPRINGÉLIE incarnate. *Sprengelia incarnata*. Fam. des bruyères. ♄. Nouv. Holl. De 3 pieds ; feuilles ovales lancéolées : de juin en septembre, grappe terminale de jolies fleurs roses en étoile, se conservant longtemps. Terre de bruyère ; serre tempérée : de boutures étouffées, de marcottes ; demande les mêmes soins que les bruyères. Très-bel arbuste.

STACHYTARPHÉTA changeant. *Stachytarpheta mutabilis*. Fam. des gattiliers. ♄. De 3 pieds : feuilles ovales : en été, épi de grandes fleurs, d'abord d'un rouge vif, puis roses. Terre de bruyère substantielle; serre chaude ; de graines au printemps.

STACHYS écarlate. *Stachys coccinea*. Fam. des labiées. ♃. Feuilles cordiformes, allongées : en été, épi de grandes fleurs d'un rouge brillant. Terre franche légère; orang. près du verre ; craint l'humidité pendant l'hiver : de boutures, d'éclats et de graines. — On cultive, en pleine terre de bruyère ombragée, le S. *de Corse*, petite plante charmante.

STAPÉLIE velue. *Stapelia hirsuta*. Fam, des apocynées. ♃. Du Cap. Tiges de 15 pouces, sans feuilles : en été, grandes fleurs, velues, d'un rouge brun, rayées de pourpre noirâtre à divisions violacées sur les bords; odeur de viande corrompue. Terre franche, serre chaude; presque pas d'eau : cult. des cierges. Plante fort curieuse ainsi que les suivantes : — *à grandes fleurs,—divariquée ,—ambiguë, — agréable, — jolie, — vieille, — aspergée, — panachée*.

STAPHILIER à feuilles ailées, nez coupé. *Staphilea pinnata.*Fam. des rhamnoïdes. ♄. De 10 à 12 pieds : au printemps, fleurs blanches en grappes. Tout terrain : de graines ou de rejetons.—On cultive de même le S. *à feuilles ternées*, à fleurs plus grandes. Tous les deux d'un bel effet dans les massifs.

STATICÉ à bordures, gazon d'Espagne. *Statice armeria*. Fam. des plombaginées. ♃. Charmant gazon : tout l'été, fleurs rouges, roses ou blanches, en petites têtes serrées. Tout terrain; de graines et d'éclats. Très-jolies bordures. —On cultive de même les S. *limonium,* couvert. l'hiver et bonne exposition, fleurs bleues, — *à balais*, bleu pâle, — *de Tartarie*, d'un beau rouge, — *de Russie*, fort jolie, à fleurs roses,—*à feuilles lyrées*, élevée, à fleurs bleues et blanches. — La S. *crépue*, à fleurs violettes, réclame l'orang. pendant l'hiver.

STANACTIS élégante. *Stanactis speciosa*. Fam. des

radiées. ♄ . De la Californie. 18 pouces à 2 pieds; feuilles alternes, lancéolées, pointues, glabres, très-entières et ciliées : tout l'été, grandes fleurs d'un beau violet, disposées en corymbes : chaque fleur a près de 2 pouces de diamètre. Tout terrain et toute exposition; fort rustique , mais peu d'eau : de graines et d'éclats. Très-belle plante nouvelle et encore peu répandue. Chez MM. Jacquin, Cels.

STÉPHANOTE floribond. *Stephanotis floribundus.* Fam. des apocyns. ♄ . Volubile de 15 à 20 pieds : feuilles longues, épaisses, coriaces, mucronées : fleurs d'un beau blanc, très-grandes, disposées en ombelle et exhalant une odeur délicieuse. Terre franche légère , substantielle : serre chaude : de boutures.

STERCULIER à feuilles de platane. *Sterculia platanifolia.* Fam. des byttnériacées. ♄ . De la Chine. De 15 à 20 pieds ; grandes feuilles : fleurs de peu d'apparence. Terre franche à bonne exposition, avec couv. l'hiver ou orang. : de graines. Arbre d'un beau port. — Même cult., mais serre chaude et tannée, pour le S. du *Malabar.*

STEVIE pourpre. *Stevia purpurea.* Fam. des flosculeuses. ♃ . Du Mexique. De deux pieds ; feuilles étroites : en été, corymbe de nombreuses fleurs roses. Terre franche légère avec couvert. l'hiver : de graines sur couche et d'éclats. Jolie plante ; peut aussi se cultiver comme ⊙.

STRAMOINE en arbre. *Datura arborea.* Fam. des solanées. ♄ . De 12 à 13 pieds ; feuilles longues, obovales : en été et pendant l'automne, fleurs un peu pendantes, de 8 à 12 pouces de longueur , d'un beau blanc avec quelques raies jaunes ; très-odorantes. Terre à orang., beaucoup d'eau l'été, très-peu l'hiver ; serre temp. ou orang. éclairée : de boutures. Arbrisseau fort beau. — On cultive de la même façon la S. *en arbre à fleurs rouges,* magnifique espèce. — Il est un assez grand nombre de stramoines ⊙. On mult. les deux premières de graines en place et les autres de graines sur couches. Toutes veulent une terre légère , mais substantielle, à exposition chaude. — S.

pomme épineuse, — *violette*, — *féroce*, — *velue*, — *fas-
tueuse*, — *cornue*. Ces deux dernières fort belles.

STRÉLITZIA de la Reine. *Strelitzia reginæ.* Fam. des balisiers. ♃. Du Cap. Feuilles obovales, glauques, longuement pétiolées ; très-grandes fleurs à trois divisions d'un
beau jaune, les trois autres d'un bleu vif, au nombre de
10 à 12, portées par une tige de 3 à 4 pieds et enveloppées
d'une spathe terminale. Terre à oranger, mêlée d'une petite quantité de terre de bruyère, surtout quand la plante
est jeune : serre chaude ; beaucoup d'eau en été : d'éclats.
Très-belle plante. — On cultive de même les S. *géant*, —
à feuilles de jonc, — *farineux*. — *à feuilles étroites*.

STUARTIE monostyle. *Stuartia malacodendrum.* Fam.
des malvacées. ♄. De la Virginie. De 5 à 6 pieds ; feuilles ovales, dentées : en été, grandes fleurs blanches odorantes. Terre de bruyère, substantielle ; de marcottes et
de boutures étouffées : rentrer le jeune plant pendant les
premiers hivers. Bel arbuste. — Même culture pour la S.
à cinq styles.

STRUTHIOLE imbriquée. *Strutiola imbricata.* Fam. des
thymélées. ♄. Du Cap. De 4 pieds; feuilles linéaires; en
été fleurs d'un jaune pâle, très-odorantes, disposées en ombelle. Terre de bruy. un peu substantielle ; serre temp.
près du verre ; craint l'humidité ; de bout. étouffées. —
On cultive de même les S. *ciliée*, — *à feuilles de myrte*.
Les fleurs de toutes les espèces sont très-odorantes.

STYPHÉLIE à plusieurs épis. *Styphelia polystachis.* Fam.
des épacridées. ♄. Nouv. Holl. De 2 à 3 pieds ; feuilles
linéaires ; au printemps, épis assez nombreux de petites
fleurs blanches. Terre de bruy.; serre temp. ; de bout.
étouffées. — Même cult. pour les S. *à trois fleurs*, — *à
petites fleurs.* Jolis arbrisseaux.

SUMAC fustet, bois jaune. *Rhus cotinus.* Fam. des térébinthacées. ♄. De la Suisse. De 8 à 10 pieds ; feuilles
obovales, odorantes, glabres ; en été, nombreuses fleurs
blanchâtres, petites, remplacées par les pédoncules qui
s'allongent beaucoup et forment des panaches élégants.

Tout terrain sec et ombragé ; de graines et par ses traces. — On cultive de même les S. *des corroyeurs*, — *de Virginie*, joli ; — *glabre*, — *élégant*, — *à feuilles de lentisque*, couvert. l'hiver ; — *vernis*, — *copal*, — *traçant*, — *odorant*, — *aromatique*, très-joli. — Tout ce genre est vénéneux et ne doit pas être manié sans quelques précautions. On en cultive aussi quelques espèces en orang.

SUREAU commun. *Sambucus nigra*. Fam. des chévrefeuilles. ♄. De 15 pieds ; feuilles pinnées ; au commencement de l'été, larges ombelles de petites fleurs blanches, odorantes. Tout terrain ; de graines, de bout. et de rejet. ; Var.: *à fruits verts*, *à feuilles panachées de blanc, de jaune, monstrueux, à fruits blancs, lacinié* ou *à feuilles bipennées*. — On cultive de même le S. *du Canada*, à fleurs plus larges et durant très-longtemps, —*à grappes*, à fruits rouges, de beaucoup d'effet, —*pubescent*.

SWAINSONIE à feuilles de galéga. *Swainsonia galegifolia*. Fam. des légumineuses. ♄. Nouv. Holl. De 2 à 3 pieds ; feuilles ailées ; tout l'été, fleurs d'un rouge très-vif, à odeur très-suave. Terre de bruy., substantielle ; orang.: de graines.— On cultive de même celle *à feuilles de coronille*, fleurs roses. Jolis arbustes.

SWERTIE vivace. *Swertia perennis*. Fam. des gentianes. ♃. D'un pied ; feuilles ovales ; en été, panicule de fleurs bleues, étoilées. Terre de bruy. tourbeuse, mais constamment humide ; de graines aussitôt mûres ou de traces. Plante intéressante.

SYMPHORINE à grappes. *Symphoricarpos racemosa, leucocarpa*. Fam. des chèvrefeuilles. ♄. De 2 à 3 pieds ; touffu ; petites feuilles ovales ; fleurs très-petites, d'un rose vif ; fruits blancs de la grosseur d'une cerise, d'un effet charmant. Tout terrain ; de graines, de marc. et de bout. Fort bel arbuste. — On cultive encore les S. *à petites fleurs*, — *du Mexique*.

T.

TABAC à feuilles glauques. *Nicotiana glauca*. Fam. des

solanées. ♄. De Buenos-Ayres. De 10 à 12 pieds; très-grandes feuilles, ovales, glauques comme tout le reste de la plante; en été, fleurs jaunes, disposées en longues grappes. De graines et de bout.; serre temp. et terre à oranger ou ☉, et en pleine terre, en le semant dès janvier sous châssis et le repiquant en avril; on peut aussi le bouturer à l'automne, le conserver pendant l'hiver en serre et le planter dehors au printemps. Fort belle plante, très-pittoresque. — Même culture pour le T. *ondulé*. — Le T. *ordinaire* se cultive de même et présente un aspect pittoresque.

TABERNÉMONTANA à fleurs doubles. *Tabernœmontana coronaria.* Fam. des apocyns. ♄. De l'Inde. De 3 pieds; feuilles ovales lancéolées, d'un vert brillant; de juin en octobre, larges fleurs doubles, à odeur délicieuse. Terre à oranger; serre chaude, de bout. étouffées. — Même cult. pour les T. *à feuilles de laurier, — à feuilles d'amandier.*

TAGÉTÈS élevé, grand œillet d'Inde. *Tagetes erecta.* Fam. des radiées. ☉. De 2 pieds : feuilles composées; en été et pendant l'automne, grandes fleurs d'un beau jaune. Tout terrain; de graines sur couche et en place; Var.: *à fleurs doubles, jaune foncé* ou *jaune clair, nain à fleurs doubles,* très-hâtive et très-belle. — On cultive de la même façon le T. *étalé* ou *petit œillet d'Inde;* Var.: *à fleurs doubles, rayées, maculées, plus claires, plus foncées, d'un jaune éclatant.* — Le T. *luisant* est ♃, rentré en orang. ou ☉ en pleine terre. Fort joli, à odeur suave; les deux autres espèces ont au contraire une odeur forte et désagréable.

TAMARISC de Narbonne. *Tamarix gallica.* Fam. des pourpiers. ♄. De 8 à 10 pieds : rameaux un peu pendants; feuilles très-menues, imbriquées, en partie persistantes; au printemps, petites fleurs blanches, teintes de rose, disposées en épi lâches. Terre franche, légère, sur le bord des eaux; de bout. ou de marc.; gèle quelquefois mais repousse du pied. — On cultive de même les T. *d'Allemagne,—de la Chine,—de l'Inde;* celui-ci est très-joli, mais doit être rentré pendant le premier hiver ; sable frais. Tous ces arbustes sont très-pittoresques au bord des eaux, dans les grands jardins.

Tamne pied d'éléphant. *Tamnus éléphantipes.* Fam. des asperges. ♭. Masse ligneuse arrondie, couverte d'une écorce à facettes, ayant quelques rapports avec certaines carapaces de tortue ; tige volubile ⊙, à feuilles en rein et à fleurs verdâtres. Serre chaude ; cult. des cycas. Plante très-curieuse.

Tanaisie boréale. *Tanacetum boreale.* Fam. des flosculeuses. ♃. Sibérie. De 3 à 4 pieds : feuilles ailées ; grandes fleurs jaunes à effet. Tout terrain ; d'éclats et de graines. — Même culture pour la T. *commune.* Ces deux plantes très-rustiques méritent d'être cultivées dans les grands jardins paysagers.

Thé de la Chine, thé bou. *Thea sinensis.* Fam. des orangers. ♭. De 4 à 5 pieds : feuilles obovales, dentées, coriaces ; en automne, nombreuses fleurs blanches. Terre de bruy. substantielle ; orang. ; de graines, rejet., bout. étouffées et marc. — On cultive de même le T. *vert* et le *Sesanqua.* Ces arbustes fournissent le thé du commerce.

Tellime à grandes fleurs. *Tellima grandiflora.* Fam. des saxifrages. ♃. De l'Amér. Sep. Feuilles radicales, cordiformes ; fleurs en grappe unilatérale, d'abord vertes, puis rouges pourpres, découpées en cinq lanières filiformes. D'éclats : terre légère, fraîche, ombragée. Jolie plante.

Thermopside du Népaul. *Thermopsis Népaulensis.* Fam. des légumineuses. ♭. De 5 à 6 pieds : feuilles ternées, alternes, légèrement soyeuses : en été, grandes fleurs jaunes, réunies au nombre d'une douzaine autour d'un pédoncule commun et disposées en grappes. Terre légère, substantielle ; beaucoup d'eau l'été, point en hiver ; orang. : de graines et de boutures étouffées. Fort belle plante.

Thumberghie élégante. *Thumberghia coccinea.* Fam. des acanthées. ♭ Du Népaul. De 20 à 30 pieds ; volubile : feuilles oblongues, opposées : grappe pendante de longues fleurs écarlates. Pleine terre en serre chaude : de boutures. — On cultive de même la T. *à grandes fleurs*, bleues, magnifiques, — *odorante*, fleurs blanches, — *ailée*, fleurs jaunes. Très-belles plantes, surtout les deux premières.

THUYA occidental, du Canada. *Thuya Canadensis*. Fam. des conifères. ♄ . De 25 à 30 pieds : pyramidal ; feuillage glanduleux ; fruits oblongs et minces. Tout terrain : de graines. Propre à faire des abris et des palissades pour cacher des constructions.—On emploie à ce même usage et on cultive de la même façon le T. *de la Chine*. Tous les deux souffrent la tonte. D'un effet pittoresque. — Les T. *articulé* et *austral* se cultivent en orang.

TIGRIDIE à grandes fleurs. *Tigridia pavonia*. Fam. des iridées. ♃ . Oignon écailleux ; feuilles longues et plissées : en été, hampe de 18 pouces, portant 2 ou 3 fleurs, à divisions extérieures jaunes, tachetées de rouge, violettes à la base et pourpre brillant au bord extérieur ; les trois intérieures, jaunes, ponctuées de rouge ; chacune de ses fleurs ne dure que quelques heures, mais est promptement remplacée. Terre franche, légère, et rentrer l'oignon quand les feuilles sont fanées, ou en pots dans l'orang., ou enfin plantée à 8 ou 10 pouces en terre sèche et légère : une couv. ajoute, dans ce dernier cas, à la certitude de la conservation : de graines et de caïeux. Plante magnifique. Var. : *à fleurs à* 12 *divisions*. — On cultive de la même façon les T. *jaunes* et *d'Herberts* ; à Fromont.

TILLANDSIE agréable. *Tillandsia amœna*. Fam. des narcissées. ♃ . Feuilles charnues, érigées ; fleurs vertes et bleues disposées en épis, au milieu de bractées roses. Terre de bruyère ; serre chaude : de drageons. Jolie plante. Nous joignons à cet article une note communiquée par M. Jacques à la Société d'horticulture ; elle établit la possibilité de cultiver certaines plantes dans la mousse pure. « Je dépotai, dit-il, l'*épidendrum sinensis*, le *limodorum Tankervillæ* et le *tillandsia amœna* ; je détachai soigneusement toute la terre qui enveloppait les racines, coupai les anciennes et ne conservai que les plus nouvelles ; puis je les empotai dans la mousse fraîche en la pressant assez fortement : elles furent ensuite traitées comme toutes les autres plantes de leur température ; la végétation fut belle, et je fus toujours satisfait de l'état de leurs racines ; enfin le *tillandsia amœna* étant en fleur aujourd'hui, j'ai l'honneur de le déposer sur le bureau afin de pouvoir lever les doutes, s'il pouvait encore en exister. Je me ferai un devoir d'y présenter de même le *limodorum tankervillœ*, lorsqu'il sera en fleur, car dès à présent il montre 3 hampes, et il y a tout lieu d'espérer qu'elles arriveront à bien. Quant à l'*épidendrum sinensis*, je ne crois pas qu'il ait encore fleuri en France, et le nôtre ne paraît pas devoir s'y disposer. »

TILLEUL d'Europe. *Tilia Europea.* Fam. des Tilleuls ♄. De première grandeur ; feuilles en cœur, acuminées, dentées. Tout terrain : de graines, de marcottes et de drageons. Var. : *à grandes feuilles, à rameaux rouge ou corail, à feuilles laciniées, panachées.*—On cultive de même les espèces suivantes :—*argenté,* magnifique,—*d'Amérique,— du Canada,— hétérophylle,— pubescent,— à panicules lâches,— du Missisipi.* Tous ces arbres sont très-beaux, propres aux avenues et à toute espèce de plantation.

TOURETTE printanière, arabette. *Turritis verna.* Fam. des crucifères. ♂. Très-basse et touffue : au printemps fleurs blanches très-nombreuses. Terre légère et recailles ; de graines et de traces.—On cultive de même T. *du Caucase.* Jolies plantes.

TRACHÉLIE bleue. *Trachelium cœruleum.* Fam. des campanules. ♂. D'Alger. De 10 à 12 pouces ; feuilles obovales : en été, petites fleurs d'un bleu violacé, disposées en ombelle. Terre sèche, bonne exposition : de graines et de boutures : orang. pendant le premier hiver. Jolie plante.

TRÈFLE du Roussillon. *Trifolium incarnatum.* Fam. des légumineuses. ♂. De 1 à 2 pieds : feuilles trifoliées fleurs d'un beau rouge en épi. Tout terrain ; de graines. D'un joli effet.

Trillium sessile. *Trillium sessile.* Fam. des asperges. ♃. De la Caroline. De 5 à 6 pouces ; feuilles obovalés, maculées : au printemps, fleurs à longs pétales, d'un pourpre brun. Terre de bruyère, mi-ombre ; de graines aussitôt mûres, ou d'éclats de racines. — Le T. *à grandes fleurs* se cultive de même.

Triphasie trifoliée. *Triphasia trifoliata.* Fam. des orangers. ♄. De l'Inde. De 2 à 3 pieds ; feuilles ternées : au printemps, grandes fleurs blanches, odorantes, remplacées par des fruits rouges, d'une saveur douce. Terre à oranger ; serre chaude ; de graines, qu'il mûrit dans nos serres.

Tristanie à feuilles de laurier-rose. *Tristania neriifolia.* Fam. des myrtoïdes. ♄. De 4 à 5 pieds ; feuilles étroites, d'un vert brillant et coriace : en automne, corymbes de fleurs jaunes. Terre de bruyère : orang. ; de marcottes et de boutures.

Tritome à grappe. *Tritoma uvaria.* Fam. des liliacées. ♃. Feuilles nombreuses, ensiformes, persistantes, longues de 3 pieds : en automne, grandes fleurs pendantes, d'un rouge écarlate très-vif, portées par une hampe de 2 ou 3 pieds. Terre de bruyère sablonneuse : orang.; peu d'eau : de graines et d'œilletons: craint l'humidité.— Même cult. pour les T. *moyen* et *nain.* Belles plantes.

Troène Commun. *Ligustrum vulgare.* Fam. des jasmins. ♄. De 10 à 12 pieds : feuilles petites, obovales : au printemps, fleurs blanches ; fruits noirs. Tout terrain ; de graines, de boutures, de marcottes et de rejetons. Fait de jolies palissades. Var. : *à fruits blancs, à feuilles panachées.*—On cultive de même, mais à bonne exposition, le T. *du Japon,* à grandes fleurs ; très-bel arbuste.—Le T. *du Népaul,* que l'on n'a pas encore risqué en pleine terre, y réussira probablement et augmentera le nombre des beaux végétaux rustiques : ce dernier se mult. aussi de greffes sur le troène commun.

Trolle d'Europe. *Trollius Europeus.* Fam. des renoncules. ♃. De 1 à 2 pieds ; feuilles lobées : au printemps, grandes fleurs d'un jaune brillant. Terre franche légère, fraîche et mi-ombre ; de graines ou d'éclats.— On cultive de même le T. *d'Asie*, à fleurs orangées.

TUBÉREUSE des jardins. *Polyanthes tuberosa*. Fam. des liliacées. ♃. Oignon brunâtre ; longues feuilles étroites ; tige faible, ayant besoin d'un tuteur, portant un épi de fleurs blanches, lavées de rose, à odeur forte mais délicieuse. Terre franche, légère, substantielle, dans un vase un peu grand, où on la place en mars et que l'on enterre sur couche, sous cloche ou châssis ; couvrir pendant les nuits froides ; beaucoup d'eau pendant la végétation : retirer de la couche au moment où les fleurs vont s'épanouir : de caïeux que l'on fait venir de Provence et de graines fort rares. Plante charmante. Var. : *à fleurs semidoubles, doubles, à feuilles panachées*. Même culture.

TULIPE des fleuristes. *Tulipa gesneriana*. Fam. des liliacées. ♃. Cette plante a donné un nombre immense de variétés, puisque l'on en regarde comme très-belles 7 à 800 ; elles se placent toutes dans quatre divisions. La première, dite *des flamandes*, renferme celles à fond blanc ; elles doivent avoir la tige droite, d'au moins 12 à 15 pouces de hauteur ; la fleur, plus haute que large, formant bien le godet, les couleurs seront vives et trancheront sur un fond d'un blanc pur ; le sommet des pétales sera obtus ou arrondi, et leur fermeté sera grande. La deuxième division, ou celle des *bizarres*, comprend toutes celles à fond brun ou d'une couleur foncée : si l'onglet intérieur des pétales est blanc, la fleur est très-estimée. Les *dragonnes* forment la troisième division ; leur tige est ordinairement faible et penchée ; les pétales, très-longs, tourmentés, déchiquetés, sont ordinairement étalés : beaucoup moins estimées que les précédentes, elles doivent avoir les couleurs vives et tranchées. Enfin dans la quatrième se trouvent les *doubles* qui sont agréables, mais rejetées généralement des collections.

On ouvrira, pour planter les tulipes, des fossés semblables à ceux que nous avons indiqués pour les autres plantes de collection ; ou on disposera le fond en pente et on les remplira d'un mélange de terre franche, douce, amendée avec du terreau de feuilles et jamais avec des engrais animaux ; ce mélange aura été passé plusieurs fois à la claie, fait un peu de temps à l'avance et mis à l'abri. On placera les tulipes à 6 pouces les unes des autres ; on les plantera suivant leur hauteur et de façon que des nuances bien différentes se trouvent rapprochées. Les oignons ne seront jamais exposés aux rayons du soleil, qui pourraient les faire périr. On doit se mettre plusieurs pour planter et déplanter, et apporter un grand soin pour ne pas se tromper de variétés et ne pas les confondre entre elles. La plantation se fait en automne le plus tard possible, et si l'on peut du 15 au 20 novembre. On ne doit point enfoncer la tulipe dans le sol, mais la mettre au fond d'un trou, d'une profondeur variable, que l'on remplit de terre (1). Quand la plantation est finie, on paille pour éviter le durcissement de la terre. Au printemps, on sarcle et l'on tient la planche nette jusqu'à la floraison. Celle-ci a ordinairement lieu au commencement de mai. Il faut alors couvrir les planches d'une tente en toile qui prolongera la durée des fleurs et les jouissances de l'amateur. Cette même tente peut aussi être utile lors des pluies et des neiges de printemps, car sans cette précaution les jeunes plantes pourraient beaucoup souffrir.

Lorsque les feuilles sont fanées et que la tige peut se rouler autour du doigt, il est temps de songer à la déplantation ; elle se fait avec soin et au moyen d'une houlette ; on nettoie les oignons, on détache les caïeux et on enlève la tunique desséchée. Les propriétaires de belles collections placent leurs tulipes dans des casiers numérotés, où les oignons sont disposés dans le même ordre suivant lequel ils sont établis sur les planches ; on place les caïeux avec l'oignon mère, et le nom de la variété est aussi mis dans la case. Tous les casiers, renfermés dans une armoire grillée et aérée, seront mis à l'abri des rats et des souris.

(1) Cette profondeur ne peut être indiquée parce qu'elle varie selon la ténacité de la terre ; le terme moyen est 4 pouces.

14.

Les tulipes dégénèrent quelquefois et il faut alors les changer de terre, ce qui doit au reste se faire tous les ans dans les jardins bien tenus ; on exécute cette opération en ajoutant à la terre ancienne un quart de mélange nouveau. On mettra dans des terres très-maigres les plantes qui auront souffert d'un sol trop gras et dans des terres substantielles, celles qui au contraire auront éprouvé du malaise dans des terrains sableux on infertiles. On ne peut conserver les variétés acquises, qu'en les multipliant par caïeux, et dans ce cas on traite ceux-ci comme les oignons mères ; si l'on veut au contraire en obtenir de nouvelles, on doit semer ; on le fait en récoltant les graines bien mûres des plantes les plus belles, les conservant dans un lieu sec et les répandant en septembre ou en octobre sur une plate-bande préparée à l'avance ; on recouvre ensuite le semis d'un peu de terre et de terreau, et l'on humecte fréquemment ; on abrite pendant l'hiver et l'on ne voit sortir au printemps suivant qu'une seule feuille qui sèche bien vite ; on ne touche point alors les oignons, mais on ajoute encore 1 ou 2 pouces de terre nouvelle sur la plate-bande et on met une couverture pendant les grands froids. Les feuilles de la deuxième année étant desséchées, on relève les oignons et on les replante de suite en les espaçant de 3 pouces et les enterrant de 2 à 3 ; après la quatrième pousse on traite les plants de semis comme oignons faits et ils fleurissent l'année suivante. Les premières années de la floraison, on ne peut juger que de la forme, car la plante est d'une seule couleur ; puis les années suivantes de couleurs mélangées, et ce n'est souvent qu'au bout de dix ans qu'elle arrive à toute sa perfection. Les jeunes plantes qui ne sont point rendues à ce point sont nommées *baguettes*. — On cultive de la même façon la T. *odorante, duc de Tholl,* très-belle, garantir des mulots ; — la var. *double* de la tulipe *sauvage.* — Les espèces suivantes restent en terre toute l'année, ne sont relevées que pour en avoir les caïeux, et se replantent de suite. T. *biflore,* — *sauvage,* — *de Cels,* jolie ; — *Turque ;* var. *à fleurs doubles,* fort belle, — *de l'Ecluse,* très-jolie ; relever tous les ans, parce que sans cela l'oignon s'enfoncerait trop, — *œil du soleil,* belle, comme la précédente; terre de bruy.; — *bossuelle*, fait de charmantes bordures; — *gallique*, odorante.

TULIPIER de Virginie. *Liriodendron tulipifera*. Fam. des magnoliers. ♄. De 80 à 100 pieds: grandes feuilles glabres, de forme carrée à côtés rentrants et à angles arrondis; en été, fleurs en tulipe d'un jaune verdâtre, maculées de rouge; odeur agréable. Terre franche, légère, profonde, un peu fraîche; de graines ou de marc. difficiles; couvrir le jeune plant pendant les premiers hivers. Arbre superbe; Var. *à feuilles entières, à lobes aigus, à lobes arrondis, à fleurs jaunes*. Même cult.

TUPÉLO velu. *Nyssa villosa*. Fam. des badamiers. ♄. Arbre dans la Virginie, arbuste chez nous; feuilles oblongues, disposées en rosettes; en été, fleurs de peu d'apparence. Terre tourbeuse, humide; de graines qui mûrissent en France; couvrir le plant les premiers hivers. — Même culture pour les T. *blanchâtre*, — *dentelé*, — *biflore*.

TURNÈRE à feuilles de ketmie, élégant. *Turnera elegans*. Fam. des onagres. ♄. D'un pied; feuilles pointues, dentées, d'un beau vert; grandes fleurs solitaires, d'un jaune très-pâle, à stries violettes. Terre franche, mêlée d'un quart de terre de bruy. et d'un peu de terreau de couche; serre chaude près des jours; de bout. étouffées.

TUSSILAGE odorant, héliotrope d'hiver. *Tussilago fragrans*. Fam. des flosculeuses. ♃. D'un pied: feuilles rondes, longuement pétiolées; pendant l'hiver, fleurs d'un blanc rougeâtre, exhalant une odeur qui approche de celle de l'héliotrope. Terre franche, légère, ombragée; d'éclats.

U.

UVULAIRE de la Chine. *Uvularia sinensis*. Fam. des liliacées. ♃. D'un pied: feuilles lancéolées; au printemps, fleurs pendantes, de couleur pourpre, presque brunes. Terre de bruy.; orang.; d'éclats de racines.

V.

VALÉRIANE rouge. *Valeriana rubra*. Fam. des valérianes. ♃. De 2 pieds: feuilles obovales, étroites, glauques: en été et pendant l'automne, nombreuses fleurs rouges, blanches ou lilas suivant les variétés, disposées en panicules. Terre sèche; d'éclats ou de graines. — La V. des *Pyrénées*, fort jolie plante, se cultive de même, mais veut une terre légère, fraîche et à mi-ombre; — celle *des jardiniers*; même cult.

VANILLE aromatique. *Vanilla aromatica*. Fam. des orchidées. ♄. Sarmenteuse et radicante; feuilles charnues, obovales; longues grappes de fleurs blanches un peu jaunes; fruit allongé, d'un arôme et d'une odeur délicieuse. Terre à oranger; serre chaude; beaucoup d'eau pendant la végétation; offrir à cette plante un morceau de bois revêtu de son écorce à laquelle elle puisse s'accrocher.

VAUBIER en poignard. *Hakea pugioniformis*. Fam. des protées. ♄. Nouv. Holl. De 6 à 7 pieds: feuilles cylindriques, mucronées; en été, petites fleurs blanchâtres; fruit ligneux, ovale, et terminé par une pointe aiguë. Terre de bruy.; serre temp.; de graines et de marc. — V. *à feuilles de houx*, odeur suave. Même cult.

VÉLAR barbaré, de Sainte-Barbe. *Erysinum barbarea*. Fam. des crucifères. ♃. De 2 à 3 pieds: feuilles en lyre; au printemps, thyrses de fleurs jaunes et brillantes. Tout terrain; d'éclats et de bout.

VELTHEIMIE du Cap. *Veltheimia Capensis*. Fam. des liliacées. ♃. Longues feuilles radicales, ondulées; au printemps, hampe de 12 à 15 pouces, portant un épi de longues fleurs pendantes, tubulées, de couleur rose vif, mêlé de pourpre. Terre franche, légère; orang. près du verre; peu d'eau; de caïeux que l'on relève tous les deux ou trois ans.

VERGE d'or à tiges brunes. *Solidago fuscata*. Fam. des

radiées. ♃. De 4 à 5 pieds: feuilles alternes, glabres et luisantes, de 3 à 4 pouces; en automne, grandes fleurs nombreuses disposées en épis réunis en panicule lâche de plus d'un pied de longueur. Terre franche, légère; de graines aussitôt mûres ou d'éclats. — Toutes les autres espèces de ce genre très-nombreux se cultivent de même; nous ne citerons que les plus remarquables : — *du Canada*, — *élevée*, — *gigantesque*, — *rugueuse*, — *à tige verte*, — *à feuilles d'orme*, — *toujours verte*, — *lancéolée*, — *à larges feuilles*, — *à feuilles charnues*, — *naine*, — *glabre*, — *à fleurs nombreuses*, — *à feuilles de lithosperme*, — *à longs épis*, — *à feuilles de plantain*, — *étalée*, — *à feuilles entières*, — *de deux couleurs*, très-jolie; — *du Mexique.*

VERNONIE de New-York. *Vernonia Noveboralensis.* Fam. des flosculeuses. ♃. De 3 à 4 pieds; feuilles obovales, étroites; en automne, corymbe de fleurs pourpres. Tout terrain; d'éclats. — On cultive de même la V. *élevée*, plus belle que la précédente. — Celle à *tiges flexueuses* veut la terre de bruyère et la serre temp.

VÉRONIQUE de Sibérie. *Veronica Sibirica.* Fam. des pédiculaires. ♃. De 4 à 5 pieds: feuilles verticillées; en été, gros épis de fleurs blanches. Tout terrain; de graines et d'éclats. Fort jolie, ainsi que les suivantes : — *de Virginie*, épis d'un pied; — *maritime*, fleurs bleues; Var. *à fleurs blanches*, *roses* et *à feuilles panachées*, — *à longues fleurs*, *bleue*; — *élégante*, jolies fleurs roses; terre de bruy.; — *à épi*, bleu; — *pinnée*, bleu pâle; — *incisée*, — *à feuilles de paquerette*, bleu; — *de gentiane*, bleu pâle; — *fruticuleuse*, carnée; — *à feuilles de grenadier*, bleue rayée de rouge, très-jolie, — *chamœdrys*, d'un beau bleu, très-belle; — *du Levant*, bleu d'azur; — *paniculée*, — *à feuilles de serpolet*, — *élevée*, bleu clair; toutes ces espèces sont très-rustiques. — On cultive en orang. et en terre de bruy. les V. *perfoliée*, bleu tendre et *des îles Falkland*, blanches; toutes les deux très-agréables.

VERVEINE agréable. *Verbena pulchella.* Fam. des gattiliers. ♃. Buenos-Ayres. Couchées, radicantes, formant un charmant gazon; pendant toute la belle saison, chaque rameau est terminé par une ombelle de fleurs du plus beau bleu. Terre légère, bien exposée; de graines, de bout. et de marc.; en conserver quelques pieds en orang. pour réparer les pertes d'un hiver rigoureux. Plante charmante. — La V. *à bouquet* est ♂, mais doit se cultiver comme ⊙ si on veut l'avoir dans toute sa beauté; très-jolie; d'orang. dans le premier cas et de pleine terre dans le deuxième; — les suivantes demandent la serre temp. ou du moins l'orang.; V. *à feuilles de chamœdrys*, du plus beau rouge; terre de bruy. ;—*citronelle,—veinée*, mettre celle-ci en pleine terre, pendant l'été et la rentrer pendant l'hiver; fort jolie,— *Twidiana*.

VIEUSSEUXIE à taches bleues. *Vieusseuxia glaucopes*. Fam. des iridées. ♃. Feuilles longues et presque linéaires; fleurs à grandes divisions blanches, portant chacune à la base une grande tache bleue. Cult. des ixias; de caïeux. Jolie plante.

VIGNE vierge. *Cissus hederacea*. Fam. des vignes. ♄. Amér. Sept. Tiges nombreuses, sarmenteuses, radicantes, armées de vrilles; feuilles quinées, d'un beau vert, devenant rouges en automne; fleurs verdâtres, peu apparentes, remplacées par des baies noirâtres. Tout terrain; de graines, de bout. et de marc. Très-propre à garnir les murailles, les tonnelles, les rochers, etc. Croissance rapide.

VILLARSIE élevée. *Villarsia excelsa*. Fam. des gentianes. ♃. Nouv. Holl. De 15 à 18 pouces: feuilles oblongues, lancéolées, un peu cordiformes; en été, grandes fleurs jaunes, en corymbes. Terre de bruy.; orang.; beaucoup d'eau l'été; d'éclats et de graines. — Cultiver de même la V. *à feuilles ovales*, à fleurs très-grandes; elle veut la terre marécageuse, humide. Plante charmante.

VINETTIER. *Berberis*. (Voir aux arbres fruitiers.)

VIOLETTE odorante. *Viola odorata*. Fam. des violettes. ♃. Couchées et traçantes: feuilles en cœur longuement pétiolées; au printemps, fleurs d'un beau bleu, à odeur très-suave. Tout terrain, mais mieux frais et ombragé; d'éclats, de rejet. et de graines. Plante trop connue pour qu'il soit nécessaire de la vanter; Var. : *à fleurs blanches, à fleurs roses, doubles blanches, doubles pourpres, doubles bleues, à fleurs précoces, d'automne* ou *des quatre saisons,* fleurissant tout l'automne et l'hiver sous châssis ou en plein air avec quelques précautions; *de Parme,* fleurs semi-doubles, paraissant de très-bonne heure sous châssis, très-bonne odeur; *de Bruneau,* fleurs doubles, à pétales panachés de diverses couleurs. — On cultive de la même façon la V. *à grandes fleurs* ou *pensée vivace;* M. Lémon a obtenu un grand nombre de belles variétés de cette dernière; elles demandent pour se conserver belles, une terre douce mais substantielle et un peu d'ombre. — Même culture pour les V. *altaïque,* fort belle; — *multiflore,* — *lancéolée,* — *capuchonnée.*

VIORNE commune. *Viburnum lantana.* Fam. des chèvrefeuilles. ♄. De 10 à 12 pieds; feuilles en cœur, cotonneuses et dentées: en été, larges ombelles de fleurs blanches, remplacées par des baies d'abord rouges, ensuite noires. Tout terrain : de graines, de rejetons, de marcottes et de greffes pour les variétés ou espèces rares; Var. *à feuilles panachées, du Canada.* — Même cult. pour les Viornes *obier;* variété *stérile* dite *boule de neige,* charmante; — *nue,* — *dentée;* var. *à feuilles cotonneuses, panachées, luisantes, longues,* — *à feuilles d'érable,* — *de prunier,* — *de poirier,* — *de cassine,* couvert. l'hiver; — *luisante,* — *comestible,* — *de la Daourie,* — *lantanoïde.* — On cultive encore de même, mais en orang., les V. *rugueuse,* — *à feuilles rudes,* — *lisse,* — *laurier-thym:* cette dernière peut se mettre en pleine terre avec couvert. l'hiver ou dans l'orang.; Var. *hérissée, panachée de blanc, de jaune, luisante.* Très-belle espèce.

VIPÉRINE à grandes fleurs. *Echium glandiflorum.* Fam. des borraginées. ♄. De 2 à 3 pieds : feuilles lancéolées : en mai, grandes fleurs, d'un joli rose. Terre franche légère; beaucoup d'eau l'été; serre temp. : de graines aussitôt mûres, de boutures et de marcottes. — Même culture pour les V. *blanchâtre*, à fleurs bleues, — *gigan-tesque*, bleu céleste.

VIRGILIER à bois jaune. *Virgilia lutea*. Fam. des légumineuses. ♄ . Amér. Sept. De 25 à 30 pieds : feuilles ailées à folioles obovales : en été, longues grappes de fleurs blanches. Terre franche, légère , un peu sèche : de graines.

VISNÉE mocanère. *Visnea mocanera*. Fam. des plaqueminiers. ♄ . De 5 pieds ; feuilles obovales, brillantes et ponctuées en dessous ; en hiver, fleurs blanchâtres. Terre franche , légère : serre temp. : de graines, boutures et marcottes.

, VOLCAMIER du Japon. *Volkameria Japonica, clerodendrum fragrans*. Fam. des gattiliers. ♄ . De 3 pieds : feuilles en cœur : tout l'été, larges fleurs, très-nombreuses, d'un blanc pur à l'intérieur, pourpres en dehors, à odeur suave. Terre franche , légère , mais substantielle ; serre chaude, près du verre ; dans de petits vases : de boutures sur couches, de portions de racines , de rejetons. Plante charmante ; introduite à la Guadeloupe, par M. de Villaret , elle s'y est propagée avec une si grande rapidité qu'on doit l'y considérer comme une plante nuisible. — On cultive encore de la même façon les V. *écarlate*, superbe ; — *à aiguillons*, très-beau ; — *sans aiguillons*, — *tomenteux*, — *magnifique*, un des plus remarquables.

W.

WACHENDORF à fleurs en thyrse. *Wachendorfia thyrsiflora*. Fam. des iridées. ♃ . Du Cap. Petit oignon : feuilles engaînantes, radicales : au printemps, hampe de 3 pieds, portant un long épi de plus de 15 fleurs, grandes, odorantes et d'un jaune vif. De graines et de caïeux : cult. des ixias. — Même cult. pour la W. *graminée*.

WATSONIE à feuilles d'alétris. *Watsonia aletroïdes* Fam. des iridées. ♃ . Du Cap. Petite bulbe ; 3 ou 4 feuilles linéaires ; hampe de 15 à 18 pouces, terminée par un épi d'une douzaine de fleurs d'un rouge vif, placées dans des spathes violettes. Serre temp. : cult. des ixias. — Même culture pour la W. *rose*, très-belle plante et pour celle de *Merian*.

WRIGTHIA écarlate. *Wrigthia coccinea*. Fam. des apocynées. ♄. Longues feuilles, lancéolées, vertes en dessus et brunâtres en dessous, caduques : fleurs solitaires, d'un beau rouge écarlate velouté, bordées sur le lymbe extérieur d'une ligne d'une vert olive. Terre de bruyère et serre chaude : de boutures étouffées et de marcottes.

WESTRINGIE à feuilles de romarin. *Westringia rosmarinifolia*. Fam. des labiées. ♄. Nouv. Holl. De 4 pieds : feuilles quaternées, cotonneuses en dessous, lancéolées ; tout l'été, assez grandes fleurs blanches. Terre de bruyère : orang., près du verre : de graines et de boutures.

WITSÉNIE en corymbe. *Witsenia corymbosa*. Fam. des iridées. ♃. Du Cap. D'un pied, rameux ; feuilles linéaires, étalées en éventail ; en automne, fleurs nombreuses, d'un bleu très-foncé, disposées en corymbe. Terre de bruyère ; serre temp. : d'éclats, de graines rares et de marcottes. — Var. *plus garnde*. Fort belle.

X.

XANTHOCHYME des teinturiers. *Xantochymus tinctorius*. Fam. des guttiers. ♄. Arbre élevé ; feuilles très-longues, ovales, charnues ; fleurs moyennes, d'un blanc sale. Terre légère ; serre chaude : de graines, de boutures étouffées et de marcottes longues à s'enraciner. Bel arbre.

XÉRANTHÈME annuelle. *Xeranthemum annuum*. Fam. des flosculeuses. ☉. De 2 pieds ; feuilles obovales, cotonneuses en dessous ; en automne, fleurs blanches, gris de lin, violettes, simples ou doubles, suivant la variété ; se conservant longtemps fraîches quoique séparées de sa plante. Terre légère, à bonne exposition : de graines à l'automne et au printemps.

XYLOPHYLLE en faux. *Xylophylla falcata*. Fam. des

euphorbiacées. ♄. De 3 ou 4 pieds ; feuilles oblongues, courbées, à grandes dents ; en été, fleurs rouges paraissant sur les feuilles. Terre légère ; serre chaude : de boutures. Plante curieuse.

XIMENÉSIE à feuilles d'encélie. *Ximenesia encelioïdes.* Fam. des radiées, ⊙. Du Mexique. De 3 pieds ; touffue ; feuilles obovales, tomenteuses en dessous : en été et pendant l'automne, nombreuses fleurs jaunes. Terre franche légère, bien exposée : de graines sur couche, repiquage avec la motte.

Y.

YUCCA nain. *Yucca gloriosa.* Fam. des liliacées. ♄. De 2 à 3 pieds, droite, de 2 à 3 pouces de diamètre, garnie tout le long de feuilles lancéolées, larges à la base, raides, persistantes, mucronées : en été, panicule de 18 pouces de hauteur, composé de 150 à 200 fleurs assez grandes, d'un blanc verdâtre. Terre franche légère, sans engrais animal, à bonne exposition ; couvert. pendant l'hiver : de graines, d'œilletons et de rejetons, que l'on traite comme ceux des plantes grasses.—Belle plante. — On cultive de même les Yuccas *à feuilles glauques*, magnifique et très-rustique, chez M. Lémon, —*filamenteux*, couvert. l'hiver ; var. *panaché*, — *à feuilles d'aloës*, de 9 ou 10 pieds ; var. : *à feuilles pendantes*, — *à feuilles ouvertes* ; les deux derniers demandent l'orangerie.

Z.

ZAMIE à feuilles de cycas. *Zamia cycadifolia.* Fam. des cycadées. ♄. Feuilles ailées, à folioles linéaires, mucronées ; pétioles pubescents. Terre franche légère, substantielle ; beaucoup d'eau l'été, point en hiver : serre chaude, rempoter tous les ans : d'éclats des drageons au printemps, et replanter de suite dans la tannée. Toutes les espèces se cultivent de même. *Z. horrible*, fort belle, —*à feuilles entières*, — *piquantes*, — *longues*, — *étroites*, — *furfuracée*, — *en spirale*, — *naine*, — *laineuse*, — *mince*.

ZANTHORIZE à feuilles de persil. *Zanthoriza apiifolia.* Fam. des renoncules. ♄. De la Caroline. Au printemps, grappes pendantes de fleurs étoilées, pourpres brunes.

Terre légère fraîche, ou mieux terre de bruyère : de graines, d'éclats et de rejetons.

ZÉPHYRANTHE à grandes fleurs. *Zephyranthes grandiflora*. Fam. des liliacées. ♃. Du Mexique. Petit oignon ; 2 à 3 feuilles linéaires ; à la fin de l'été, fleur de 3 pouces de largeur, d'un joli rose, sortant par le côté d'une spathe portée par une hampe de 5 à 6 pouces. Terre de bruyère ; un peu d'eau pendant la végétation ; orang. ou châssis des ixias ; de caïeux.—On cultive de même la Z. *rose,—jaune brun, — blanche*, très-jolie. Toutes ces plantes ne fleurissent qu'au soleil.

ZIERIA trifoliée. *Zieria trifoliata*. Fam. des rues. ♄. De 2 à pieds ; feuilles ternées, odorantes quand elles sont froissées ; petites fleurs blanches, rosées. Terre de bruyère ; orang : de graines et de marcottes. Arbuste agréable.

ZINNIA élégante. *Zinnia elegans*. Fam. des radiées. ☉. Du Mexique. De 2 pieds ; feuilles cordiformes, allongées ; tout l'été et l'automne, grandes fleurs rouge vif et disque conique brunâtre. Terre franche légère, bien exposée ; de graines sur couche tiède ou en place. Jolie plante ; var. *à fleurs écarlates*, fort belle.—On cultive de même les Z. *multiflore ;* var. : *jaune, — violette*, superbe, — *roulée, —verticillée*, jolie.

ZOEGEA d'Orient. *Zœgea leptaurea*. Fam. des flosculeuses. ☉. 2 pieds ; feuilles pinnées ou entières ; en été larges fleurs d'un beau jaune. Tout terrain ; de graines en place ou sur couche. Plante élégante.

ZIGOPETALON de Mackaï. *Zigopetalum Makaii*. Fam. des orchidées. ♃. Large bulbe ; feuilles engaînantes, lancéolées, longues d'un pied ; hampe de 18 pouces, portant 5 à 6 très-grandes fleurs, à cinq pétales vert olive, labelle blanche, jaspée de pourpre violet, nectaire jaune strié de pourpre, précédé d'une membrane blanche, en fer à cheval. Culture des orchis de serre chaude. Fort belle plante.

Nous terminerons cette description par l'énumération des plantes nouvelles ou peu répandues qui ont fleuri de janvier 1837, jusqu'au commencement de juillet, au jardin du Muséum d'Histoire naturelle. (Nous empruntons ceci à la *Revue horticole*).

NOMS.	FAMILLE des	ANNÉE de leur introduction à Paris.	CULTURE en
Oncidium papilio		1830	
— pumilum.			
Dendrobium Pierardii.		1836	
Eria stellata		id.	
— pubescens		id.	
Pleurothallis picta		1835	Serre
— racemiflora	orchidées.	1836	chaude humide.
Epidendrum crassifolium.		id.	
— fuscatum.		id.	
— nutans		id.	
— nocturnum		id.	
Aporum anceps		id.	
Maxillaria racemosa		id.	
Hoya Potsii	asclepiadées.	1833	
Chamedorea Schideana	palmées.	1832	
Petrea volubilis	verbénacées.	id.	
Cereus leptophis.		id.	
Opuntia Salmiana		1834	
Mamillaria Wildiana		1836	Serre
— leucocephala		1833	chaude
Echinocactus corynodes.	cactées.	id.	sèche.
Epiphyllum undulæflorum		1834	
— Jackinsoni.		id.	
— Desvauxii		id,	
— coccineum		id.	
— roseum et album		id.	
Glycine nigricans	légumineuses.	1836	
Verbena Drummondii.	verbénacées.	id.	
Rhodanthe Manglesii	synanthérées.	id.	
Ardisia Japonica	myrsinées.	1834	Orangerie
Selago speciosa	verbénacées.	id	ou
Galardia picta	synanthérées.	1835	serre tempérée.
Hibbertia Cuninghami.	dilléniacées.	1836	
— corrifolia	id.	id.	
Hotteya Japonica	saxifragées.	1835	
Lupinus grandiflorus	légumineuses.	1836	
— rivularis	id.	id.	
Euteca Wrangeliana	hydrophillées.	id.	
Leucharia platiglossa		id.	
— senecioïdes		1835	
Centaurea depressa.	synanthérées.	id.	
Platystigma lineare.	papavéracées.	1836	Pleine terre
Heliophylla latisiliqua.	crucifères.	id.	
Leptosiphon densiflorum.		id.	
— androsaceum		id.	
Pœonia tenuifolia, flore pleno	renonculacées.	1835	
Morina longifolia	dipsacées.	1834	

Quelques-unes des plantes que nous venons de nommer ont été l'objet de descriptions complètes dans le cours de cet ouvrage. Nous allons donc nous contenter de faire suivre le tableau ci-dessus de quelques annotations dues à M. Neumann, chef du service des serres au Jardin du Roi.

HOYA *Pottsii*, ressemble beaucoup à *l'asclepias carnosa* ou hoyer charnu.

CHAMÉDOREA *Schideana*. Palmier dioïque de petite stature, très-joli, fleurissant et donnant du fruit dans nos serres.

PETREA *volubilis*. Belle plante à grandes fleurs, violettes, d'une structure curieuse.

CEREUS *leptophis*, ressemble beaucoup au *C. flagelliformis;* mais il en diffère cependant par ses fleurs plus grandes, plus élégantes et plus nombreuses.

OPUNTIA *Salmiana*, remarquable par sa petitesse et par ses fruits rouges, qui se conservent longtemps.

MAMILLARIA *leucocephala*. Un jeune pied donné par M. Neumann à M. Amand, jardinier de M. de Bugny, a fleuri chez ce dernier.

ECHINOCACTUS *corynodes*, donné au même jardinier, a fleuri chez lui, tandis que le pied mère de celui-ci et du précédent, n'a pas fleuri au Muséum.

RHODANTHE *Manglesii*. Superbe plante qui a des rapports avec les immortelles.

ARDISIA *Japonica*. Elle est d'orangerie, ce qui est nouveau dans ce genre.

SELAGO *speciosa*. Plante très-élégante.

PLATYSTIGMA *lineare*. Jolie petite papaveracée, fleurissant au printemps ; sa culture paraît exiger des soins minutieux.

HELIOPHYLLA *latisiliqua*. Plante produisant plus d'effet

que la giroflée de Mahon et qui, je pense, pourra se cultiver de la même manière.

Pœonia *tenuifolia flori pleno*, est une nouveauté dans nos cultures ; on la doit à M. Fischer, qui l'a envoyée au Muséum en 1835 ; on la dit originaire de Sibérie.

PARTIE DE LÉGISLATION.

—

Nous ne plaçons ici que les notions de législation les plus directement applicables au jardinage. Nous y traiterons de la mitoyenneté des clôtures, des droits de chacun par rapport aux murs qui forment ces clôtures; des arbres, de la distance à laquelle ils doivent être plantés de la propriété voisine, de leur mitoyenneté; de la pénalité qui frappe leurs destructeurs, ou ceux qui leur portent dommage; enfin de la jurisprudence de l'échenillage.

Mur mitoyen. — Aux termes du Code civil, le mur mitoyen est celui qui sépare deux propriétés, s'il n'y a titre ou marque du contraire (Code civ., art. 643.). Il y a marque de non-mitoyenneté, lorsque la sommité du mur est droite et à-plomb de son parement d'un côté, et présente de l'autre un plan incliné; lors encore qu'il n'y a que d'un côté ou un chaperon ou des filets et corbeaux de pierre qui auraient été mis en bâtissant le mur. 'Dans ces cas, le mur est censé appartenir exclusivement au propriétaire du côté duquel sont l'égoût ou les corbeaux et filets de pierre (*Id.*, art. 654.).

La réparation et la reconstruction du mur mitoyen sont à la charge de tous ceux qui y ont droit, et proportionnellement au droit de chacun (*Id.*, art. 655.). Celui qui fait creuser un puits ou une fosse d'aisances près d'un mur mitoyen ou non; celui qui veut y construire une cheminée ou âtre, forge, four ou fourneau, y adosser une étable, ou établir contre ce mur un magasin de sels, ou amas de matières corrosives, est obligé à laisser la distance prescrite par les réglements et usages particuliers sur ces objets, ou à faire les ouvrages prescrits par les mêmes réglements et usages, pour éviter de nuire au voisin (*Id.*, art. 674.).

ARBRES. — Il n'est permis de planter des arbres qu'à la distance de deux mètres (six pieds), de la ligne séparative de deux héritages pour les arbres à hautes tiges, et à distance d'un demi-mètre (dix-huit pouces), pour les autres arbres et haies vives (Code civil, art. 671.). Le voisin peut exiger que les arbres et haies plantés à une moindre distance, soient arrachés. Celui sur la propriété duquel avancent les branches des arbres du voisin, peut contraindre celui-ci à couper ces branches; si ce sont les racines qui avancent sur son héritage, il a droit de les y couper lui-même (Code civ., art. 672.).

Les arbres qui se trouvent dans la haie mitoyenne sont mitoyens comme la haie; chacun des deux propriétaires a droit de requérir qu'ils soient abattus (Code civil, art. 673.). Quiconque abat un ou plusieurs arbres qu'il savait appartenir à autrui, est puni d'un emprisonnement de six jours à six mois à raison de chaque arbre, sans que la totalité puisse excéder cinq ans (Code pénal, art. 445.). Les peines sont les mêmes à raison de chaque arbre mutilé, coupé ou écorcé de manière à le faire périr (Code pénal, art. 446.). S'il y a destruction d'une ou de plusieurs greffes, l'emprisonnement est de six jours à deux mois, à raison de chaque greffe, sans que la totalité puisse excéder deux ans (Code pénal, art. 447.). Le minimum de la peine est de vingt jours, dans les cas prévus par les articles 445 et 446 du Code pénal déjà cités, et de dix jours pour le cas prévu par l'art. 447, si les arbres étaient plantés sur les places, routes, chemins, rues ou voies publiques, ou vicinales ou de traverse (Code pénal, art. 448.).

Si le fait a été commis en haine d'un fonctionnaire public, et à raison de ses fonctions, le coupable est puni du maximum de la peine prononcée; il en est de même quoique cette circonstance n'existe point, si le fait a été commis la nuit (Code pénal, art. 450.).

Dans les cas prévus par les articles du Code, cités ci-dessus, il est prononcé une amende qui ne peut excéder le quart des restitutions et dommages et intérêts, ni être au-dessous de seize francs (Code pénal, art. 455.).

ECHENILLAGE. — Tout propriétaire, fermier, locataire ou autres, doivent faire écheniller tous les ans avant le mois de mars, leurs arbres, haies et buissons, et brûler les toiles et bourses dans un lieu isolé (Loi du 26 brumaire an IV, 16 mars 1796, art. 1, 2 et 6.).

Les maires et adjoints sont tenus de surveiller l'exécution des dispositions précédentes, et de publier la loi à laquelle elles sont empruntées, dans la dernière quinzaine de février de chaque année, sur la réquisition du préfet du département (*Id.* art. 3 et 8.).

En cas de négligence, les maires font exécuter l'échenillage d'office, et aux frais des administrés ; procès-verbal est rédigé pour être transmis au tribunal de simple police, qui statue sur le remboursement des dépenses et sur l'amende encourue (*Id.* art. 7.).

Ceux qui négligent d'écheniller dans les campagnes ou jardins où ce soin est prescrit par la loi ou les réglements, sont punis d'une amende de deux à cinq francs inclusivement (Code pénal, art. 971, n. 8.).

PARTIE HYGIÉNIQUE.

—

S'il est une profession qui soit favorisée, sous le rapport hygiénique, qui soit placée dans les conditions sanitaires les plus avantageuses, c'est sans contredit celle de l'homme qui travaille aux biens de la terre. On dirait que le laboureur a dû être largement indemnisé de ses privations sans nombre, et de son travail qui le brise avant l'âge, par la possession du plus grand des biens qui nous ait été donné, la santé. L'homme de la campagne est en effet placé généralement au milieu de toutes les conditions les plus favorables à l'entretien de la vie; il est environné de l'air le plus pur; sa nourriture est saine; ses habitudes sont douces, uniformes; l'exercice auquel il se livre, salutaire. Jusque-là, tout est bien, mais ce n'est encore que le beau côté du tableau. Il n'est personne qui n'ait vu ces mêmes hommes, arrivés à l'âge mûr, présenter tous les signes de la vieillesse; empruntons à ce sujet un passage du savant Hallé : « La fibre du laboureur, dit-il, devient dure, raide avant le temps; son visage se couvre de rides; ses cheveux blanchissent; sa peau brunit, se sèche, devient écailleuse; ses articulations, tantôt raidies par le froid, tantôt séchées par l'ardeur du soleil, perdent leur souplesse; son dos, arqué de bonne heure, ne peut plus revenir sur lui-même, et tous ses membres se prêtent avec peine aux mouvements les plus nécessaires. » Ce tableau n'est que trop vrai, et on peut encore compléter sa tristesse en énumérant toutes les causes d'insalubrité qui environnent les villageois de certaines contrées.

Ce que nous venons de dire peut s'appliquer en partie aux jardiniers, et cependant, on ne peut pas se dissimuler qu'ils sont mieux partagés en quelque sorte que les moissonneurs par exemple, que les travaux auxquels ils se li-

vrent sont moins durs ; qu'ils ont peut-être moins d'in-
quiétudes morales , étant payés régulièrement et n'ayant
pas à surveiller avec une sollicitude aussi grande des productions d'une importance moins réelle. Toutefois, il ne
faudrait pas croire que cette profession fût exempte d'in-
commodités , elle en a qui lui sont communes avec
l'homme des champs en général; elle en a d'autres qui
lui sont spéciales et plus exclusivement réservées. Nous
allons passer en revue, le plus complètement possible,
ces diverses affections, en donnant les préceptes nécessaires pour les combattre.

La profession de jardinier est du nombre de celles qui
exigent le plus ordinairement une station prolongée dans
un lieu humide , dans les marais par exemple. Ainsi , les
maraîchers peuvent être exposés , en tenant compte des
prédispositions individuelles , aux varices , ulcères vari-
queux , faiblesses dans les articulations , aux douleurs de
reins , aux pissements de sang. Je ne fais que passer sur
ces maladies et les indiquer seulement comme pouvant se
présenter, sans y attacher aucune autre importance.

Mais des affections , que nous pouvons considérer
comme spéciales aux jardiniers , sont l'incurvation de la
colonne vertébrale d'abord, et l'état particulier des mains
ou de l'aponévrose palmaire. Il n'est pas rare de voir dans
les campagnes les hommes , quoique dans un âge peu
avancé, présenter une courbure du dos, une voussure qui
partout ailleurs est un signe de décrépitude. Cette courbure est occasionnée par la position incessante à laquelle
leurs travaux les forcent ; il ne faut pas croire cependant
que cette courbure existe au point de constituer une dif-
formité , c'est tout simplement ce que l'on appelle dos
voûté : la région dorsale est arrondie, la tête s'enfonce
dans les épaules, qui sont relevées inférieurement et rapprochées en avant , ce qui fait paraître la poitrine étroite
en avant, élargie et bombée en arrière. Une pareille disposition de la poitrine et la position habituellement
courbée en avant , menacerait en quelque sorte les jardiniers de la maladie de poitrine , il n'en est pourtant pas
ainsi, et cette affection est au contraire extrêmement rare
chez eux ; malgré les privations auxquelles ils sont sou-

mis, et sur lesquelles nous devons nous étendre plus tard, ils succombent rarement, ainsi que les agriculteurs, à la maladie ci-dessus ; et d'après un travail de M. Lombard, de Genève, inséré dans les *Annales d'Hygiène et de Médecine légale*, sur cent décès de jardiniers, quatre seulement sont dus à la maladie de poitrine ; on comprendra facilement un pareil résultat, en considérant que cette influence mécanique et la mauvaise alimentation sont plus que corrigés par l'exercice musculaire, la pureté de l'air, l'insolation, etc.

Nous appelons l'attention sur une autre incommodité, commune à la profession qui nous occupe, nous voulons parler de l'incurvation des doigts, due à l'inflammation chronique d'une membrane qui couvre la paume de la main (aponévrose palmaire). Les mains des jardiniers, habituées à manier la bêche, la houe, à rouler la brouette, se réfroidissent peu à peu, les doigts deviennent crochus et ne se redressent qu'avec peine. Il serait à désirer qu'au moyen de lanières, qui viendraient s'attacher à l'épaule, cette partie du corps soutînt les bras de la brouette et soulageât d'autant les mains, qui seraient peut-être moins sujettes à l'incommodité précitée. On a aussi observé, dit-on, que la jambe que les jardiniers appuient sur la bêche, et qui est plus volumineuse que l'autre, est assez fréquemment affectée d'anévrisme.

Diverses émanations peuvent être nuisibles aux jardiniers, comme le fumier, qui répand une odeur infecte et corrompt l'air des jardins ; le voisinage des plaines, des étangs, des marais peut aussi donner lieu à des fièvres intermittentes ; l'air des jardins peut aussi être gâté par les exhalaisons des plantes, et pourtant il serait prouvé, d'après de nouvelles recherches, que les émanations végétales, loin d'être nuisibles aux jardiniers, leur donnent au contraire une santé robuste et les prémunissent contre la phtysie. Cependant, gardons-nous d'ajouter à cette assertion une confiance aveugle, et n'oublions pas de noter en passant un accident qui survient aux jardiniers dans certaines circonstances. Après avoir procédé à la taille des arbres, ils éprouvent une démangeaison désagréable dans le nez, dans l'arrière bouche, suivi d'une inflammation des voies respiratrices (de laryngites de bronchites); l'expectoration se répète, et le plus souvent il y a des crachements de sang plus ou moins inquiétants. L'expérience prouve que lorsque la taille se fait pendant les vents et sous leur influence, ces effets pernicieux sont moins fréquents et moins énergiques, ils le sont d'autant plus que le temps est plus chaud, l'air plus lourd et moins balayé par le vent. L'arbre qui donne naissance à ces accidents a été reconnu être le platane, dont les jeunes feuilles, les jeunes branches et le dessous des feuilles plus âgées sont recouvertes d'un duvet uniformément répandu. Il est facile de prévenir ces accidents, et d'abord, comme ce duvet n'existe que sur les jeunes feuilles et les jeunes branches, et ne s'observe par conséquent qu'au printemps, on pourrait attendre, avant de faire sa taille, le développement à-peu-près complet des feuilles, dans le cas toutefois où cette attente ne nuirait pas à la végétation. Mais un moyen beaucoup plus simple consisterait à s'opposer, en s'appliquant devant le nez et la bouche, un mouchoir ou une gaze fine, à l'entrée de ces poils dangereux ; cela ne gênerait en rien le travail et mettrait les jardiniers à l'abri d'une incommodité qui pourrait, suivant les dispositions individuelles, entraîner des accidents bien plus graves. Il est du reste inutile de dire que bien d'autres plantes, qui sont aussi couvertes de duvet, peuvent produire des effets analogues, et qu'il ne sera pas indifférent aux jardiniers de prendre les mêmes précautions dans les mêmes circonstances.

Les jardiniers éviteront du reste les émanations qui viennent, soit des marais, soit des plantes, en ayant soin de ne pas s'exposer aux brouillards du matin et du soir, et en prenant pour boisson habituelle une décoction faite soit avec l'écorce de chêne, soit avec celle de saule, ou avec des feuilles de houx.

Pendant les fortes chaleurs de l'été, les jardiniers sont exposés aux conjestions cérébrales, aux maladies inflammatoires, à la faiblesse causée par une transpiration trop abondante. Il est essentiel alors de se couvrir la tête d'un large chapeau de paille, de quitter le travail à l'heure du jour où le soleil est brûlant, d'avoir la précaution de ne pas garder sur le corps une chemise trempée de sueur et qui vient de se refroidir; on doit faire usage de boissons acidulées ou légèrement toniques, et éviter de les boire trop froides, surtout si le corps est en sueur. Les jardiniers sont, plus que qui que ce soit, exposés à faire un usage immodéré de fruits; ces excès déterminent des diarrhées rebelles, des flux dyssentériques, qu'on fait ordinairement cesser en se privant entièrement de toute espèce de fruits et en suivant un régime approprié.

Cette profession étant sans cesse exposée aux intempéries de l'air, il est nécessaire que les vêtements protègent contre le froid et l'humidité; les membres inférieurs doivent surtout être tenus chaudement, les douleurs sciatiques étant assez communes aux jardiniers; mais c'est surtout le régime alimentaire qui doit contrebalancer ces diverses influences. Les repas doivent être fixés avec beaucoup de régularité, la nourriture a besoin d'être substantielle et réparatrice, elle consiste en soupe grasse aux légumes, en un peu de viande et deux ou trois verres de vin. Il est nécessaire, indispensable que l'agriculteur en général prenne une nourriture fortifiante, et cependant combien de pauvres paysans, en France, qui ne mangent de la viande qu'une fois la semaine et ne boivent pas de vin tous les jours! Il est une habitude assez ordinaire aux gens de la campagne et aux habitants des villes également, c'est de boire à jeun un verre d'eau-de-vie ou de vin blanc, on sait combien de maladies d'estomac et surtout d'affections cancéreuses de cet organe reconnaissent pour cause cette funeste habitude, on ne saurait trop engager à la perdre et à n'ingérer ces boissons qu'avec une certaine quantité de pain, afin qu'elles agissent moins vivement sur l'estomac.

Enfin, pour terminer les accidents auxquels les jardiniers sont exposés, nous mentionnerons les plaies produites par des corps piquants, comme les épines, ou par les insectes, comme les abeilles, frelons, etc., on doit d'abord extraire le corps étranger, condamner au repos absolu la partie blessée, y appliquer des compresses imbibées d'eau froide et les renouveler souvent. Les piqûres de la paume de la main et de la plante des pieds sont très-douloureuses à cause des nerfs nombreux qui existent dans ces parties, ces plaies demandent à être surveillées et , bien que les accidents nerveux graves qui en résultent soient rares dans nos contrées, on en possède cependant des exemples. Un accident, qui doit être une conséquence assez commune des plaies par instruments piquants, chez les jardiniers, est le panaris ou mal d'aventure , au début de cet accident, qui peut avoir des suites fort graves, le malade fera bien d'appeler, sans tarder, son médecin, avant de se livrer à une foule de remèdes dont le moindre inconvénient est de laisser le mal empirer. Il nous reste à parler de l'habitation du jardinier.

La maison de l'agriculteur en général et par conséquent du jardinier, devrait être, autant que possible, sur un lieu élevé où l'air est plus sec, plus vif et plus pur, et se renouvelle plus facilement. Le rez-de-chaussée, qui est habité le plus ordinairement, devrait se trouver à une certaine élévation du sol, de telle sorte que les eaux pluviales et ménagères ne puissent pas y pénétrer et y entretenir une humidité pernicieuse. Les ouvertures, telles que portes et fenêtres , devront être parfaitement closes et proportionnées, quant au nombre, à la grandeur des pièces d'habitation. Le voisinage des eaux stagnantes et des amas de fumier devra être évité autant que possible, et l'étable, l'écurie, le poulailler devront se trouver à une certaine distance de l'habitation, de manière que cette dernière ne souffre pas du mauvais air qui s'échappe de ces lieux. Les plus grands soins de propreté seront observés dans l'intérieur du ménage , et cela regarde en général plutôt les femmes que les hommes. Certes, rien de tout cela n'est fait, et cependant rien n'est plus facile à faire; l'homme de la campagne, bien plus favorisé alors que l'habitant des villes , serait placé dans des conditions de longévité incontestables, c'est-à-dire que son existence aurait de fortes chances de prolongation. Combien de pays , en France, où les paysans mal vêtus, mal nourris, logés pêlemêle avec la volaille , les bestiaux , etc. , et soumis à des travaux pénibles succombent, prématurément à des maladies épidémiques et de mauvaise nature qui sont la conséquence naturelle d'une pareille manière de vivre! Espérons que nos vœux seront entendus et que l'agriculteur comprendra mieux ses véritables intérêts.

PARTIE BIBLIOGRAPHIQUE.

—

1. — BENEDICTI CURTII, Symphoriani, *Hortorum lib. XXX.* Lugd., 1560, in-fol.

2.— J.-B. FERRARII, *De florum culturâ, lib. IV.* Romæ, 1633, in-4, fig.

3. — *Traité du Jardinage,* selon les raisons de la Nature et de l'art, ensemble divers dessins de parterres, pelouses, bosquets et autres ornements servant à l'établissement des Jardins ; par J. BOYCEAU DE LA BARAUDIÈRE , intendant des jardins des rois Louis XIII et Louis XIV. Paris, 1638, in-fol.

4. — *Théâtre des Plans et Jardinages ,* contenant des secrets, et inventions inconnues, etc., avec un Traité d'astrologie propre pour toute sorte de personnes ; par Cl. MOLLET, jardinier des rois Henri IV et Louis XIII. Paris, 1652, avec 22 planches in-4.

5. — *Li Giardini di Roma ,* da G.-B. TALDA. Roma , 1683, in-fol. oblong.

6. — *Istoria e cultura delle piante* che sono piu distincte per ornare un giardino, da P.-B. CLARICI. Venet., 1726, in-4.

7. — *The Gardener's dictionary,* by PH. MILLER. London, 1731, in-fol. fig.

8. — *Dictionnaire des Jardiniers,* par MILLER ; trad. de l'anglais par de Chazelle, avec des notes par Holandre. Paris, 1785, 10 vol. in-4, fig.
Traduction de l'ouvrage précédent.

9. — *Dictionnaire du Jardinier et du Fleuriste*, par Miller. Lond., 1724, 2 vol. in-8.

10. — *Instructions sur les Jardins fruitiers et potagers*, par J. de la Quintinie. Paris, 1re édition. On en a publié un grand nombre d'autres, et la meilleure est celle de 1730, 2 vol. in-4, fig., augmentée d'un *Traité des arbres fruitiers*.

11. — *Les Agréments de la campagne.* Leyde, 1750, in-4, ou Paris, 1752, 3 vol. in-12.

12. — *Figures of the plants,* described in the Gardener's Dictionary, by Miller. London, 1771, 2 vol. in-fol.

13. — *Designs for Chinese buildings,* etc., by sir W. Chambers. London, 1757, in-4.

14. — *Plans, élévations, sections, and perspective views of the Gardens,* and buildings at Kew, by sir W. Chambers. London, 1763, in-fol. planches.

15. — *Dissertation sur le Jardinage de l'Orient,* par Chambers. Londres, 1772, in-4.

16. — *Dictionnaire pour la théorie et la pratique du Jardinage* et de l'Agriculture par principes, etc., par J.-R. Schabol. Paris, 1767.

17. — *Essay on Gardening,* by Home (lord Kaimes). London, 1762, 3 vol. in-8.

18. — *Théorie de l'art des Jardins,* par Hirschfeld. Leipsig et Amsterdam, 1777 à 1782, 6 vol. in-4.

19. — *Ecole du Jardin fruitier,* par de la Bretonnerie. Paris, 1785, 2 vol. in-12.

20. — *Le Jardinier hollandais,* avec un grand nombre de modèles de parterres à fleurs et autres, labyrinthes, pavillons, treilles et mailles de lattes, etc.; par Vander-Groen. Amsterdam, 1699, in-4.

21. — Walpole's, *on modern Gardening.* Londres, 1782.

22. — *Essai sur l'art des Jardins modernes,* par H.

WALPOLE (trad. par M. le duc de NIVERNAIS). Strawberry-Hill, 1785, in-4.

23. — *La composition des paysages sur le terrain*, ou des moyens d'embellir la nature autour des habitations, en y joignant l'utile à l'agréable; par le vicomte de GIRARDIN. Paris, 1777, in-8.

24. — *Promenade ou itinéraire des Jardins d'Érmenonville.* Paris, 1788, in-8.

25. — *Essai sur les Jardins*, par WATELET. Paris, 1774, in-8.

26. — *Traité des Jardins*, ou le Nouveau La Quintinie (par LE BERRYAIS). Paris, 1775 à 1787, 4 vol. in-8.

27. — *Observations on modern Gardening*, by WHEATLEY. London, in-4.

28. — *L'art de former les jardins modernes*, trad. par LATAPIE, avec notes et additions. Paris, 1771, in-8.
   Traduction de l'ouvrage précédent.

29. — *Essai sur l'agriculture moderne*, par M. l'abbé NOLIN. Paris, 1755, in-18.

30 — *Manière de cultiver les arbres fruitiers*, par LE-GENDRE, curé d'Hénouville (ARNAUD). Paris, 1652, in-18.

31. — *Dell' arte dei Giardini inglesi.* Milano, 1799, in-4, fig.

32. — TH. MAWE and J. ABERCROMBIE'S, *universal Gardener* and botanist. Lond., 1797, in-4.

33. — *A collection of various forms of Stoves*, by ROBERTSON. Lond., 1798, in-4.

34. — *And essay on the picturesque*, by UVEDALE PRICE. Lond., 1794, in-8.

35. — *Sketches and hints on landscape Gardening*, etc., by REPTON. Lond., 1795, in-4.

36. — *Observations on the theory and practice* of landscape Gardening, etc., by REPTON. London, 1803.

37. — *Collection des Jardins anglais* , par LE ROUGE. Paris, 1776; 21 cah. in-folio.

38.—*Magasin d'idées pour les amateurs de jardins* , etc. Leipsig., 1800, 5 vol. in-4.

39. — *Théorie des Jardins* ou l'art des Jardins de la nature, par MOREL, 2ᵉ éd. Paris, 1802, 2 vol. in-8.

Fort bon ouvrage.

40.— *Traité complet sur les pépinières*, par E. CALVEL. Paris, 1810, 3 vol. in-12.

41.—*Manuel pratique des Plantations*, par E. CALVEL, nouv. éd. Paris, 1825, 1 vol. in-12, fig.

42.— *École du Jardin potager*, par DE COMBES. Paris, 1802, 2 vol. in-12.

43. — *De la culture des arbres fruitiers*, par GUILL. FORSYTH; trad. de l'anglais, par PICTET. Genève, 1803, in-8.

44. — *Dictionary of practical Gardening* , by MACDONALD. London, 1807, 2 vol. in-4, fig.

45. — *Description des nouveaux jardins de la France et de ses anciens châteaux*, par M. DE LA BORDE. Paris, 1808, in-folio.

46. — *Plans raisonnés de toutes les espèces de jardins*, par G. THOUIN. Paris, 1819. Nouv. édit. 1828, in-folio.

47. — *Plans des plus beaux jardins pittoresques* de France, d'Allemagne et d'Angleterre, et des édifices, monuments, fabriques, etc., qui concourent à leur embellissement; par KRAFFT. Paris, 1809, 2 vol. in-4, et 1810, 1 vol. in-folio.

48. — *A treatise on forming, improving, and managing country residences*, etc, by LOUDON. London, 1806, 2 vol. in-4.

49. — *De la composition des parcs et des jardins* , par LALOS. Paris, 1824, in-8, fig.

50. — *Art de composer et de décorer les jardins*, par RICHOUX. Paris, 1828, in-12, fig.

51. — *Le Botaniste cultivateur*, par DUMONT DE COURSET. Paris, 1re édition de 1798 à 1805. 5 vol. in-8, et 2e, 1811, 6 vol. in-8, et un 7e vol. de supplément.

52. — *Choix des plus célèbres maisons de plaisance* de Rome et de ses environs, par PERCIER, CHARLES et FONTAINE, architectes. Paris, 1814, in-fol.

53. — *Le Jardiniste moderne*, guide des propriétaires qui s'occupent de la composition de leurs jardins ou de l'embellissement de leurs campagnes; par le vicomte de VIART. Paris, 2e édit., 1827, in-12.

54. — *Collection des nouveaux bâtimens pour la décoration des grands jardins* et des campagnes. Leipsig, 1802, in-fol., avec 44 planches.

55. — *Cours complet de la culture du pêcher* et autres arbres à fruits, manière de les conduire en espaliers, etc., par L. LEMOINE. Paris, 1804, in-12.

56. — *Culture des rosiers* écussonnés sur églantier, par M. Alfred de TARADE. Paris, 1828, in-8.

57. — *Dictionnaire du Jardinier Français*, par FILASSIER. Paris, 1803, 2 vol. in-8.

58. — *Essai sur l'éducation et la culture des arbres* fruitiers pyramidaux, vulgairement appelés *quenouilles*, par M. PRÉVOST. Rouen, 1825, in-8.

59. — *Essai sur les roses*, par J. P. VIBERT. Paris, 1824 à 1830, 4 cah.

60. — *Manuel complet du Jardinier*, maraîcher, pépiniériste, botaniste, fleuriste et paysagiste; par M. L. NOISETTE, 2e édit. Paris, 1834, 4 vol. in-8, avec un supplément. Ouvrage orné d'un grand nombre d'excellentes planches.

Du melon et de sa culture, par CALVEL, 2e édit. Paris, 1803, in-8.

61. — *Des melons et de leurs variétés*, leur culture naturelle et artificielle; par M. L. DUBOIS. Paris, 1810, in-12.

62. — *Cours de culture et de naturalisation* des végétaux, par A. Thouin, professeur de culture au Muséum
d'Histoire Naturelle; publié par M. O. Leclerc-Thouin.
Paris, 1827, 3 vol. in-8, avec un atlas de 65 planches
gravées.

63. — *Monographie du melon*, par M. Jacquin aîné.
Paris, 1832 à 1833, avec un grand nombre de fig. coloriées.

Cet excellent ouvrage est le plus complet que nous ayons sur la culture du melon, il renferme toutes les règles utiles et une description
détaillée de toutes les espèces et variétés.

64. — *Mémoire sur la culture du pêcher*, par M. C. A.
Bengy-Puyvallée. Bourges, 1831, in-8, fig.

65. — *Mémoire sur les cucurbitacées*, principalement
sur le melon; par M. Sageret, 2 cah., 1826 et 1827.

66. — *Nomenclature raisonnée* des espèces, variétés et
sous-variétés du genre *rosier*, par M. Aug. de Pronville.
Paris, 1818, in-8.

67. — *Pomologie physiologique* ou Traité du perfec-
tionnement de la fructification, des moyens d'améliorer
les fruits domestiques et sauvages, de faire naître des espèces et variétés nouvelles, et d'en diriger la création, etc.;
par M. Sageret. Paris, 1830, in-8.

68. — *Taille raisonnée des arbres fruitiers* et autres
opérations relatives à leur culture, démontrées clairement
par des raisons physiques tirées de leur différente nature
et de leur manière de végéter et fructifier, par C. Butret,
17ᵉ édit. Paris, 1832, in-12.

69. — *Cours théorique et pratique de la Taille des arbres fruitiers*, par M. Dalbret, jardinier en chef des
écoles d'agriculture au jardin du Roi, 2ᵉ éd. Paris 1837,
1 vol. in-8, fig.

Excellent ouvrage.

70. — *Traité de la composition et de l'exécution* des
jardins d'ornement, extrait de l'*encyclopédie du Jard.*

de LOUDON; traduit de l'anglais par CHOPIN, et revu par M. SOULANGE-BODIN. Paris, 1830, in-32.

71. — *Du ver blanc.* Exposé de ses ravages, de la nécessité de le détruire sous la forme du hanneton, etc., par M. VIBERT. Paris, 1827, in-8.

72. — *Traité pratique de la taille des arbres fruitiers,* jugée par la pratique et l'expérience; par MARCHAL. Nancy et Paris, 1837, in-8, 5 planches.

73. — *Monographie du camellia,* ou Essai sur sa culture, sa description et sa classification; par M. l'abbé BERLÈZE. Paris, 1837, 1 vol. in-8.

74. — *Notice sur une nouvelle manière de tailler les pêchers,* par M. J. B. COTINET. Paris, 1834.

75. — *L'Horticulteur Français,* par M. PIROLLE. Paris, 1824, 1 gros vol. in-12, fig. Pour les années 1824 et 1825.

76. — *De la dégénération et de l'extinction des variétés de végétaux,* propagées par les greffes, boutures et tubercules, etc., et de la création des variétés nouvelles; par A. PUVIS. Paris, 1837, in-8.

77. — *Traité de la culture et de la taille du melon,* d'après des principes nouveaux, suivi d'observations sur la construction des couches et des serres; par M. CH. PIERROT. Nancy, 1837, in-8.

78. — *Notice sur la taille du melon,* par M. le comte de PLANCY. Paris, 1837, in-8. 5 planches.

79. — *Monographie de la famille des conifères,* par M. JACQUES, jardinier en chef des jardins de Neuilly, Paris, 1837, in-8.

80. — *Le Bon Jardinier,* almanach pour 1838, accompagné d'une revue horticole avec planches; par MM. POITEAU et VILMORIN. Paris, 1838, gros in-12.

Ce livre qui se publie annuellement est un fort bon ouvrage.

81. — *Figures du Bon Jardinier*, 10e édition. Paris, 1837, in-12; avec un grand nombre de figures.

Complément nécessaire de l'ouvrage précédent.

82. — *Cours complet d'agriculture*, ou nouveau Dictionnaire d'agriculture, rédigé par MM. le baron de MOROGUES, de MIRBEL, PAYEN, etc. Paris, 1834 à 1838, 16 vol. in-8, avec beaucoup de planches.

Renferme sur la culture des jardins d'excellens préceptes.

83. — *Traité des végétaux qui composent l'agriculture*, par C. TOLLARD aîné. Paris, 1838.

84. — *Traité des arbres fruitiers*, par DU HAMEL du MONCEAU, nouvelle édition, publiée et considérablement augmentée, par MM. POITEAU et TURPIN. Paris, 1807 à 1836. 6 grands vol. in-folio, avec fig. peintes d'après nature et sur vélin, représentant plus de 400 espèces de fruits.

Ouvrage magnifique.

85. — *Répertoire des plantes utiles* et des plantes vénéneuses du globe; par M. DUCHESNE. Paris, 1836.

86. — *Arbres fruitiers*, leur culture en Belgique et leur propagation par graines, ou *Pomonomie belge*, expérimentale et raisonnée; par M. VAN MONS. Louvain, 1836, in-12.

87. — *L'art de créer les Jardins*, par M. N. VERGNAUD. Paris, 1835, in-fol. avec un grand nombre de planches.

88. — *Le Jardin fruitier*, par L. NOISETTE. 2e édition, Paris, 1835, in-8 , avec beaucoup de fig. coloriées.

89. — *Traité de la composition* et de l'ornement des jardins; 4e édition. Paris, 1837, oblong, in-4. fig. nombreuses.

90. — *Flore des jardiniers et des amateurs*, 390, fig. par BESSA. in-4. Paris, 1836, 130 livraisons.

91. — *Histoire naturelle des Orangers,* par A. Risso et A. Poiteau. Paris, 1827, in-4. fig.

92. — *Herbier général de l'amateur ;* par Mordant de Launay, continué par M. Loiseleur des Longschamps, fig. d'après nature, par Bessa. Paris, 8 vol. in-4. fig. coloriées.

93. — *La Maison de Campagne ;* par Mme Aglaé Adanson. Paris, 4⁰ édition, 1837, 2 vol. in-12.

Excellent ouvrage.

94. — *La Flore et la Pomone française* ou description, histoire et culture des fruits de France., etc, par M. Jaume St-Hilaire. Paris, 1834, in-8, avec un grand nombre de fig. coloriées.

95. — *Plantes de la France,* décrites et peintes d'après nature ; par M. Jaume St.-Hilaire. Paris, 1825, 10 vol grand in-8. cont. 1000 planches.

96. — Nouvelle maison rustique. *Encyclopédie d'horticulture pratique,* sous la direction de M. Bailly de Merlieux. Principaux rédacteurs, MM. le vicomte Hericart de Thury, Leclerc Thouin, Poiteau, Soulange-Bodin. Paris, 1837, 15 livraisons parues, accompagnées d'un grand nombre de figures.

Ce qui a paru de cet ouvrage le place au premier rang.

1. — *Annales de la Société royale d'horticulture de Paris,* et journal spécial de l'état et des progrès du Jardinage. Chaque année, 12 cahiers, de 4 feuilles in-8 , accompagnés de planches gravées ou lithographiées et quelquefois coloriées. Paris, 15 fr., rue Taranne, n⁰ 12. MM. les membres de la Société paient 30 fr. par an.

2.—*Annales de Flore et de Pomone,* ou Journal des jardins et des champs. Paraît du 1er au 10 de chaque mois, en un cahier de 2 feuilles in-8 et de 4 planches de fleurs ou de fruits nouveaux, dessinés et coloriés d'après nature. Prix de l'abonnement, fig. coloriées, 30 fr.; fig.

noires, 18 fr.; sans fig., 7 fr. 50 cent. Chez M. ROUSSE-
LON, éditeur, rue d'Anjou-Dauphine, n° 8.

3. — *Revue horticole*, journal des Jardiniers et des
amateurs; paraît tous les 3 mois, en un cahier, in-12,
prix 2 francs 25 centimes; chez AUDOT, éditeur, rue du
Paon, n° 8.

4. — *L'Horticulteur Belge.* Bruxelles.

5. — *The Gardener's magazine.* London.

FIN.

Table des Matières du 2ᵉ vol.

— la rouille, — le rouge, — la contagion radicale, — la fumagine, — les cochenilles, — les pucerons, — les psylles, — les cinips, — la noix de galle, — le bédéguar, — les fourmis, — les courtillières, taupes-grillons, — les vers-blancs, — les hannetons, — les altises, — les chenilles, — les araignées, — les guêpes, — les vers de terre, — les taupes, — les rats, souris et mulots, — les loirs, — les oiseaux. . . . . . .

La distribution par ordre alphabétique des végétaux décrits dans ce chapitre, facilitera les recherches et rend inutile la répétition, dans cette table, de leurs divers noms. L'énumération et la description de toutes les espèces, variétés et sous-variétés, sont bien complètes.

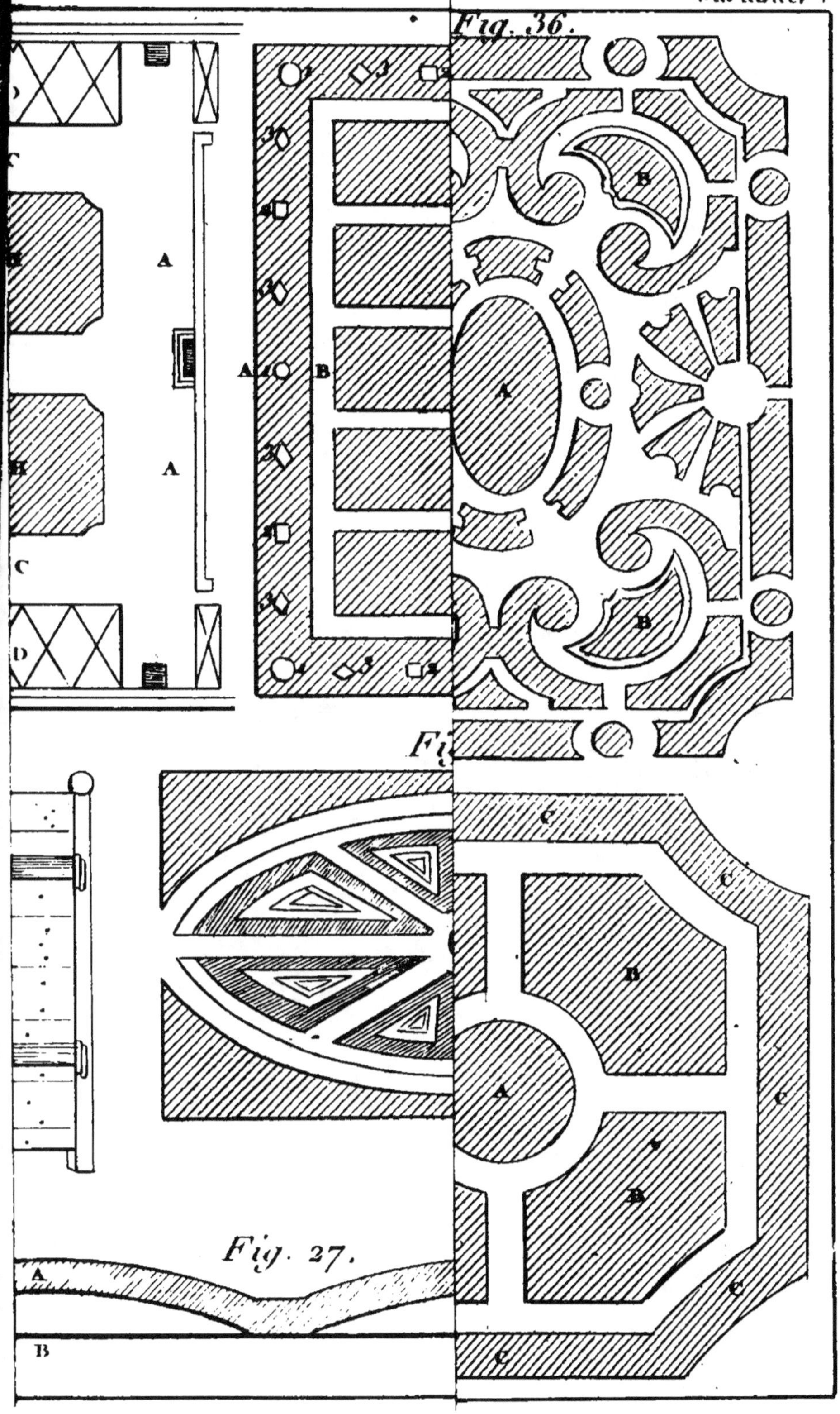

Fig. 36.

Fig. 27.

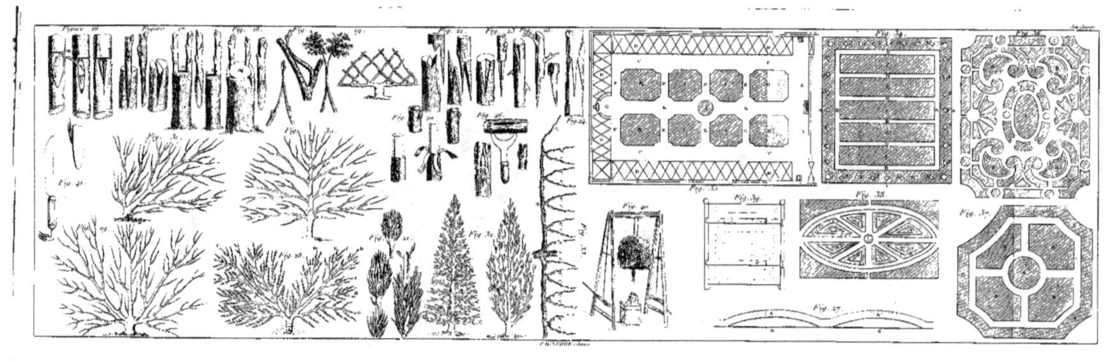

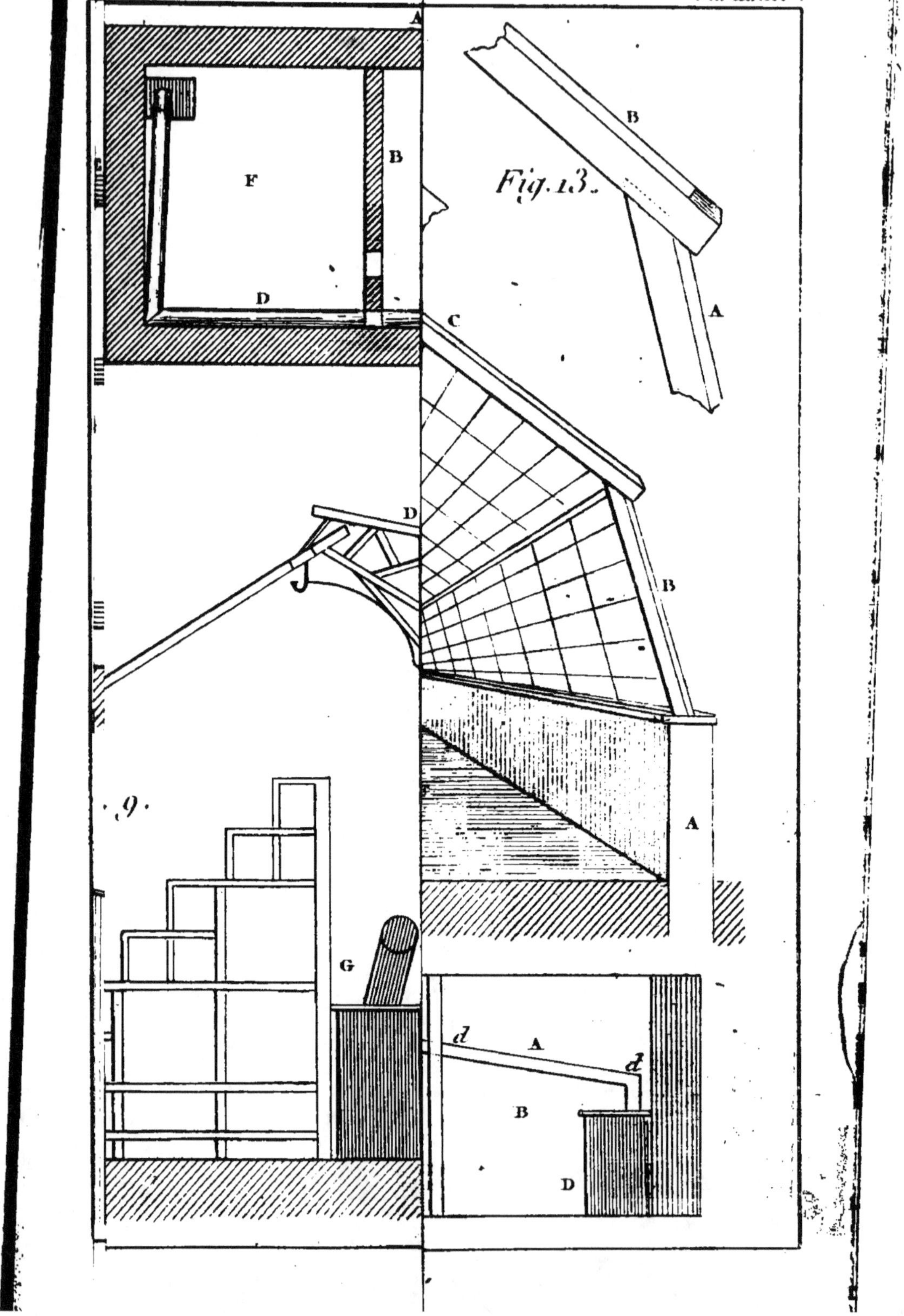

Fig. 13.

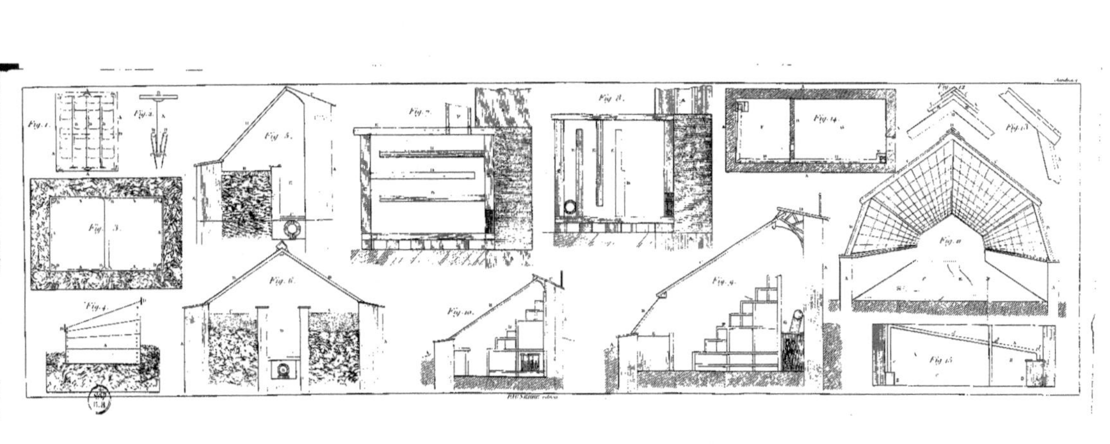